패션과
문화

패션과 문화

유송옥 · 이은영 · 황선진 · 김미영 지음

(주)교 문 사

복식은 모든 시대에 살았던 사람들의 생활양식의 표현이며, 그들 생활문화의 가장 대표적인 산물이다.

인간들은 어느 지역이나 어느 시대를 막론하고 가장 아름답고 소중하다고 생각되는 것들을 자기 몸에 걸치고, 두르고, 입어왔다. 그러므로 복식을 통하여 그 사회의 각 시대에 따른 복식문화를 살펴보는 것이 그 지역과 그 시대를 가장 잘 이해할 수 있는 실제적인 방법이 된다.

인간의 조형적 미의식은 그 인간이 속해 있는 사회환경이나 자연환경에 따라서 조성되며 그러한 조형미의 표현은 인간이 입고 있는 복식에 가장 잘 나타나 있다. 이러한 환경적 요인과 함께 사회 구성원이 특정 시기에 비교적 동질적으로 갖고 있는 취향과 심미안은 유행으로 나타나며 이는 항상 변화한다. 그리고 제2의 피부라고 할 수 있는 복식은 착용자의 정체감을 나타내고 더 나아가 개인과 개인이 서로 작용하고 판단하는 데 영향을 줌으로써 상호 커뮤니케이션을 촉진시키고 있다.

또한 20세기 전반기의 모더니즘 시대에는 주류패션이 하이패션과 매스패션으로 양분되었으나 20세기 후반부터 시작된 포스트모더니즘 시대에는 여기에 전 세계의 다양한 하위문화가 만든 스트리트 패션이 등장하여 주류패션에 영향을 주고 있다. 특히 21세기 들어 세계 패션은 20세기 현대패션을 주도했던 서구의 패션문화뿐 아니라 동양을 포함한 다양한 지역의 패션문화가 서로 융합되고 패션과 건축과 미술이 함께하는 진정한 의미의 포스트모더니즘 형태를 보여 주고 있다. 이는 앞으로 21세기 글로벌 시대의 패션문화가 예술영역, 성, 지역, 연령, 민족성 등과 같은 문화적 범주에 제한되지 않고 더욱 빠른 속도로 서로 협업하고 교류되어 갈 것을 시사한다.

이 책에서는 이러한 추세를 반영하기 위해 모두 III부로 구성하였다. 즉, I부에서는 21세기 글로벌 패션의 근저에 영향을 주는 복식문화 환경을 살펴보기 위해 한국과 동양, 서양의 고대부터 20세기 전까지 패션문화의 변천과정을 다루었으며, II부에서는 유행과 사회의 관계를 다루었다. 또 III부에서는 21세기 패션에 영향을 주는 20세기 현대 패션을 다양한 각도로 살펴보았다.

따라서 의상학을 공부하는 학생들과 패션업계에서 활동하는 모든 이들이 복합적인 현대패션을 이해하는 데 다소나마 도움이 되기를 바라며 독자 여러분의 많은 조언을 바란다.

이 책은 우리 네 사람의 이름으로 발행되지만 주변 많은 분들의 도움을 받아 완성되었다. 특히 이 책을 출판하기 위해 수고를 아끼지 않으신 (주)교문사의 류제동 사장님을 비롯하여 직원 여러분들이 최선의 노력으로 도와주신 것에 대해 진심으로 감사를 드린다.

2009년 9월
저자 일동

차례

복식의 기원과 기능

한국복식의 조형미

동양복식의 조형미

서양복식의 조형미

PART I

복식조형미

Chapter 1

복식의 기원과 기능

1. 복식의 기원

인류의 복식은 지금으로부터 10~50만 년 전 사이에 인류가 북방으로 이동하면서 생존을 위하여 입기 시작한 것으로 추측된다. 1~4만 년 전 사이인 후기 구석기시대에 이르면 복식의 실물 자료를 비롯하여, 복식을 만들기 위하여 사용되었던 도구와 바늘을 볼 수 있다. 이때 만들어진 바늘은 뼈와 상아를 이용한 것으로 매우 정교하여 몸에 맞는 복식이 제작되었음을 시사한다.

인류가 복식을 착용하게 된 동기에 대해서는 오랜 기간 동안 여러 분야의 학자들에 의하여 연구되어 왔다. 그러나 복식이 다른 유물들처럼 보존되지 못하고 세월이 지나면서 모두 자연 소멸되었기 때문에 복식의 기원에 관한 설명은 아직도 분명치 않은 상태이다.

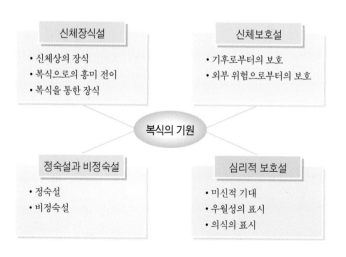

지금까지 이루어진 연구 결과에 의하면 인류가 복식을 착용하게 된 원인은 생존을 위한 필요(need), 두려움(fear) 또는 욕구(desire)에서 비롯되었을 것으로 추측된다. 즉, 신체적·심리적 보호를 위해서, 수치심을 감추기 위해서, 혹은 이성에게 성적 매력을 보여 주기 위해서 그리고 신체를 아름답게 장식하기 위해서 입기 시작했다고 할 수 있다. 따라서 복식의 기원에 대한 학설은 신체보호설, 심리적 보호설, 정숙설과 비정숙설, 신체장식설 등이 뒷받침된다.

1) 신체보호설

인간은 다른 동물에 비하여 신체적 힘이 약할 뿐 아니라, 자연적인 신체보호 수단도 별로 갖고 있지 못하다. 피부가 약하고 다른 동물과 같이 털이 덮여 있지도 않기 때문에 생존하기 위해서는 신체를 보호할 수 있는 어떤 수단을 스스로의 노력으로 찾아낼 수밖에 없었다.

(1) 기후로부터의 보호

추운 지방에서는 기후로부터 신체를 보호하는 것이 복식 착용의 최우선적이고도 가장 강한 동기였을 것이다. 인류가 복식을 착용함으로써 추운 기후로부터 신체를 보호할 수 있었던 것이 인류가 북방으로 생존 영역을 넓힐 수 있었던 중요한 요인이기도 하다.

1-2 추위로부터의 신체보호 추운 지방에서는 보온성이 높은 털을 이용한 복식이 발달하였다. (좌) 이뉴이트 어린이들, (우) 네넷 여자들 : 러시아 북극의 시베리아 야말에서 열린 썰매 대회장

또한 덥고 건조한 열대지방에서는 태양열로부터 신체를 보호하기 위하여 복식이 발달하였다. 즉, 여러 겹의 얇은 옷감으로 된 민속복식이 발달하였는데, 이것도 기후로부터 신체를 보호하기 위한 수단으로 발달된 것이다.

그러나 기후로부터의 신체보호설만으로는 복식의 기원을 충분히 설명할 수 없다. 왜냐하면 기후가 온화하여 신체보호의 필요성이 거의 없는 지역에서도 복식은 발달되었고, 반면에 혹독한 자연환경에도 불구하고 복식 없

1-3 더위로부터의 신체보호 얇은 옷감의 복식으로 직접적인 태양열을 차단한다. 사헬에 사는 투아레그인

이 견디어온 종족을 찾아볼 수 있기 때문이다. 호주 중앙지역에 살던 원주민 중에는 기온이 −25~50℃ 의 추위와 더위가 극단적으로 변화하는 기후 속에 살면서도 더울 때에는 바위 그늘로 피하고, 추울 때에는 횃불에 의지하며 복식 없이 살던 종족이 있었다. 또한 남미에 살던 오나와 알라칼루프 인디언(Ona and Alacaluf Indian) 종족은 추운 기후 속에서도 몸에 기름칠을 하고 야생 라마의 가죽 하나를 바람 부는 방향으로 걸쳐 가며 옷 없이 살았다.

극단적인 기후에서도 복식 없이 생활한 종족이나 온화한 기후에서 복식을 발달시킨 종족을 보면, 기후로부터의 신체보호는 복식 착용의 중요한 동기로 작용했던 것은 틀림없으나, 모든 종족에게 해당되는 충분한 설명은 되지 못한다.

(2) 외부 위험으로부터의 보호

원시인이 생존하던 자연환경에는 인간을 위협하는 많은 위험이 존재하였으며, 이러한 위험으로부터 신체를 보호하기 위하여 복식을 착용하였다.

열대지방에는 독충, 거머리 등 위험한 벌레들이 인간을 위협하였고, 원시인들은 이러한 위험으로부터 신체를 보호하기 위한 여러 가지 기술과 복식을 발달시켰다. 어떤 종족은 몸에 진흙 등 특수한 물질을 발라 독충의 접근을 막았고, 어떤 종족은 짚으로 만든 스커트를 둘러 입어 맨살이 독충에 노출되는 것을 막았으며, 어떤 종족은 통이 좁은 바지로 해충을 막았다.

1-4 남미지방의 오나와 알라칼루프 인디언 소년 추운 자연환경에 대한 신체의 적응을 보여준다.

1-5 역할에 따른 위험으로부터
신체보호   위험의 내용에 따라
복식의 형태, 소재 등이 결정된
다. (좌) 구석기시대의 복식, (우)
2세기 로마의 갑옷

수렵생활을 하던 구석기시대 사람들의 주된 일은 식량을 구하기 위한 사냥이었으며, 사냥할 때 겪는 여러 가지 외부 위험으로부터 신체를 보호하기 위하여 동물의 가죽이나 풀잎을 사용하였다. 정착하여 농경생활을 시작한 신석기시대 이후로는 수행하는 일의 종류에 따라 신체를 보호하기에 적합한 의복을 착용하게 되었다.

2) 심리적 보호설

복식을 통하여 심리적인 안정이나 만족을 얻으려는 욕구 역시 원시인들로 하여금 복식을 착용하게 만든 중요한 동기였다. 자연환경이나 사회환경으로부터 자신의 존재를 보호하려는 미신적 기대, 그리고 자신의 우월감을 표시함으로써 만족감을 얻으려는 욕구가 복식착용의 동기로 작용하였다.

1-6 복식을 통한 미신적 기대
(좌) 죽은 사람의 혼이 그를 알아
보고 해를 입히는 것을 막기 위
해 고안된 티위 원주민의 가짜
수염 장식

(1) 미신적 기대

자연현상에 대한 과학적 이해가 없었던 원시인들은 자연에 대한 두려움을 많이 갖고 있었고, 두려움으로부터 벗어나기 위한 미신적 기대, 즉 토테미즘 (totemism)으로 복식을 사용하였다. 동물의 뼈나 이빨을 몸에 걸고 다님으로써 동물의 힘이 자신에게 옮겨질 것이라는 기대와, 이들이 악귀를 쫓는 부적의 효과를 가질 것이라는 미신적인 믿음을 가졌으며, 복식은 심리적 안정을 주는 기능을

1-7 장식을 통한 미신적 기대 우리나라의 노리개에는 장수나 복을 빌고 액을 피하는 종교적인 염원이 담겨 있다. 투호 삼작 노리개의 투호는 항아리의 변형으로 길일의 기쁨을 상징하는 동시에 항아리의 뚜껑을 덮어 액을 면하고 한해를 편히 지내라는 뜻을 지닌다.

1-8 복식의 테러리즘 (중) 뉴질랜드 마오리족은 얼굴의 문신, 길게 내민 혀, 위협적인 몸짓으로 적을 위협한다. (우) 호주 북부 섬지방의 돼지 송곳니 콧수염과 조개껍질의 턱수염은 모두 적에게 위압감을 주기 위한 장식이다.

하였다. 우리나라 전통복식에서도 장수나 복을 빌고 액을 피하는 등 미신적 기대가 담긴 복식을 찾아볼 수 있다.

복식을 이용하여 악귀를 쫓는 것과 유사하게 상대방에게 위압감을 주기 위하여 복식을 사용하였는데, 이것을 복식이 갖는 테러리즘(terrorism)이라 한다. 원시인들이 전쟁을 시작하려 할 때 우선 신체를 여러 색채로 장식하는 것은 이러한 행동을 통하여 힘을 얻고 상대방을 위압하며 승리를 기원하는 심리적 이유에서이다.

(2) 우월성의 표시

인간이 갖는 가장 본능적 욕구는 음식, 수면, 성(性) 등과 같은 생리적 욕구이며, 이것이 충족되면 안전에 대한 욕구를 갖게 되고, 이어서 소속과 사랑에 대한 사회적 욕구를 갖게 된다. 복식에 있어서도 우선 안전하게 생존하는 데 필요한 신체적·심리적 욕구를 충족시키기 위한 복식이 발생하였고, 이것이 충족된 상태에서는 자신의 지위, 능력 등 우월성을 과시하기 위한 복식이 나타났다.

원시인들은 사냥에서 얻은 동물의 가죽, 뿔, 이빨 등으로 신체를 장식함으로써 자신의 용맹, 힘, 우월성을 과시하려 하였다. 사냥만이 유일한 생존 수단이었을 당시의 사회는 사냥 능력이 개인의 지위를 결정하는 중요한 요인이었으며, 따라서 사냥에서 얻은 포획물의 과시는 지위의 상징적인 표현방식으로 사용되었다. 이와 같이 복식을 통하여 자신의 경제

1-9 매슬로의 욕구수준과 복식 착용의 동기 인간의 욕구단계에 따라 복식착용의 동기도 변화한다.

자기실현 욕구 / 자기표현
자기존중 욕구
소속·사랑의 욕구 / 동조성
안전의 욕구
심리적 욕구 / 신체보호

매슬로의 욕구수준   착용 동기

1-10 **복식을 통한 우월성의 과시** 동아프리카 원주민의 목장식과 16세기 영국 여왕의 러프장식의 크기는 모두 높은 지위를 상징한다. (좌중) 동아프리카 원주민 복식, (우) 엘리자베스 여왕의 초상화

1-11 **현대복식에 나타난 트로피즘** 고가의 모피복식이나, 세계적 유명상표, 희귀상품은 착용자의 경제적 우월성을 상징적으로 표현한다. (좌) 모피코트, (우) 전세계적으로 24개만 한정판매된 루이비통 '트리뷰트 패치워크'

적 · 사회적 또는 지적 우월성을 과시하는 것을 복식의 트로피즘(trophyism)이라 한다.

복식의 트로피즘은 현대복식에서도 잘 나타나고 있다. 현대인은 희귀하고 값비싼 복식을 통하여 자신의 경제적 우월성을 과시한다.

(3) 의식의 표시

의식(儀式)을 나타내는 데에도 복식이 사용되었다. 출산, 성인식, 결혼, 장례, 추수 등과 같은 특별한 의식을 위하여 신체를 장식하거나 특별한 형태의 복식을 착용하였다. 이러한 행동은 복식을 통하여 의식의 내용을 표현할 뿐 아니라, 의식의 위엄, 기쁨, 슬픔 등을 나타냄으로써 참가자들끼리의 심리적인 공감과 유대감

1-12 복식을 통한 의식의 표현
종교의식과 결혼, 성인식 등에 특별한 복식을 착용함으로써 의식의 위엄, 집례자의 권위, 참석자의 시기적 공감 등을 얻는다. (좌) 불교의 종교의식을 위한 복식, (우) 동아프리카의 결혼을 위한 복식

을 불러일으키기 위한 것이었다.

이러한 복식행동은 현대까지 계속되어 결혼식, 졸업식, 종교적 의식 등에서 특별한 복식을 사용하는 것을 볼 수 있으며, 전통적인 의식절차가 유지되는 행사에서 특히 많이 나타난다.

3) 정숙성설과 비정숙성설

정숙성설과 비정숙성설은 서로 상반된 입장이면서 각기 다른 측면에서 복식 착용의 동기를 설명한다.

(1) 정숙성설

정숙성설은 신체 노출에 대한 수치심 때문에 복식을 착용하게 되었다는 주장으로, 현대인의 수치심에 근거한 주장이다. 현대인이 옷을 입는 중요한 이유 중 하나가 신체를 가리기 위한 것임은 사실이지만, 많은 학자들이 인류가 복식을 착용하게 된 동기가 정숙성 때문이었다는 주장에 대해서는 부정적인 견해를 갖는다.

그 이유는 정숙성이 인간이 본래적으로 가지고 있는 성향이 아니라 관습에 의한 것이라고 보기 때문이다. 이러한 주장의 근거로 현재 지구상에 생존하는 원시종족들 중에서도 신체노출에 대하여 전혀 수치심을 갖지 않는 종족이 있으며, 정

문화권마다 수치심을 느끼는 신체노출 부위가 다르다. (좌) 가슴을 노출한 반 목축민인 힘바의 소녀들, (중) 5세 된 모슬렘의 여자 어린이, (우) 얼굴을 가린 힌두교 여성

숙성의 기준이 되는 신체 부위가 문화권이나 시대에 따라 다르고, 어린아이들이 나체에 대하여 전혀 부끄러움이 없는 것 등을 든다.

정숙성이 존중되는 사회에서도 노출되어서는 안 되는 신체 부위가 다양하여 정숙성은 사회화를 통한 관습에 의한 것임을 보여 준다. 영국의 헨리 8세 시대에는 어깨나 팔뚝을 드러내는 것이 매우 정숙치 못한 차림새로 취급되었다. 모슬렘 여인들은 얼굴을 노출시키면 안 되고 반드시 가려야 했다. 또한 아랍의 한 종족은 앞가슴을 드러내는 것에 대해서는 수치심을 느끼지 않으나, 머리의 뒷면을 보이는 것은 정숙치 않게 생각하였다고 한다. 현대 여성들이 당연하게 노출시키는 다리도 오랜 역사를 통해 볼 때, 거의 노출된 일이 없었고 입에 올리는 것조차 외설스럽게 생각되던 부위였다. 맨발 역시 최근에 노출이 가능해진 부분으로, 18세기 스페인에서는 여성이 마차에서 내릴 때 발이 보이는 것을 막기 위하여 마차에 특별한 장치를 했을 정도로 발이 보이는 것을 부정하게 생각하였다.

정숙성의 기준은 매우 복잡하고 예측하기 어려우며, 경우에 따라서는 비합리적이기도 하다. 현대사회에서도 문화권에 따라 정숙성의 기준이 다를 뿐 아니라, 같은 문화권에서도 하위집단, 개인 특성, 때와 장소 등에 따라 기준이 달라지기도 한다. 가령, 해변에서는 허용되는 노출이 도심에서는 허용되지 않고, 젊은이에게 허용되는 노출이 중년에게는 허용되지 않는다.

1-14 신체노출에 대한 법의 제재 1970년대 초 무릎 위 17㎝ 이상의 짧은 치마가 단속됐다.

정숙성의 기준이 되는 신체 부위가 노출되었을 때 사회적으로 여러 가지 부정적 반응을 얻게 되는데, 약하게는 주위의 비웃음부터 강하게는 법의 제재까지 받게 된다. 그러나 대부분의 경우 법에 의해서보다는 사회의 규범과 윤리가 정숙성을 지키게 하는 힘으로 작용한다.

(2) 비정숙성설

비정숙성설은 신체의 특정 부위를 보호하거나 주의를 끌기 위하여 장식을 시작하였고, 이것이 관습화되어 복식이 되었다는 주장이다. 원시인들은 종족의 번식을 중요시하였기 때문에 인체에서도 생식에 관련된 부분들을 매우 중요하게 생각하였으며, 따라서 생식에 관련된 신체 부위를 보호하거나 과시하려 하였다.

주의집중이나 보호를 위하여 신체의 일부를 가리는 습관은 오랜 기간 계속되면서 사회의 규범으로 정착되어 정숙성의 기준을 이루게 되었으며, 관습적으로 가려지던 신체 부위는 이성(異性)으로 하여금 성적 매력을 느끼게 하는 부위가 되었다. 이와 같이 비정숙성설은 복식착용의 동기가 정숙성보다는 오히려 비정숙성에서 비롯되었다는 주장이다.

종족의 유지와 번영을 위한 본능적 욕구에서 출발한 원시인들의 이러한 생각은 생식기나 유방 등을 과장하여 표현한 유물에서도 찾아볼 수 있다.

1-15 돌로 만든 여신상 생식에 관련된 부위들이 과장되게 표현되어 있다. 발렌도르프의 비너스 (기원전 25000~20000년경)

1-16 복식의 비정숙성 (좌)뉴기니 다니족(族) 남성의 생식기 장식은 비정숙성으로부터 출발한 것이다. (우)르네상스시대 남성의 생식기를 과장되게 장식한 코드피스

4) 신체장식설

인류가 복식을 착용하게 된 동기에 대하여 연구해 온 학자들은 인간의 자기도취증(narcissism), 즉 자신의 신체를 아름답고 매력 있게 장식하고, 그렇게 함으로써 기쁨을 얻고자 하는 욕망을 가장 강하고 근본적인 동기로 보고 있다. 이러한 주장의 근거로, 지구상의 수많은 종족 중 의복이 없는 종족은 있어도 신체장식이 없는 종족은 없으며, 인류는 엄청난 신체적 고통을 감수하면서까지 다양한 방법으로 신체를 장식하여 왔다는 사실을 들고 있다. 문명이 극도로 발달된 현대사회에서도 신체장식에 대한 본능적 욕구는 계속 존재하고 있어 상당한 금액이 신체장식을 위한 복식, 화장품, 성형수술, 다이어트 등에 쓰이고 있는 것을 볼 수 있다. 시대나 문화권에 따라 신체장식방법이나 미의 기준에는 차이가 있으나 신체를 장식하고자 하는 욕구는 동일한 것이다.

　신체장식은 기후, 자원, 기술 등에 따라 채색이나 문신과 같이 몸에 직접 장식하는 방법, 장신구로 장식하는 방법, 의복으로 장식하는 방법 등 다양하게 이루어져 왔다. 시대와 문화권에 따라서 신체장식방법과 미의 기준에는 차이가 있으나, 신체를 장식하고자 하는 욕구는 지속적으로 이어지고 있으며, 생활의 여유가 있는 현대인에게서 오히려 더 강하게 나타나고 있다.

1-17 신체장식과 미의 기준 비교　머리 장식의 미의 기준은 문화권에 따라 다르다. (좌) 아프리카, (중) 조선시대의 머리, (우) 로코코시대의 머리

(1) 신체상의 장식

인류가 신체상에 가해오던 장식방법에는 상흔(cicatrization), 문신(tattooing), 채색(painting), 제거(mutilation), 변형(deformation, body-plastic) 등이 있다. 상흔은 피부에 상처를 만들고 상처 부위에 남는 흉터로 신체를 장식하는 방법으로, 아프리카나 호주 원주민들 사이에서 많이 애용되었다. 채색을 통한 장식이 어려운 피부색이 진한 종족에서 주로 사용되었으며, 현대인의 쌍꺼풀 성형수술도 크게 보면 이에 속한다.

피부 밑으로 염료를 넣어 영구히 무늬를 새겨 넣은 장식방법인 문신은 많은 문화권에서 공통적으로 사용되던 방법이다. 현대에도 몇몇 특수 집단에서 그들만의 연대감이나 상징을 목적으로 계속 사용되고 있으며, 최근에는 눈썹 등의 영구적인 화장기법으로 사용되기도 한다.

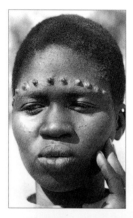  

1-18 상흔을 통한 신체장식 상흔은 피부색이 진한 종족에서 많이 사용되었다.

1-19 문신을 통한 신체장식 헤나로 문양을 만든 신부의 손

피부에 채색을 함으로써 신체를 장식한 예는 모든 문화권과 문화 수준에서 찾아볼 수 있으며, 선사시대의 원시인들도 피부에 채색을 하였다는 기록이 있다. 특수한 경우에는 온몸을 채색하기도 하였는데, 한 예로 상중(喪中)에는 온몸을 흰색으로 채색한 일이 있었다. 이러한 특수한 경우를 제외하고 신체장식의 목적으로 채색할 때에는 신체의 자연 피부색을 보다 강조하는 방향으로 채색하였다. 자연색을 강조하는 방법으로는 두 가지가 있는데, 첫 번째 방법은 자연색과 유사하며 채도가 높은 색채를 바르는 것으로, 현대인이 사용하는 볼연지나 립스틱과 같이 붉은 기운이 도는 부분을 보다 붉게 칠하는 것이다. 두 번째 방법은 대비를 통하여 자연색을 강조하는 것인데, 강조하고자 하는 자연색과 대비되는 색채를 칠함으로써 자연색을 강조하는 것이다. 흑인이 얼굴에 흰색을 채색한 것이나 반대로 백인들이 얼굴에 검은 점을 만들어 붙임으로써 피부색을 더욱 강조한 예들은 모두 같은 원리이다. 현대에는 눈꺼풀에 피부색과 다른 아이섀도 색을 칠함으로써 눈을 더욱 강조하기도 한다.

이상에서 지적한 상흔, 문신, 채색 등은 모두 피부상에 이루어졌던 장식방법들이다. 그 외에 신체 일부의 제거나 신체의 변형 등을 통한 장식이 이루어졌는데, 이런 방법들은 더 고통스러운 신체장식방법들이다.

제거란 실제로 신체의 일부를 제거함으로써 장식하는 방법이다. 이 방법 역시 원시인들 사이에서는 많이 사용되던 것으로 신체 일부, 즉 몸에 구멍을 뚫거나,

치아를 뽑아내는 등의 방법이 사용되었다. 그 중에서 피부에 구멍을 뚫어 장식품을 매다는 피어싱(piercing)은 입술, 볼, 코, 귀 등에 흔히 사용되었는데, 이런 신체장식방법은 현대인에게서도 널리 사용되고 있다. 제거방법은 성년식과 관련을 가져 어떤 연령에 이르렀음을 보이기 위하여 청년기에 이루어지는 경우가 많았다.

마지막 신체장식의 방법은 신체변형이다. 변형의 대상으로 사용되던 부위는 입술, 귓밥, 코, 머리, 발, 허리 등이었다. 입술이나 귓밥은 주로 잡아당기거나 무거운 것을 매달아 길게 변형시켰으며, 머리에 어렸을 때 압력을 가하여 여러 가지 형태로 변형시키기도 하였다.

수많은 금속 목걸이를 끼워 목을 길게 변형시키거나, 발을 작거나 좁게, 허리는

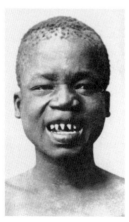

 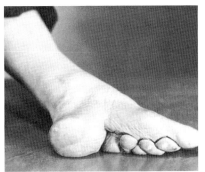

가늘게 변형시키기도 하였다. 발 변형의 가장 극단적인 예는 중국의 전족(bound foot)을 들 수 있으며, 이를 뾰족하게 가는 민족도 있다. 또한 크리트(Crete) 복식에서 볼 수 있는 가는 허리는 여성과 남성 모두에게서 추구되었던 변형을 통한 신체장식이다. 일반적으로 변형을 통한 장식은 여성에게 많이 적용되었으며, 제거에 의한 장식은 남성에게 많이 적용되었다.

이상에서 지적한 신체장식은 문화가 발달됨에 따라 자연상태의 신체를 보다 존중하는 방식으로 변화되어 왔다. 현대에는 자연의 형태를 파괴하는 것보다는 자연의 형태를 보존하면서 아름다움을 추구하는 것이 주된 흐름이다. 예를 들어 아기들의 머리 형태를 그대로 유지하기 위해 짱구베개를 사용하거나 엎드려 재우는 것을 예로 들 수 있다.

(2) 복식으로의 흥미전이

인간의 나체 과시 욕구는 인간으로 하여금 신체를 보다 아름답고 과장되게 보이기 위한 수단으로 장식이나 복식을 사용하게 하였다. 그러나 이것이 계속되면서 점차 장식의 수단으로 사용된 복식으로 흥미가 옮겨지게 되었으며, 나체 과시의 욕구는 상대적으로 감소하게 되었다.

나체 과시 욕구로부터 복식으로의 흥미 전이는 개인에 따라 정도가 다르다. 특히 남성에 비하여 여성에게서 이러한 전이가 덜 완성되었기 때문에 여성복에서는 복식을 통한 장식과 나체 과시가 함께 나타나는 경우가 많다고 하겠다. 예를 들어, 미니스커트와 같은 다리의 노출과 여성의 가슴 노출은 상당히 강한 장식적

1-25 신체 노출을 통한 장식
현대 여성복에서 신체노출은 강한 장식적 효과를 갖는다. (좌) 알렉산더 맥퀸, 2009 S/S, (우) 셀린, 2009 S/S

효과를 갖는 것을 볼 수 있으며, 반면에 남성의 신체노출은 장식적 효과를 별로 갖지 못한다.

(3) 복식을 통한 장식

1-26 독특한 형태의 민속복식
민속복식에는 각 민족의 고유한 미의식이 표현된다. (좌) 인도, (중) 아프리카, (우) 일본

복식을 통한 장식은 복식에 사용되는 재료, 색채, 선, 무늬, 구성방법 등 여러 가지 요인에 따라 문화권별로 다양하게 발전되었다. 각 문화권마다 그들 나름대로

의 아름다움에 대한 기준인 미의식을 가지고 있으며, 이러한 미의식에 맞는 독특한 형태의 민속복식들을 발전시켜 왔다.

복식을 통한 장식은 국부적인 장식방법이 있는데, 이것은 신체의 전체적인 형태와는 관계없이 신체의 특정한 부위를 강조하여 장식하거나, 또는 장식 자체의 아름다움이나 상징적인 의미를 목적으로 복식을 사용하는 방법이다. 국부적인 장식은 신체의 형태를 떠나서 독자적으로 이루어지기 때문에 예술적인 면에서 실패할 위험이 뒤따르며, 문화의 발달 정도에 따라 예술성에 있어서 차이가 심하다. 문화가 발달함에 따라 장식품 자체나 국부적인 강조보다는 전체적인 조화가 중요시되며, 이러한 예는 원시인의 경우에 조화되지 않는 장식의 독자적인 사용이 많은 반면, 현대에는 전체적인 조화가 강조되는 것에서 찾아볼 수 있다.

2. 복식의 기능

복식의 기원은 곧 현대복식이 갖는 기능의 근본을 이루므로 인류가 복식을 착용하게 된 동기를 통하여 복식의 기능을 유추할 수 있다. 또한 현대복식이 현대인에게 갖는 의미도 살펴볼 수 있다.

현대인에게 있어서 복식의 기능은 크게 도구적 기능(instrumental function)과 표현적 기능(expressive function)으로 나눌 수 있다.

대부분의 복식은 이 두 가지 기능을 함께 필요로 하며, 두 가지 기능이 반드시 상호 배타적인 관계에 있는 것은 아니다. 즉, 도구적 기능을 높이기 위한 복식도 표현적 기능을 수행할 수도 있고, 표현적 목적을 위한 복식도 도구적 기능을 높여줄 수도 있다. 따라서 이 두 가지 기능을 상호 관련성을 가지고 이해해야 한다. 특히 최근에는 점점 더 두 가지 기능 모두 중요시되고 있다.

1) 도구적 기능

도구적 복식은 복식이 어떤 목적을 수행하기 위한 도구로 사용될 때 갖는 기능을 말하며, 주로 보호적 목적과 실용적 목적으로 사용된다. 복식의 기원 중에는 주

로 신체보호동기와 심리적 보호동기가 포함된다. 복식의 도구적 기능은 신체 적응을 돕기 위한 물리적 기능(physical function)과 사회 적응을 돕기 위한 사회적 기능(social function)으로 나누어 볼 수 있다.

(1) 물리적 기능

복식은 기후환경과 외부 위험으로부터 신체를 보호하고, 신체활동의 효율성을 증진시키며, 신체적으로 쾌적한 온열감을 유지시키는 물리적 기능을 수행한다.

특히 현대에는 직업이 전문화됨에 따라 위험한 작업환경으로부터 신체를 보호하는 목적으로 복식이 착용된다. 소방대원이 단열 방염복을 입는 것, 환경미화원이 시인도(視認度)가 높은 반사 조끼를 입는 것, 전기기사가 단전용 장갑을 사용하는 것, 공사장에서 헬멧을 쓰는 것 등은 일반 직업과 관련한 예이다. 그 밖에 미식축구 선수복, 아이스하키 선수복 등과 같이 운동경기 중 위험에 대처하기 위한 복식 그리고 극단적이고 다양한 환경에 처하게 되는 군인을 위한 군복 등은 모두 신체보호를 위한 수단으로 복식이 사용된 예이다.

신체활동의 효율성 증진은 복식이 착용자의 신체활동에 따른 체표면적의 변화에 맞추어 조절될 수 있도록 디자인함으로써 이룰 수 있다. 예컨대, 몸을 구부렸을 때 증가하는 등길이에 맞추어 의복의 등길이가 조절되거나, 팔을 움직일 때 증가하는 등 나비에 맞추어 뒤품에 여유를 주는 것 등을 말한다.

1-28 복식의 물리적 기능 강조
외부 환경으로부터의 위험이 클
수록 복식의 물리적 기능이 강조
된다. (좌) 환경미화원의 형광연
두색 근무복, (우) 신체보호 장구
를 착용한 아이스하키복

또한 추위나 더위로부터 신체가 쾌적한 온열감을 유지하도록 돕는 것도 복식의
중요한 도구적 기능이다. 특히 극단적인 추위와 더위 속에서는 이러한 온열기능
이 다른 어떤 기능보다도 우선적으로 중요시된다.

(2) 사회적 기능

사람들의 행동이나 사고는 그 사회가 갖고 있는 문화적 규범에 비추어 적합하거
나 적합하지 않은 것으로 평가된다. 복식에 대해서도 각 사회, 각 문화권마다 독
특한 규범이 있다. 즉, 성별, 연령, 역할, 신분, 상황 등에 따라 적합한 복식에 대
한 규범이 있으며, 규범에 맞는 복식행동은 좋게 평가되고, 반면에 규범에 맞지
않는 복식행동은 부정적으로 평가된다. 따라서 개인은 복식을 성공적인 사회적
응을 위한 도구로 사용할 수 있으며, 이때 복식은 사회적 기능을 수행하는 도구가

1-29 복식의 사회적 기능 제복
은 착용자의 신분과 계급을 직접
적으로 표현하여 강한 사회적 기
능을 갖는다. 사회적 기능이 강
한 복식에서 개성은 존중되지 않
는다. 항공사 승무원들의 유니폼

1-30 사회적응 도구로서의 복식 착용자의 사회적 역할과 규범에 맞는 의복은 성공적인 사회생활을 돕는 수단이 된다. (좌) 의사들의 가운, (우) 직장인의 테일러드수트

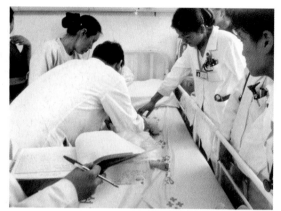

된다.

복식을 성공적인 사회적응을 위한 적극적인 도구로 사용하고자 할 때에는 자신이 원하는 사회적 자기를 표현하는 데 사회의 규범과 고정관념화된 복식단서들을 활용한다. 즉, 자신이 나타내고자 하는 지위나 신분을 적절한 복식을 통해 표현함으로써 신뢰감, 유능함 등의 인상을 줄 수 있다.

이와 같이 복식은 적극적으로는 자신이 원하는 자기를 표현하는 도구로 사용됨으로써 성공적인 사회생활을 영위하게 하는 수단이 될 수 있으며, 소극적으로는 주위의 부정적인 반응을 피하는 수단이 될 수 있다. 예컨대, 직장인이 직업의 종류에 맞게 옷을 입는 것, 외출할 때 고급 옷을 입는 것 등은 모두 자신의 사회·경제적인 지위를 암시함으로써 주위로부터 자신의 신분이나 지위에 합당한 대우를 받으려는 것이다. 또한 의사가 흰 가운을 입음으로써 환자들로 하여금 신뢰감을 갖도록 하는 것, 취직을 위한 면접을 할 때 단정한 차림새를 하여 좋은 인상을 주려 하는 것 등은 모두 사회환경에 적응하여 보다 성공적으로 살기 위해 복식을 이용하는 예이다.

2) 표현적 기능

표현적 기능은 복식이 착용자의 감정적 욕구와 심리적 욕구를 충족시키는 일을 수행하는 것을 말한다. 복식의 표현적 기능을 통해서 개인의 심리적 만족과 복식

을 통한 상징적 커뮤니케이션이 이루어진다. 복식의 기원 중에는 주로 비정숙성 동기와 신체장식 동기가 포함된다. 사람들은 복식을 이용하여 자기를 표현하며, 사람들의 이런 행동의 결과로 사회 구성원들 사이에서 상징적 상호 작용이 일어나게 된다.

(1) 자기표현

인간의 복식에 대한 욕구는 다른 욕구와 마찬가지로 매슬로(Maslow)가 제시한 욕구단계에 따라 상승 변화한다. 즉, 신체보호에 대한 생리적 욕구가 충족된 후에는 남들과 같은 옷을 입음으로써 심리적 안정을 얻고자 하는 사회적 욕구를 가지며, 사회적 욕구가 어느 정도 충족된 후에는 자신의 우월성을 표시함으로써 존경받고자 하는 욕구를 갖는다. 이러한 자기존중(self-esteem), 자기실현(self-actualization)의 욕구가 사람들로 하여금 자기표현 욕구를 갖게 한다.

사람들은 복식을 이용하여 신체장식 욕구, 미적 표현 욕구, 개성표현 욕구 등을 충족시키며, 자기 이미지를 표현한다. 특히 이상적 자기(ideal-self)를 복식으로 표현하고자 하며, 개인이 표현하는 자기모습에는 개인이 갖고 있는 가치관, 흥미, 태도 그리고 개인적 성격 등이 나타나게 된다. 따라서 최근에는 자기의 이미지 형성을 위한 패션코디네이션이 중요해지고 있으며, 전문화되고 있다.

(2) 상징적 커뮤니케이션

과거 민속복식이 착용되던 시대와는 달리 현대사회에서는 개인의 선택에 따라 다양한 형태의 복식이 착용된다. 따라서 복식은 개인의 여러 가지 인적 사항을 나타내게 되며, 복식을 통한 상징적 커뮤니케이션(symbolic communication)이 일어나게 된다. 복식을 가리켜 무성의 언어(non-verbal language)라고 하는 것은 복식의 이러한 상징적 커뮤니케이션 기능 때문이다.

유사한 속성을 갖는 사람들끼리, 즉 연령이 유사하거나, 직업이 유사하거나, 라이프스타일이 유사한 사람들끼리는 활동범위, 취향, 활동공간 등이 비슷하여 유사한 외모를 갖게 되며, 이러한 외모특성에 따라 그 집단에 대한 고정관념(stereotype)이 형성된다. 복식을 통한 상징적 커뮤니케이션은 고정관념화된 복

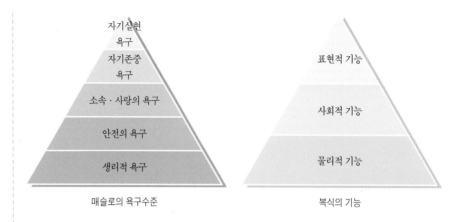

매슬로의 욕구수준   복식의 기능

식단서의 상징성을 통하여 이루어지며, 커뮤니케이션 내용은 성별, 연령, 결혼상
태, 경제적 지위, 직업, 사회계층, 종교, 미적 감각, 교육수준, 소속집단, 가치관,
성격, 이념, 흥미, 기분 등 매우 다양하다.

3) 도구적 기능과 표현적 기능의 상호 관련성

복식은 용도에 따라 필요로 하는 기능에 차이가 있으므로 용도에 적합하도록 필
요한 기능이 강화되어야 한다. 그러나 현대에는 용도에 따라 중요시해야 하는 기
능에 차이가 있을지라도, 이 두 가지 기능 중 어느 한 가지만 수행해서는 안 되고,
두 가지를 동시에 고려해야 한다. 예를 들어, 도구적 기능을 중요시하는 제복의
경우 활동에 적합한 물리적 기능은 물론, 심리적 만족을 줄 수 있는 미적 표현과
이미지 표현도 함께 고려되어야 한다. 또한 표현적 기능을 중요시하는 복식이라
도 편안함이 동반되지 않으면 안 된다.

  도구적 기능 중 사회적 기능은 상황별 규범의 강도에 따라 차이가 있다. 공식행
사를 위한 예복과 같이 사회적 규범이 뚜렷하고 획일적인 복식에는 개인의 취향이
반영될 여지가 별로 없다. 즉, 착용자의 사회적 신분을 잘 나타내면 그것으로 복식
의 사회적 기능이 잘 수행되는 것이다. 그러나 최근에는 개성이 점점 더 중요시됨
에 따라 사회적 기능이 중요한 복식이라도 사회적 기능이 약화되고 표현적 기능이
강화되고 있다. 대학생의 통학복, 주부의 외출복 등과 같이 규범이 유연한 상황의

복식은 사회적 규범에 어긋나지 않는 범위 안에서 개인의 취향에 따라 다양한 복식을 선택할 수 있으므로 사회적 기능과 표현적 기능이 동시에 나타나게 된다.

또한 욕구수준에 따라 중요시하는 기능도 달라진다. 개인이나 사회가 경제적으로 낮은 단계에 있을 때에는 생리적 욕구나 소속의 욕구를 충족시키는 복식을 주로 원하지만, 경제적으로 여유로워질수록 개인적 취향을 표현할 수 있는 복식에 대한 욕구를 갖게 된다. 예를 들어 내의의 경우 도구적 기능이 중요한 것으로 추위나 더위를 막아주고 쾌적하며 관리가 편리한 것 등 생리적 욕구를 충족시켜 주는 것이 중요하였으나 사람들의 욕구수준이 높아짐에 따라 내의의 디자인 등 자기를 표현하고자 하는 표현적 기능이 중요해졌다.

1-32 **도구적 기능과 표현적 기능의 상호 보완성** 도구적 기능이 강한 내의류에도 개성을 표현하는 표현적 기능이 중요해지고 있다. (좌) 바지 위로 보이는 내의, (우) 표현적 기능이 강화된 내의

Chapter 2 | 한국복식의 조형미

1. 민족문화 형성기의 복식 : 삼국시대

고구려(高句麗), 백제(百濟), 신라(新羅)의 삼국은 초기에 작은 국가로 출발하여 안으로는 강력한 왕권과 정비된 지배 체제를 갖추며 차츰 주변의 여러 나라들을 지속적으로 통합하면서 발전하였다.

　고구려는 만주지역과 한반도 북부에 걸치는 강력한 국가로 성장하여 수(隋)·당(唐)을 비롯한 외세의 침입을 막는 방파제 구실을 하였으며, 문화적인 측면에서도 고유문화의 전통 위에서 주변의 중국, 중앙아시아, 서아시아의 다양한 문화를 받아들이고 이를 백제와 신라는 물론 일본에까지 전달하는 선구적인 역할을 하기도 하였다. 고구려문화는 패기와 정열이 넘치고 웅장하며 장엄한 미(美)를

2-1 삼실총 주작도(朱雀圖) 5세기 무덤인 삼실총의 주작은 고졸한 멋을 풍기는 사신(四神) 중 남방신(南方神)이다. 이러한 주작은 고구려 고분벽화에 많이 나타나는데, 몽고 노인우라에서 출토된 옷감의 무늬에서도 나타난다.

나타내고 있다. 고구려는 여러 고분벽화를 남겼는데, 이것을 통하여 당시의 생활양식뿐 아니라 주변 지역과의 문화 교류를 알 수 있다(그림 2-1).

백제는 한반도의 중부에 위치하여 고구려와 신라문화의 교량적인 역할을 하였으며, 그 문화는 우아하고 섬세한 세련미를 나타내고 있다.

신라의 문화는 초기에는 소박한 전통미를 지녔으며 후에는 고구려와 백제의 영향으로 그 문화적 기반을 넓혀갔다. 통일 이후에는 고유의 문화와 중국의 문화를 잘 융합하여 명실 공히 찬란한 민족문화를 이룩하였다. 이러한 점은 신라의 복식에도 반영되어 금관(金冠)을 비롯하여 이식(耳飾) 등 각종 수식(修飾)에 있어 그 아름다움과 찬란함이 세계적인 예술품으로 평가된다.

이 시기에 전래된 불교는 종교적인 면에서 뿐만 아니라 정신적인 면에서도 삼국이 동질감을 갖게 하였으며, 문화적으로도 많은 불교 미술과 사후세계를 위한 고분 미술을 남겼다.

삼국은 계층상의 차이가 뚜렷한 귀족 중심의 엄격한 신분제(身分制) 사회였다. 이러한 신분의 차이는 복식문화에도 반영되어 복식이 신분의 차이를 나타내는 하나의 수단이 되기도 하였다.

우리나라 상고시대 복식의 특징은 대개 서북방 기마민족들이 입던 호복(胡服) 계통의 의복으로서 유(襦)와 고(袴)의 형태로 이루어져 말을 타고 사냥하는 데 편리한 체형형(體刑型)으로 팔ㆍ다리와 몸통을 감싸 추운 겨울을 잘 견딜 수 있었으며 더운 여름에 입고 벗기 편리한 전개형(前開型)으로 발달되어 왔다.

1) 무풍적 기상의 복식 : 고구려

고구려가 강국으로 성장하고 한사군과 수(隋)ㆍ당(唐)을 격퇴시킬 수 있었던 힘은 활동적이고 무풍적인 고구려인들의 체형형 복식에서 기인한다고 볼 수 있다.

고구려의 복식을 벽화에서 보면 유, 고, 삼 혹은 포, 상, 관모로 구성되었다.

상의의 기본형인 유(襦)는 지금의 저고리보다 긴 길이로 엉덩이까지 내려오는 재킷(jacket)과 같은 길이이다. 엉덩이 길이의 상의는 사람이 앉은 자세일 때 상체를 완전히 가려주므로 인체를 보호하고 활동하는 데 가장 적절한 길이이다. 유는 대부분 전개형(前開型)으로서 곧은 깃을 겹쳐 여며 입는 직령교임형(直領交衽型)의 형태이다. 유가 여며지는 방향에 따라 왼쪽으로 여며지는 것을 좌임(左衽), 오른쪽으로 여며지는 것을 우임(右衽)이라고 하는데, 고구려 초기 집안(集安)의 임제(衽制)는 주로 좌임이던 것이 평양(平壤) 지역으로 천도한 후에는 우임으로 변하였다. 소매는 통이 좁은 착수(窄袖) 형태의 통수(筒袖)였다. 유의 깃둘레와 단, 소매끝에는 바탕과 다른 색으로 선(襈)을 둘렀다. 선은 연(緣) 혹은 단이라고도 하였는데, 상고시대 우리나라뿐 아니라 서호(西胡) 여러 나라에서도 매우 많이 사용되던 장식이다. 직물이 생산되고 염색이 발달하기 이전에는 선(襈)을 짐승의 털로 둘렀는데, 이는 여러 가지 목적에서 사용되었다. 맹수의 털을 옷의 둘레에 대어 입음으로써 악귀를 막아줄 것이라고 생각하는 원시신앙과 추운 겨울에는 외풍을 막아 주는 기능, 그리고 옷의 끝부분이 풀리지 않고 해지지 않게 하기 위한 봉제상의 이점 등이 그것이다.

유(襦)에서 빼놓을 수 없는 것이 대(帶)이다. 대는 유를 앞에서 여며 입고, 벗겨지지 않도록 하기 위해 허리에 둘러 매는 끈이다. 이 끈은 초기에는 가느다란 끈으로 단순히 옷이 여며진 상태를 잘 유지시켜 주는 역할만을 위하여 사용하기 시작했다. 그러나 차츰 계급 사회에서의 신분을 과시하기 위한 용도로도 사용하게 되어 옷감으로 만들던 포백대(布帛帶)에서부터 각대(角帶), 피혁대(皮革帶), 은대(銀帶), 금대(金帶), 옥대(玉帶) 등 재료와 만드는 방법에 따라 매우 많은 명칭의

2-2 무용총 수렵도 고구려인의 용맹스런 기상이 나타나 있는 벽화로 활동적이고 무풍적인 고구려인들의 유, 고를 볼 수 있다.

2-3 무용총 무용도 고구려인들의 가무를 비롯하여 복식 등의 생활 모습을 알 수 있다. 기본적으로 유(襦)와 고(袴)를 착용하였고, 여인들은 고 위에 주름진 상(裳)을 덧입은 모습이 보이며 그 위에 포(袍)를 입었다. 유와 포에 선(선)을 둘렀고 대(帶)를 매었다.

대(帶)가 생겨나게 되었다.

삼(衫)이나 포(袍)는 높은 신분의 귀인에서부터 평민에 이르기까지 보편적으로 착용하였는데, 이 포(袍)는 방한용(防寒用)뿐 아니라 의례용(儀禮用)으로도 입었다. 유의 대(帶)는 일반적으로 앞에서 매는 것에 비하여 포(袍)의 대(帶)는 뒤에서 매어 서로 겹쳐지지 않게 하였다. 평민들은 통수삼(筒袖衫)을 입었으나 귀인들은 삼(衫)의 소매폭이 넓은 대수삼(大袖衫)도 입었으며, 삼(衫)에서도 귀족과 평민의 신분 차이가 소매의 넓이와 직물의 재료, 선(襈) 등에서 나타났다. 삼(衫)이나 포(袍)의 깃은 직령교임형(直領交衽型)이 대부분이나 그 외에 곡령(曲領)과 합임(合衽)도 있다.

고(袴)는 지금의 바지 형태로 남녀 모두 착용하였다. 고(袴)는 크게 나누어 바지통이 넓은 대구고(大口袴)와 바지통이 좁은 궁고(窮袴)로 나눈다(그림 2-2, 2-3). 신분이 높은 귀인들은 대구고를 입었으며 신분이 낮은 백성들은 홀태바지인 궁고를 입었다. 또한 곤(褌)이라고 하는 짧은 잠방이 형태의 바지가 있었는데, 이것은 주로 하층 계급의 사람들이 착용하였다.

상(裳)은 지금의 치마를 일컫는 것이며, 치마 중에서도 주름이 많이 잡힌 것은 군(裙)이라고 하였다. 고구려 고분벽화에서 볼 수 있는 상(裳)의 일반적인 형태는 길이가 땅에 끌릴 정도로 길고 허리에서 치맛단까지 잔주름이 잡혀 있으며, 아랫단에는 장식선(裝飾襈)이 둘러진 것도 있다.

벽화를 통해서 볼 때 여자가 고(袴)를 착용한 모습과 상(裳)을 착용한 모습을 모두 볼 수 있는데, 이것으로 여자는 고(袴)와 상(裳)을 혼용하였음을 알 수 있다. 무용총 시녀도에 보면 상(裳) 아래로 속에 입은 고(袴)가 보이기도 한다. 의례용(儀禮用)으로 성장 시(盛裝 時)에는 상(裳)을 반드시 입었다(그림 2-3).

덕흥리 고분벽화 견우직녀도의 시녀의 색동치마와 수산리 고분벽화의 귀부인의 색동치마를 보면 이 시기에 색동치마를 착용하였음을 알 수 있는데(그림 2-4),

2-4 수산리 고분벽화에 보이는 귀부인의 색동치마는 일본으로 건너가 다카마쓰쓰카에서도 유사한 색동치마가 보인다.

일본 다카마쓰쓰카(高松塚)에서도 유사한 색동치마를 볼 수 있어 한반도에서 일본으로 전해 준 복식문화의 예가 된다.

관모(冠帽)는 복식의 일부분으로서 시대에 따라 변화하여 왔으며 복식 중에서도 변천이 많고 복잡하다.

우리나라 관모(冠帽)의 기본형은 건(巾)과 변(弁)에서 비롯되었다. 건(巾)은 머리가 흘러내려오지 않도록 감싸는 것으로 망건(網巾)과 같은 형태로서 차츰 장식이 추가되면서 책(幘)으로 발달하였다. 책은 수건을 머리에 매는 건(巾)의 형태에서 생겨난 것으로, 고구려의 책은 귀인 계급이 사용하던 관모(冠帽)로 서민 계급에서는 사용할 수 없었다.

변(弁)은 삼각형 모양으로 모정이 불쑥 솟아 오른 고깔 모양에 양옆에 끈이 달려 말을 타고 달려도 벗겨질 염려가 없는 무풍적인 모자이다.

절풍(折風)은 변(弁)과 같은 형태로, 뾰족한 변의 형태에서 발전한 관모(冠帽)로 삼각 형태였다. 귀족계급에서는 그들의 신분을 표시하기 위해 절풍(折風)에 새 깃털을 꽂은 조우관(鳥羽冠)을 썼으며, 아무 장식이 없는 절풍은 일반 서민이 사용하였다. 절풍은 고구려뿐 아니라 백제, 신라에서도 사용하였다.

왕을 비롯한 귀족은 나관(羅冠)을 썼는데, 왕은 백라관(白羅冠)을 썼으며 대신은 청라관(青羅冠), 강라관(絳羅冠)을 썼다.

부녀자들은 건귁(巾幗)을 썼는데, 이것은 관모(冠帽)라기보다는 일종의 머릿수건의 수식으로 생각된다. 근세에 와서도 '머릿수건'이라 하여 개성 이북의 부인들이 쓰는 것이 이 건귁의 형상과 비슷하다.

2) 우아하고 섬세한 예술혼(藝術魂) : 백제

백제의 언어와 복식은 고구려와 거의 같았다.

왕은 자주색의 소매가 넓은 포인 자수대포(紫袖大袍)를 입고 청색의 금직으로 된 바지인 청금고(青錦袴)를 입었는데, 바지통이 넓어서 대구고(大口袴)의 형태이다. 소색(素色)의 가죽띠인 소피대(素皮帶)를 두르고 검은 가죽신을 신었으며, 비단으로 된 관(冠)에 금으로 된 꽃모양 관식(冠飾)을 하였다. 높은 계급의 신하

들은 넉넉한 소매의 의복에 은으로 된 관식(冠飾)을 하고, 백성들은 고(袴) 위에
상(裳)과 유(襦)를 입고 의례용(儀禮用)으로 그 위에 포(袍)를 입었다.

그림 2-5의 백제 국사의 포(袍)를 보면 소매가 넓고 길어서 대수포(大袖袍)라
고 할 수 있으며, 포의 길이는 무릎 밑에 닿고 령(領), 거(裾), 수구(袖口)에 선
(襈)이 대어져 있는 우임직령포를 입었으며 대구고(大口袴)를 입고 있다.

백제는 복식의 계급적 분화가 비교적 빠르게 이루어져 의복(衣服)뿐 아니라 관
모(冠帽), 대(帶) 등으로 계급의 등위를 가렸다.

백제 무녕왕릉에서 출토된 왕과 왕비의 금제관식은 신라의 양식과는 다른 것으
로 초화문(草華紋)을 투각하여 섬세하고 유연한 비대칭 균형의 미(美)를 나타내
고 있다(그림 2-6).

3) 장중하고 화려한 권위의 미감(美感) : 신라

신라의 복식은 통일 후 당(唐)의 복식이 들어오기 전까지 고구려, 백제와 비슷하
였다. 통일 후는 문화가 더욱 원숙해지고 복식에 있어서도 많은 발전과 변화가

2-7 신라 금관 경주 98호묘에서 출토된 금관으로 금과 옥을 균형 있고 화려하게 조화시킨, 신라 금관을 대표하는 금관이다.

2-8 금제관모(金製冠帽) 천마총 출토 내관으로서 변(弁)의 형태이다. 산형문(山形紋), 당초문(唐草紋) 등의 여러 문양을 투조(透彫)한 금관을 연접시켜 만든 금제관모이다.

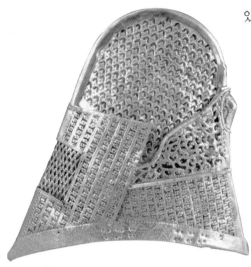

있었으며 또한 사치와 문란이 심했던 시기이기도 하다. 따라서 흥덕왕대에는 복식의 금제(禁制)를 내려 복식의 질서를 바로잡고 검약을 꾀하였다.

남녀 모두 신분의 귀천(貴賤)이 없이 포(袍)를 착용하였는데, 귀족층은 소매가 넓은 활수포(闊袖袍)를, 평민은 소매가 좁은 착수포(窄袖袍)를 착용하였다. 신라에서는 유(襦)를 우티·위해(尉解)라고 하고 고(袴)를 가반(柯半)이라 하여 남녀 모두 착용하였으며, 여자는 고(袴) 위에 의례용(儀禮用)으로 상(裳)을 덧입었다. 또한 소매가 짧은 반비(半臂)도 입었으며, 목에는 표(裱)를 둘러 목 뒤에서 어깨에 걸쳐 가슴 앞으로 늘어뜨려 일종의 장식용 목도리로 착용하였다.

신라의 금관(金冠)은 왕족이 사용하던 관모(冠帽)로서 금관총, 천마총, 양산 부부총 등 여러 고분에서 출토되었다. 금관은 왕실과 귀족사회의 절대적인 권력의 상징인 동시에 신라 금속공예의 최고품이라고 할 수 있으며, 장중하고 화려한 권위의 미(美)를 표현하기에 가장 효과적인 예술품이다. 금관에는 금색을 강하게 반영하는 단조로운 금관에 당초 모양을 투조(透彫)하고, 수많은 작은 영락을 매달아 금빛의 반사가 무수한 명암을 이루어 같은 금색으로써 변화를 최고도로 발전시켰으며 강렬한 금채를 부드럽게 하기 위하여 비취 곡옥(曲玉)을 수없이 매달아 아름다운 색감의 조화를 이루었다(그림 2-7).

삼국시대의 수식(修飾) 중 귀고리는 제작 기술과 미적 감각이 뛰어나며, 그 중 신라 이식(耳飾)의 정교함과 찬란함은 세계적이다.

이식(耳飾)은 귀고리를 말하는 것으로, 귓볼에 닿는 접이부(接耳部)와 늘어지는 수식부(修飾部)로 이루어져 있다. 접이부는 귓볼에 꿰는 고리의 가늘고 굵음에 따라 세환(細環)과 태환(太環)으로 나뉘며, 수식부분은 입체형, 평면형, 혼합

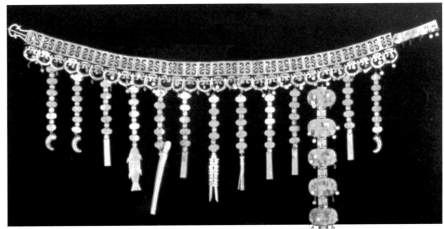

형 등으로 구분할 수 있다(그림 2-9).

과대(銙帶)와 요패(腰佩)는 일용품이나 도구, 무기 등을 매다는 등 일상생활에 편리하게 사용하기 위한 실용적인 목적에서 생겨났으나 후에 하나의 장식이 되었다.

과대는 요패를 달 수 있는 금속의 식판인 과판(銙板)을 붙여 장식한 띠를 말한다. 요패는 그 띠에 늘어뜨린 여러 가지 패식(佩飾)을 이르는 것으로 금제와 은제가 있다. 과대는 혁대에서 발달한 것으로 대지(帶地)의 안쪽은 주로 피혁(皮革)이나 포백(布帛)이었고 겉은 금, 은, 동, 철 등의 금속판을 붙인 것이며, 금속판 밑에는 둥근 고리를 달아 요패와 같은 장식을 차도록 만든 것이다(그림 2-10).

2. 민족문화 도약기의 복식 : 고려시대

고려시대의 예술은 귀족 사회의 특성을 반영하여 귀족생활, 불교 미술과 연관된 분야에서 크게 발달하였다. 그 중 가장 대표적인 예술품이 고려청자, 팔만대장경, 고려불화이다.

고려시대의 도자기 공예는 처음에는 주로 선(線)을 강조하는 순수청자가 발달하였고, 후에는 고려의 독특한 기법인 상감법을 이용한 상감청자가 만들어져 고

2-9 금제 태환식 귀고리(太環耳飾) 신라시대의 태환 이식 중 가장 아름다운 귀고리로 표면에 금세립(金細粒)으로 누금(鏤金)하였다.

2-10 과대와 요패 일용품이나 도구, 무기 등을 매다는 실용적인 목적에서 생겨나 후에는 하나의 장식이 되었으며, 신분에 따라 재료와 모양이 달랐다.

**2-11 고려시대 포도동자문 상감
청자** 섬세하고 우아한 선의 미
(美)를 표현하는 고려시대 포도
동자문 상감청자는 고려를 대표
하는 예술품이다.

**2-12 조선시대 포도동자문 치
마** 조선시대 청주 한씨의 치마
에 나타난 포도동자문양이 고려
시대를 거쳐 조선시대에까지 이
어져 내려가고 있는 것을 볼 수
있다.

려자기의 섬세한 미(美)를 창출하였다. 여기에 가장 많이 이용된 무늬는 구름,
학, 포도무늬였는데, 그 중 포도무늬는 고려시대 옷감의 무늬로도 많이 사용되어
조선시대에까지 이어졌다(그림 2-11, 2-12).

　고려시대의 복식에 대한 자료로는 고려사(高麗史), 고려도경(高麗圖經)의 문헌
과 문수사 반수포(半袖袍), 수락암동 벽화, 고려불화 등이 있다.

　현재까지 발굴된 고려시대 복식 중 가장 오래된 의복은 충목왕(1346년) 때의 소
저(素紵)로 된 반수포(半袖袍)이다. 이 반수포(半袖袍)는 충청남도 서산군 운산면
태봉리에 있는 문수사(文殊寺)의 금동여래(金銅如來)에서 나온 것으로 이때 반수
포(半袖袍)와 함께 나온 발원문(發願文)을 보면 연대가 고려 29대 충목왕 2년으로
되어 있어 현재까지 발굴된 의복 중 가장 오래된 것이다. 이 반수포(半袖袍)는 여
름용이며 저고리 위에 덧입는 표의(表衣)로서, 소색(素色)의 고운 모시로 되어 있
다. 형태는 반소매의 옆이 터진 포(袍)의 형태로, 특징은 이중 깃으로 되어 있고
옆이 터진 양쪽에 이중 주름인 더블 플리츠(double pleats)가 잘 잡혀 있게 하기
위하여 모시 헝겊으로 속에 다른 단을 처리하여 안정시키고 있는 점이다.

　〈고려도경(高麗圖經)〉에 보면 고려의 왕도 평거연복(平居燕服)으로 백저포(百
紵袍)를 입었다는 기록이 있는데, 그 백저포가 이 반수포(半袖袍)와 관계가 있을
것으로 보인다(그림 2-13).

　이러한 점으로 미루어 볼 때 삼국시대에 입던 우리나라의 기본적인 의복형태는

2-13 **문수사 반수포(文殊寺 半袖袍)** 소색의 고운 모시로 만든 반소매의 옆이 터진 포(袍)로서 우리나라에서 발굴된 복식 중 가장 오래된 옷이다.

2-14 **수월관음도** 석가의 온화하고 자비로운 자태를 그린 불화로 화려한 색채와 아름다운 직물의 의복이 표현되어 있다.

고려시대에도 계속되었으며 조선시대에까지 이어졌다.

고려예술의 사상적 기반을 이루는 불교의 경전인 팔만대장경의 내용을 그린 고려불화는 매우 장엄하고 화려하여 불화 중에서도 대표적인 걸작으로 손꼽힌다. 그 색채의 화려함과 정교함은 단지 불화의 아름다움을 나타내기 위한 회화에 그치는 것이 아니라 예배의 대상이 되고 있다. 고려불화를 보면 많은 공양자상이 보이는데, 그들은 화려하고 찬란한 금직(錦織)의 우아한 옷을 입고 있다. 고려시대의 복식 자료로서 현존하는 것은 별로 없으나, 이 고려불화에 그려진 인물들을 통하여 당시의 생활 풍속과 복식을 연구할 수 있으므로 복식사적(服飾史的)으로도 매우 귀중한 자료가 되고 있다.

1) 왕복(王服)

고려사여복지(高麗史輿服志)와 고려도경(高麗圖經)을 보면 왕복(王服)에는 제복(祭服), 조복(朝服), 공복(公服), 상복(常服), 연거복(燕居服)이 있다.

제복인 면복(冕服)은 면류관(冕旒冠)과 곤복(袞服)으로 구성되어 있다. 면류관은 구류면류관(九旒冕旒冠)이고, 곤복(袞服)은 의(衣), 상(裳), 중단(中單), 폐슬

(蔽膝), 혁대(革帶), 대대(大帶), 패옥(佩玉), 수(綬), 말(襪), 석(舃)으로 구성되었고 여기에 규(圭)를 들었다. 의(衣)는 현색(玄色)으로 여기에 산(山), 용(龍), 화(火), 화충(華蟲), 종이(宗彛)의 오장문(五章紋)을 그렸다. 상(裳)은 훈색(纁色)으로 앞 3폭, 뒤 3폭으로 되어 있으며 조(藻), 미(米), 보(黼), 불(黻)의 사장문(四章紋)을 수(繡)놓았다. 따라서 의(衣)의 오장문(五章紋)과 상(裳)의 사장문(四章紋)을 합하여 구장문(九章紋)이 베풀어진 구장복(九章服)을 곤복으로 입었다. 공민왕대에는 황제로서 12류면 12장복을 입었다.

조복(朝服)은 왕이 백관(百官)과 사신(使臣)을 접견할 때 착용한 복장으로 상포(緗袍)에 속대(束帶)를 띠고, 관모로 복두(幞頭)를 쓰다가 고려 후기 공민왕에 이르러서는 원유관(遠遊冠)에 강사포(絳紗袍)를 착용하였다(그림 2-15).

공복(公服)은 왕이 중국 사신을 맞이할 때 입는 옷으로, 자라포(紫羅袍)에 옥대(玉帶)를 띠고 상홀(象笏)을 쥐었다.

상복(常服)은 오사고모(烏紗高帽)를 쓰고 금벽(金碧)을 수놓은 상포(緗袍)를 입었으며, 자색라(紫色羅)로 만든 늑건(勒巾)을 띠었다. 착수상포는 담황색의 소매가 좁은 포(袍)로써 고려의 왕이 중국(中國) 황제의 황포(黃袍)와 비슷한 상포(緗袍)를 입었다는 사실은 조선왕조시대(朝鮮王朝時代)의 왕(王)이 황색을 입을 수 없었던 경우와 비교해 볼 때 비교적 자주성을 가졌음을 알 수 있다.

왕도 연거 시에는 일반 서민과 다름없는 조건(皁巾)에 백저포(白紵袍)를 착용하였다. 이것은 왕족이나 귀족도 연거복(燕居服)으로는 민서복(民庶服)을 그대로 착용하여 고유 복식의 전통이 왕가에서도 이어지고 있음을 나타내고 있다.

2) 왕비복(王妃服)

왕비의 복식도 통일신라시대의 복식제도가 계승되어 고려로 이어졌다.

고려도경(高麗圖經)에 보면 '왕비는 홍색(紅色)을 숭상하여 그림과 수(繡)를 더하되 관리와 서민의 처(妻)는 감히 이를 쓰지 못한다.' 라고 되어 있다.

예복(禮服)으로는 칠적관(七翟冠), 적의(翟衣), 중단(中單), 폐슬(蔽膝), 대대(大帶), 혁대(革帶), 수(綬), 말(襪), 석(舃)을 갖추어 입었다.

왕비도 평거 시에는 일반 귀부녀와 같이 유(襦 : 저고리)와 상(裳 : 치마)을 주축으로 하는 우리의 고유 복식을 착용하였다.

3) 백관복(百官服)

백관복에는 제복(祭服), 조복(朝服), 공복(公服), 상복(常服)이 있다. 제복은 의종조(毅宗朝)의 제도에 따르면 각 계급에 따라 칠류면(七旒冕) 칠장복(七章服)에서 평면(平冕), 무장복(無章服)까지 있다.

조복은 정초와 동지, 절일(節日), 조하(朝賀) 등에 착용하였다. 조복을 입고 있는 수락암동 1호분 십이지상(十二支像)을 보면 양관(梁冠)을 쓰고 비라의(緋羅衣)로 생각되는 포(袍)를 입고 홀(笏)을 들고 있는 모습을 볼 수 있다(그림 2-17).

공복은 각 직품에 따라 복색(服色), 대(帶), 홀(笏) 등에 차이를 두어 권위를 나타내었다. 관모(冠帽)로는 복두(幞頭)를 썼으며, 의복은 서열에 따라 복색을 자(紫), 단(丹), 비(緋), 녹(綠)으로 나누었다. 공복 착용의 실례를 지장시왕도(地藏十王圖)에서 살펴보면 공양자상의 모습에서 공복(公服)에 복두(幞頭)를 쓴 모습이 보이는데, 자세히 살펴보면 유(襦), 백저포(白苧袍), 중단(中單), 단령(團領)의 대수포를 입었으며, 머리에는 양각이 약간 아래로 향한 복두(幞頭)에 손에는 홀(笏)을 쥐고 있다. 여기에서 고려시대 문무백관(文武百官)의 공복(公服) 착용 모

2-17 수락암동 벽화 고려시대 백관의 조복으로 상색(緗色)의 대수포에 양관(梁冠)을 쓰고 홀(笏)을 쥐었다.

2-18 지장시왕도(地藏十王圖) 부분 고려시대 백관의 공복(公服)

2-19 **귀부녀의 복식** 미륵하생경변상도(彌勒下生經變相圖)에 보면 화려한 무늬가 있는 유(襦)와 상(裳)을 입은 귀부인의 모습이 보인다. 오른쪽 여인은 고름을 매고 대를 매지 않아 상고시대의 대(帶)가 고름으로 바뀌어진 것을 알 수 있다.

습을 볼 수 있다(그림 2-18).

상복은 대체로 공복에 준하였다.

4) 귀부녀복(貴婦女服)

귀부녀의 복식착용 모습을 미륵하생경변상도(彌勒下生經變相圖)에서 보면 고계(高髻)에 각종 금화세식(金花細飾)을 하고 홍띠로 묶어 늘어뜨린 귀부녀의 착장 상태를 볼 수 있다.

상색(緗色)의 유(襦)를 입고 속에 백색의 이의(裏衣)를 입었는데, 대(帶)가 아닌 옷고름 형태로 여미었다. 꽃무늬가 화려한 홍색군을 입은 것으로 보아 상당한 지위의 귀부인임을 알 수 있다. 그 옆의 귀부인은 화려한 두록색의 포(抱)를 착용하였으며 적색(赤色)의 대(帶)를 띠었다(그림 2-19).

5) 서민복(庶民服)

〈고려도경(高麗圖經)〉에 보면, '백성은 빈부의 구별없이 백저포에 오건(烏巾)을

쓰되 오건에는 네 가닥으로 띠를 하고 베의 곱고 거친 것으로 신분을 구별하였으며, 귀인은 두건의 띠를 두 가닥으로 한다.' 고 밝히고 있다.

미륵하생경변상도(彌勒下生經變相圖, 그림 2-20)에서는 크고 작은 산수(山水)에 둘러싸여 일하는 일반 서민의 복식도 볼 수 있다.

그림에서 보면 서민 남자는 머리에 삼국시대 때부터 쓰던 책(幘), 오건(烏巾)을 쓰고 상의로는 둔부선까지 오는 장유(長襦)를 입고 있는데, 소매는 착수(窄袖)이고 여기에 대(帶)를 띠었다. 하의로는 궁고(窮袴)를 입고 행전(行纏)을 둘렀으며, 이(履)와 화(靴)를 신었다. 서민 여자도 둔부선까지 오는 착수장유에 주름이 잡힌 장군(長裙)을 착용하였다. 이것으로 보아 일반 서민의 복식은 착수장유에 대를 매고 궁고를 입는, 우리 고유의 복식이 삼국시대 이래로 고려시대에도 계속되고 있음을 알 수 있다(그림 2-20).

3. 민족문화 결집기 : 조선시대

조선왕조는 1392년 태조 이성계가 개국한 후 1897년 대한제국을 거쳐 1910년까지 계속되었다. 조선시대 정치 및 사회구조의 특징은 조선을 건국한 신진유사들이 불교를 배격하고 유교를 신봉한 세력이었으므로 고려와 달리 유교가 조선 전 시대에 걸쳐 일관되게 존재한 지도이념이었다는 데 있다.

한 시대의 복식은 그 시대의 사회, 문화뿐 아니라 정치, 경제, 종교 등을 표현하게 된다. 따라서 의례와 절차를 중시한 유교 정신은 복식문화에도 영향을 미쳐 조선시대에는 의례복과 평상복의 구분이 우리나라 역사상 그 어느 시대보다 분명하였다. 그리고 유교에 의한 관료주의 사회 정비를 위해 조선시대 최고의 법전인 경국대전에 관료제도와 함께 관등에 따른 복식제도를 엄격히 명시하여 복식을 통한 왕과 신하, 지배층과 일반 백성의 신분차를 분명히 하였다. 또한 유교적 미의식이 확립되어 과장과 허세를 피하고 소박한 성격의 문화가 자리 잡게 됨에 따라 조선시대 예술작품은 자연주의적 성격을 강하게 띠었고, 이러한 점은 당시 남녀 복식에 지대한 영향을 미쳤다.

1) 조선시대 남자복식 : 왕실 및 백관의 복식

(1) 조선시대 왕복
조선시대 왕복에는 제복(祭服)인 면복(冕服), 조복(朝服), 상복(常服), 편복(便服)이 있다.

■ 면복(冕服)
제복(祭服)인 면복은 종묘 사직 등에 참예(參詣)·제사(祭祀)를 지내고 정조(正朝)·동지(冬至)·조회(朝會)·수책(受册)·납비(納妃) 등에 착용하던 제복(祭服)으로 군왕의 표신을 삼던 것이다. 그리고 왕가례 시에는 납채의(納采儀), 고기의(告期儀), 친영의(親迎儀), 동뢰연(同牢宴)에 입었던 예복이다.

그 구성을 보면 구류면류관(九旒冕旒冠)에 9장문(九章紋)의 곤복(袞服)으로 되어 있다. 곤복은 의(衣)·상(裳)·중단(中單)·폐슬(蔽膝)·혁대(革帶)·패옥(佩玉)·대대(大帶)·수(綬)·말(襪)·석(舃), 방심곡령(方心曲領)으로 구성되어 있고 규(圭)를 들었다. 그러나 1897년 고종이 국호를 대한(大韓)제국으로 고치고 황제위에 오르자 중국의 황제와 같은 12류면 12장복을 착용하게 되었다.

현존하는 면복 착용 어진으로는 국립고궁박물관에 소장 중인 익종(翼宗)의 어진이 있는데, 이것을 통해 면복의 착장상태를 알 수 있다. 면류관(冕旒冠)에서 평천판(平天板)은 앞이 둥글고 뒤는 모가 났는데, 겉은 현색(玄色 : 검은색), 안은 훈색(纁色 : 붉은색)이며, 앞이 뒤보다 1촌 정도 낮아 기울어졌다. 평천판과 관무(冠武)를 옥형(玉珩)으로 연결시키고 금잠도(金蠶導)를 꽂았으며, 면류(冕旒)는 전후 9류로써 18류이며 매류마다 주(朱)·백(白)·창(蒼)·황(黃)·흑(黑)의 5채옥을 꿰었다(그림 2-21).

면복에서 장문(章紋)은 왕을 상징하는 문양으로, 왕은 9장문의 곤복을, 황제는 12장문의 곤복을 착용하였다. 왕의 9장복의 9장문(九章紋)은 산(山), 용(龍), 화(火), 화충(華蟲), 종이(宗彝), 조(藻), 분미(粉米), 보(黼), 불(黻)이다. 황제의 12장문은 일(日), 월(月), 성진(星辰)을 9장문에 더하게 되면 12장문이 된다. 이 장문들은 단순한 미적 장식 문양이 아니라 국왕의 통치권을 강조한 상징언어로서 특정 부위에 문시하였는데, 9장복 중 의에는 5장문을 그려 넣고 상에는 4장문을 수놓았다. 의의 양어깨에는 용을, 등 뒤에는 산을, 양 소매에는 화·화충·종이를 각각 3개씩 그렸고, 상의 앞폭에는 조, 분미, 보, 불의 4장문을 수놓았다. 상의(上衣)에는 그림을 그리고 하의(下衣)에는 수를 놓는 것은 동양 고대의 음양사상에서 비롯된 것이다.

면복은 익종의 어진에서 볼 수 있듯이 현색과 훈색으로 되어 있는데, 현색은 하늘을 상징하는 색이고 훈색은 5방위색 중 남방을 상징하는 색이다. 따라서 면복에 현색과 훈색을 사용한 것은 하늘과 땅을 모두 지배할 수 있는 왕권을 상징하기 위해서이다. 이처럼 복식에서의 상징성은 동양인의 가치관으로 그 당시 조선인들의 미의식의 발로라 생각된다.

2-21 면복을 착용한 익종의 어진 면복을 착용한 조선시대 유일한 어진으로 익종이 왕세자의 신분이던 18세, 순조 26년(1826)에 그려진 것이다. 왕세자의 면복이므로 7장복 8류면관으로, 면류관의 면판이 겉은 현색이고 안은 훈색이며, 장복은 현색이고 의에 화, 화충, 종이의 3장문이, 상에 조, 분미, 보, 불 4장문이 합해 7장문이다.

2-22 **고종의 면복** 고종의 황제 즉위 이전의 면복으로, 현색의 광수포이며 아랫도련이 매우 넓어 전체적으로 풍성한 양감이 살아 있어 군왕으로서의 권위와 위엄을 살려 주는 역할을 한다.

2-23 **몽유도원도** 조선 초의 회화는 중국의 화풍을 받아들여 우리의 것으로 소화해 낸 안견 양식으로 대표되는데, 이와 같이 조선 초기의 학문과 예술, 그리고 복식에서 중국의 영향을 받았다(안견, 몽유도원도 부분).

면복의 유물로는 고종의 9장복이 있다. 이것은 어깨에 비해 도련의 폭이 넓은 포로 소매의 폭이 포 길이의 절반에 이르는 광수포이며 착장했을 때 양감이 풍성하게 살아 있어 군왕의 표신이라는 용도답게 장엄함을 주어 군왕으로서의 위엄을 살려 주고 있다. 그리고 의, 상, 중단에는 각각 선을 둘러 주어 긴 선의 흐름을 강조하면서 전체적으로 의장(意匠)에 있어 통일감을 주고 있다(그림 2-22).

태조가 조선을 건국하면서 고려 때부터 입던 면복을 그대로 착용하였고 3대 태종 3년에는 명(明)으로부터 면복을 사여받았다. 이렇게 중국으로부터 사여된 면복은 중국의 복제에 의하여 만들어진 것으로 동양인의 사상과 가치관을 내포하고 있으며, 이것은 조선 초의 문화 전반에 걸쳐 나타난 예술사조와 맥락을 같이 하고 있다.

조선 초의 예술사조 중 회화는 북송의 곽희, 이성의 화풍을 받아들인 안견(安堅) 양식이 대표적인 경향이었다. 안견의 몽유도원도(夢遊桃園圖)는 세종 29년 안평대군이 꿈에 본 선경을 안견으로 하여금 그리게 하고 관화기(觀畵記)를 쓰게 한 기념적 작품으로 기암 같은 중첩산악이 중·후경이 되어 전개되는 산수화로 북송의 곽희, 이성의 화풍을 받아들여 현실과 환상이 융합된 웅장한 작품이다(그림 2-23). 중국의 화풍을 받아들여 우리의 것으로 소화해 낸 이 작품에서와 같이 조선 초 예술 전반에서 중국의 영향이 컸다.

이 시기는 명과의 활발한 교류 속에서 유교적 문치주의의 융성, 고전주의적 경향을 강하게 띠었는데, 새로운 국가 체계 속에서 새롭고 독자적인 문화의 형성을 위해 대륙의 문화를 적극 수용하는 분위기를 이루었다. 따라서 새로운 국가의 건설에서 왕의 대례복인 면복도 당시의 시대적 조류에 따라 중국의 복제를 수용한 것이며, 이 면복은 조선 후기로 넘어올수록 우리나라의 것으로 국속화되는 과정을 밟는다.

■ 조복(朝服)

조복은 삭망(朔望), 조강(詔降), 진표(進表) 시 등에 착용하였고, 왕 가례 시에는 납징(納徵), 책비의(冊妃儀)에 입었던 예복이다.

조복은 원유관(遠遊冠)에 강사포(降紗袍)로 구성되었는데, 강사포는 의(衣), 상(裳), 중단(中單), 폐슬(蔽膝), 패옥(佩玉), 대대(大帶), 수(綬), 말(襪), 석(舃)으로 구성되어 있고, 규(圭)를 들었다. 고종이 황제로 즉위한 후에는 황제의 조복인 통천관(通天冠)에 강사포(降紗袍)를 착용하였다.

현재 국립고궁박물관에 조복을 착용한 순조(純祖)의 어진이 남아 있으나 2/3가량이 소실되어 정확한 형제(形制)를 알기 어렵지만 통천관에 강사포를 착용한 고종 황제의 어진이 현존하여 그 정확한 착장형태를 알 수 있다(그림 2-24).

원유관(遠遊冠)은 현색 라(羅)로 만들어 9량(梁)이었으며, 여기에 황(黃)·창(蒼)·백(白)·주(朱)·흑(黑)의 차례로 전후 9옥씩 18옥을 장식하였다. 통천관은 전후 12량으로 24량에 5채옥을 12옥씩 꿰었으며 12수의 부선(附蟬)이 장식되었고, 관 앞에 산술(山述)이 더 있다. 강사포(降紗袍)는 강라(降羅)로 만들었고 깃, 도련에 강색 선(襈)을 둘렀다. 강사포의 형태는 곤복과 같으나 장문이 없는 것이 다른 점이다.

■ 상복(常服)

상복은 국왕의 시무복으로 왕 가례 시 동뢰연(同牢宴)에도 입었으며, 익선관(翼善冠), 곤룡포(袞龍袍), 옥대(玉帶), 화(靴)로 구

2-24 조복(朝服)을 착용한 고종 황제의 어진 조선시대 국왕의 조복은 원유관에 강사포를 착용하였으나 황제의 조복은 통천관에 강사포를 착용하였다. 황제의 강사포에 흰 동정을 달고 옷고름을 단 것은 국속에 의한 것이다.

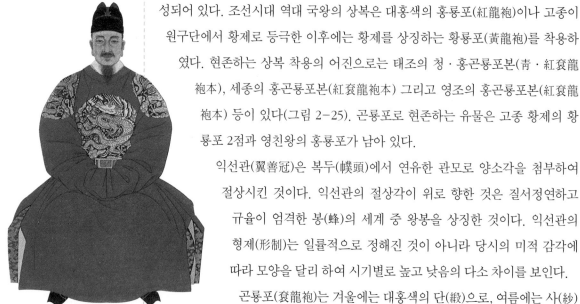

성되어 있다. 조선시대 역대 국왕의 상복은 대홍색의 홍룡포(紅龍袍)나 고종이 원구단에서 황제로 등극한 이후에는 황제를 상징하는 황룡포(黃龍袍)를 착용하였다. 현존하는 상복 착용의 어진으로는 태조의 청·홍곤룡포본(靑·紅袞龍袍本), 세종의 홍곤룡포본(紅袞龍袍本) 그리고 영조의 홍곤룡포본(紅袞龍袍本) 등이 있다(그림 2-25). 곤룡포로 현존하는 유물은 고종 황제의 황룡포 2점과 영친왕의 홍룡포가 남아 있다.

익선관(翼善冠)은 복두(幞頭)에서 연유한 관모로 양소각을 첨부하여 절상시킨 것이다. 익선관의 절상각이 위로 향한 것은 질서정연하고 규율이 엄격한 봉(蜂)의 세계 중 왕봉을 상징한 것이다. 익선관의 형제(形制)는 일률적으로 정해진 것이 아니라 당시의 미적 감각에 따라 모양을 달리 하여 시기별로 높고 낮음의 다소 차이를 보인다.

곤룡포(袞龍袍)는 겨울에는 대홍색의 단(緞)으로, 여름에는 사(紗)로 만들었으며, 포의 전후와 좌우 어깨에 금색 오조원룡보(五爪圓龍補)를 첨부하였고, 왕의 상복이라는 용도에 맞게 곤복이나 강사포에 비해 도련이 넓지 않다. 곤룡포의 색은 대홍색으로, 대홍색은 왕의 상징색이었으나 고종이 황제 위에 오르면서 황색의 곤룡포를 착용하였다. 황색은 오방위색(五方位色) 중 중심색으로 우주의 중심을 상징하는 색으로서, 황제를 의미하여 우리나라는 시대에 따라 황색의 사용이 제약되기도 하였다. 국말에 고종 황제가 황룡포를 입었다는 것은 중국의 영향에서 벗어나 우리나라가 중국과 동등한 위치가 된 것을 의미한다.

■ 편복(便服)

조선시대 왕의 편복은 우리 고유의 저고리, 바지 위에 상복의 밑받침옷인 답호, 철릭 등을 착용하였으며, 일반 사대부들이 입던 편복을 왕도 같이 입었다.

(2) 조선시대 백관복

조선시대는 유교법치 국가로서 왕을 중심으로 조직된 관료제에 의해 통치되는 관료주의 국가이다. 따라서 국초 태종은 국가적 의례에 대한 정비에 있어서 관복 제도 제정에 심혈을 기울였다. 태종 때부터 시작된 백관복의 제정은 세종 8년에 완성되었고, 그 후 경국대전에 관복제도를 명시하였다.

2-25 **상복(常服)을 착용한 세종 대왕의 어진** 조선시대 국왕의 상복은 익선관에 곤룡포를 착용하였다. 대홍색의 곤룡포에 가슴과 등 그리고 양어깨에 5조원룡보를 부착하였다.

조선시대 백관복(百冠服)에는 조복(朝服)·제복(祭服)·공복(公服)·상복(常服) 이외에 융복(戎服)이 있었으며, 또한 무관은 따로 군복(軍服)이 있었다.

조복은 대사(大祀)·경축일(慶祝日)·원단(元旦)·동지(冬至) 및 조칙을 반포할 때나 진표할 때에 착용하였으며, 양관(梁冠)에 적초의(赤綃衣)·적초상(赤綃裳)·백초중단(白綃中單, 유물로는 靑綃中單임)·폐슬(蔽膝)·패옥(佩玉)·대대(大帶)·혁대(革帶)·수(綬)·말(襪)·혜(鞋)·홀(笏)로 구성되어 있다(그림 2-26).

제복은 왕이 종묘와 사직에 제사지낼 때 배사 시 제관이 착용하였다. 제복은 청초의(靑綃衣, 유물로는 黑綃衣), 적초상(赤綃裳), 백초중단(白綃中單), 폐슬(蔽膝), 대대(大帶), 혁대(革帶), 패옥(佩玉), 수(綬), 말(襪), 혜(鞋), 홀(笏), 방심곡령(方心曲領)으로 구성되어 있다(그림 2-27).

공복은 임금께 알현하거나 사은 또는 부임 전에 배사하러 뵐 때, 외국사신을 접견할 때 착용하는 복식으로, 그 구조는 복두(幞頭)에 단령포(團領袍)를 착용하고 대를 맸으며 화를 신었다.

상복(常服)은 문무관이 평상 집무 시 착용하던 복식으로, 그 구조는 사모(紗帽)

2-26 **조복을 착용한 흥선대원군의 초상화** 조복을 착용한 흥선대원군의 초상화를 보면 양관(梁冠)의 양은 5량이며, 관의 앞면 하단에는 당초문이 투각 도금되어 있고 금잠을 꽂았다.

2-27 **제복을 착용하고 성균관 석전제례에 참석한 의친왕**

2-28 **상복을 착용한 추사 김정희의 초상화** 문무백관이 평상 집무 시 착용한 상복(常服)으로서 사모, 단령(흉배 부착), 대, 화로 구성되어 있다.

2-29 정리의궤에 나타난 융복과 군복 정리의궤에 나타난 장영용제조의 융복 차림을 보면 청색 철릭을 입었는데, 소매는 두리소매이고 홍색 광다회를 띠었으며, 공작미를 장식한 전립을 쓰고 있다. 뒤에 호위하는 군사들은 전립을 쓰고 동다리에 전복을 입고 목화를 착용하고 있다.

에 단령포를 착용하고 화를 신었으며 여기에 흉배(胸背)가 추가되었다(그림 2-28).

융복(戎服)은 문무관이 몸을 경첩하게 해야 할 경우의 복식으로 왕의 행차를 수행할 때, 외국에 사신으로 파견될 때 그리고 국난을 당했을 때 주로 착용하였으며, 그 구조는 립(笠), 철릭(帖裏), 대(帶), 목화(木靴)로 구성되어 있다(그림 2-29).

군복(軍服)은 무관의 복장으로 왕의 행행 시 대신이나 시위제신이 착용하였으며, 그 구성은 전립(戰笠)·동다리(狹袖)·전복(戰服)·목화를 착용하고 전대·동개·등채 등을 갖추었다.

백관의 예복인 조복의 적초의(赤綃衣)는 풍성한 윤곽선을 지닌 광수포이며 소매길이가 매우 길어 홀을 쥐고 있는 손을 완전히 덮어 예복이라는 의미를 더해 주었다. 또한 백관의 조복에는 한국 미술에 공통으로 적용되는 선의 아름다움이 두드러져 보인다. 적초의의 깃, 수구, 양겨드랑이의 트임선, 그리고 아랫도련의 검은선과 적초상의 검은선, 청초중단의 검은선은 옷의 적색과 청색의 강한 색채대비와 어우러져 윤곽선을 더욱 강조하고 있다. 특히 적초의와 적초상에 있는 검은선에 첨가된 가는 백색의 세선(細線)은 정교하면서도 단아함을 보여 준다.

초상화에서 보이는 조복의 앞모습은 다양한 선을 통해 조선시대 관리의 위엄과 정갈함을 표현했으며, 조복의 뒷모습은 후수(後綬)의 정교한 자수로 화려함을 표현하였다.

후수는 운학문양을 수놓았는데, 의복에서 문양이 시문된 장식 공간의 배치는 복식의 미적 특징에서 중요한 요인이 된다. 따라서 후수는 조복의 허리뒤 아랫부분 직사각형의 공간에 지위의 상징성을 집약시킨 것으로, 조복의 장식성을 극대화시키는 역할을 한다.

공복(公服)과 상복(常服)에 착용하는 단령포의 색은 관등에 따라 홍포(紅袍), 청포(靑袍), 녹포(綠袍)로 구분하였고, 대(帶) 역시 관등에 따라 달랐다.

상복에는 공복과 달리 단령에 흉배를 부착하는 차이가 있다.

단령의 곡선은 수치로서 절대적인 것이 아니라 당시대의 미적 기준에 맞게 변천되어 왔다. 상복에 부착된 흉배는 조선시대 백관의 상복에서만 볼 수 있는 것으로 네모진 흉배를 상복의 가슴과 등에 부착하였다. 흉배의 제정은 단종 2년에 제정되어 몇 차례의 개정이 있었다. 고종대에 와서는 문관(文官) 당상관(堂上官)은 쌍학흉배(雙鶴胸背), 당하관(堂下官)은 단학흉배(單鶴胸背), 무관(武官) 당상관은 쌍호흉배(雙虎胸背), 당하관은 단호흉배(單虎胸背)로 정해져 국말까지 사용되었다. 흉배는 봉건적 관료사회에서 착용자의 직위라는 최고의 흥미 중심(intrest of center)을 강조시킨 것이다. 흉배는 여백을 거의 두지 않고 여러 가지 색사로 빽빽하게 문양을 수놓은 충전형의 구도를 채택하여 단순한 단령포 위에 시선을 집중시키는 효과를 더욱 크게 한다. 따라서 흉배는 신분 상징의 의미를 복식의장 원리 중 강조의 원리로 잘 부각시킨 조형적 의의를 갖는다(그림 2-30).

(3) 왕비 및 내외명부의 복식

조선시대 왕비 및 내외명부들이 입은 대표적인 궁중 여자 예복으로는 적의(翟衣), 원삼(圓衫), 활옷(闊衣), 당의(唐衣) 등이 있다. 이 중 원삼, 활옷은 궁중뿐 아니라 일반 여성들의 혼례복으로도 이용되었다.

2-31 황후의 적의 세종대학교 박물관에 소장된 순종 황제의 비인 윤황후의 적의는 심청색단에 적문을 12등분하고 154쌍의 적문 사이에 소륜화문을 직문한 것이다.

■ 적의(翟衣)

적의는 비빈의 대례복으로 가례 시 책비의(册妃儀), 친영의(親迎儀), 동뢰연(同牢宴)에 입은 법복(法服)이다. 조선시대 가례도감의궤(嘉禮都監儀軌)에 기록된 적의는 적의(翟衣), 별의(別衣), 내의(內衣), 수(綬), 폐슬(蔽膝), 대대(大帶), 하피(霞帔), 상(裳), 수(繡), 면사(面紗), 보(補), 패옥(佩玉), 적말(赤襪), 적석(赤舃), 규(圭), 체발(髢髮)로 구성되어 있다.

역대 가례도감의궤에 보면 왕비의 적의 색은 모두 대홍색이며, 왕세자빈과 왕세손빈의 적의 색은 아청색이다. 그러나 고종이 황제에 오르자 황후의 적의로 심청색 적의를 입게 되었다.

대한제국 칭제에 따라 고종 황제가 중국 황제와 같은 신분임을 나타내기 위해 면복에 12장문을 표현한 것과 같은 것으로서 황후의 적의에는 12등분하여 적문(翟紋) 154쌍을 직문한 것이다.

황태자비의 적의 역시 심청색의 적의이나 9등분하여 적문 148쌍을 직문하였다.

현재 적의의 유물로는 세종대학교 박물관에 소장되어 있는 순종 비 윤황후의 적의와 국립고궁박물관에 전시되어 있는 영친왕비의 적의가 남아 있다. 윤황후의 적의를 보면 소매의 길이가 전체 옷길이의 절반을 차지하는 광수포로 아랫도련이 넓게 퍼지는 A라인의 실루엣을 보인다. 심청색단의 옷 전면에 적문을 12등분하여 154쌍의 적문과 그 사이에 소륜화문을 직문하여 화려함을 더하였다. 적의의 깃, 도련, 수구에는 홍색선을 더했고 가슴, 등, 양어깨에는 오조원룡문(五爪圓龍紋)을 수놓아 부착하였는데, 청홍의 화려한 원색의 색채대비에 금색으로 장식하여 왕비의 법복으로서 그 화려함과 장엄함을 강조하였다(그림 2-31).

■ 원삼(圓衫)

원삼은 역대 가례도감의궤에 보면 왕비의 의대(衣襨 : 궁중에서 입는 옷의 존칭)

에는 없고 왕세자빈, 왕세손빈의 의대
에만 들어 있는 예복으로 초록색 원삼
이 그 전형이다. 그러나 국말에 와서
비·빈·내명부뿐 아니라 황후까지 착
용하게 되어 신분에 따라 색으로 구분
하여, 황후는 황원삼(黃圓衫), 왕비는 홍
원삼(紅圓衫), 공주 및 반가 여인들은 녹
원삼(綠圓衫)을 입었다.

현존하는 원삼의 유물은 세종대학교 박물관에 남아 있는 황후의
황원삼과 왕비의 홍원삼 그리고 녹원삼 몇 점이 전해오고 있다.
세종대학교 박물관에 소장되어 있는 황원삼은 1897년 칭제 이후
착용된 것이며, 황색 길에 소매에 청홍색의 색끝동과 백한삼이
달렸다. 이 원삼에는 5조룡의 원룡문이 화려하게 금직되었고, 5조룡의 원
룡문을 금수한 보를 양어깨와 앞, 뒤에 장식하였다(그림 2-32).

2-32 **황원삼** 세종대학교 박물
관에 소장 중인 황원삼은 황후가
착용한 것으로 청, 홍의 대란치마
위에 남색의 전행 겉치마를 입어
원삼의 황색과 화려한 고명도의
색채조화를 이루고 있다.

황원삼은 황색의 길에 홍색 대대(大帶)를 매어 주어 원색의 색채조화로 면분할
을 강조하였다.

원삼의 도련선 아래에 보이는 청홍 스란단은 금박으로 넓은 치마폭 끝을 둘러
황후로서의 화려함과 위엄을 나타내 준다. 또한 홍색의 넓은 치마폭 위에 왕실의
권위를 나타내는 남색의 전행 웃치마를 착용하였는데, 여기에 28개의 주름을 주
어 세로로 시선의 흐름을 더욱 강조해 주었다.

원삼은 여밈이 합임(合衽)으로 합임선의 수직선은 속에 무지기치마를 입어 사
선으로 넓게 퍼진 스란치마의 선과 조화를 이룬다.

또한 소매 끝의 색동과 백한삼은 착용자가 손을 모아 쥐었을 때 세로로 향한 시
선의 움직임을 더욱 강조해 준다.

황원삼은 이와 같이 선의 수직·수평선의 조화를 통해 황색, 홍색, 청색의 삼원
색을 황색 중심으로 양을 적절하게 조절하여 원색의 충돌 없이 황후로서의 위엄
과 권위 그리고 화려함을 완벽히 구현해 낸 것이다.

■ 활옷(闊衣)

조선시대 공주나 옹주가 착용한 예복으로서 상류층 및 일반 서민층의 부녀들이 혼례복으로 착용하기도 하였다(그림 2-33).

활옷은 원삼보다 화려하게 꾸민 옷으로 다홍색 비단 위에 장수와 길복을 의미하는 물결, 바위, 불로초, 어미봉, 새끼봉, 호랑나비, 연꽃, 모란꽃, 동자 등의 수 외에 혼례 시에 입을 때는 이성지합(二姓之合), 만복지원(萬福之源), 수여산(壽如山), 부여해(富如海) 등의 글씨를 수놓았으며, 수구에 한삼을 달았다. 이 활옷은 노랑 삼회장 저고리와 다홍 대란치마 위에 입었다.

■ 당의(唐衣)

당의는 저고리(赤古里) 또는 삼자(衫子)의 속칭으로서 소매가 좁고 길이는 무릎까지 닿으며 겨드랑이 밑이 터진 평상복으로서의 저고리(赤古里)였으나 차츰 후기로 가면서 단저고리(短赤古里 ; 현재의 저고리와 같은 짧은 저고리) 위에 입는 당저고리(唐 赤古里)가 되어 비빈과 내외명부의 간소한 예복이 되었다. 이러한 당의는 저고리와 같은 형식에 길이가 길고 겨드랑이 아래에서 긴 트임이 있다. 당의의 섶이나 배래선의 곡선은 조선시대 근정전의 기와 지붕선에서 보이는 선처럼 유연하고 부드러운 곡선을 이루면서 끝에서 위로 살아오르는 곡선과 같다.

2-34 경복궁의 근정전 조선시대의 대표적 건축물인 근정전의 유연하고 부드러운 지붕선은 자연스럽게 위로 살아오르는 곡선을 이룬다.

2-35 덕온공주의 당의 겨드랑이에서 도련으로 내려가면서 점점 넓어지며 생겨나는 당의의 곡선에서 조선시대 건축물의 지붕선에서 느낄 수 있는 자연스럽게 살아오르는 곡선의 아름다움과 동일한 미감을 느낄 수 있다.

이처럼 살아오르는 듯한 곡선의 미를 복식과 건축 등의 공예에서 추구한 것은 살아나는 생명력을 숭상한 우리나라 전통 미의식의 표현이라 생각된다(그림 2-34, 2-35).

2) 양반문화와 서민문화의 성장과 복식

(1) 조선시대 문화와 남자의 포

조선시대 남자복식에는 관복(冠服) 외에도 편복(便服)이 있는데, 특히 포를 중심으로 발달하였다. 이는 포의 기능적인 필요에서 뿐만 아니라 의례적인 이유에서였다.

조선시대 양반들은 연거 시에도 의관을 정제하였는데, 이것이 곧 선비로서의 바른 몸가짐이었다. 이 당시 선비들은 저고리와 바지 위에 소색이나 백색, 옥색의 포를 착용하고, 검은색의 건이나 갓을 써 간소하면서도 청렴한 선비로서의 품위를 표현하고자 했는데, 대표적인 포제로는 철릭(帖裏), 답호(褡襦), 심의(深衣), 도포(道袍), 창의(氅衣), 주의(周衣) 등이 있다.

조선시대 선비는 실제 생활에서 검약과 절제를 미덕으로 삼고 청렴과 청빈을 우선 가치로 삼아 시류에 영합하는 것을 비루하게 여겼으며 청(淸)자를 선호하여 청의, 청백리, 청명 등의 용어를 즐겨 썼다. 이러한 선비정신은 그들이 추구한 학문 및 예술세계 그리고 생활 속에 일관되게 투영되어 복식 외에도 양반들의 생활 공간에서도 잘 나타난다. 대표적인 예로 조선시대 유학자 이이의 생가인 오죽헌은 생활에 필요한 최소한의 면적과 기능만이 있는 곳으로 이는 겸손하면서도 기개가 있고 빈곤하면서도 단정과 자존이 있는 조선시대 양반들의 생활 철학과 태도가 잘 배어져 나오는 곳이다.

그 외에도 조선시대 선비의 사랑채는 문양이 없는 장판지를 바탕으로 군더더기 없이 기본적인 가구의 골격과 비례만이 담백하게 드러나는 조형 공간으로 조선시대 사대부의 청렴하고 강직한 정신 자세가 잘 드러난다.

초기에는 양반 외에 일반 서민들에게는 이러한 포류가 제한적이었으나 후기에는 서민계층에서도 다양한 포류의 착용이 일반화되었다. 이 시기 출토유물 및 각종 풍속화를 보면 포의 형태가 매우 크고 풍성하며 그 종류도 다양하고 같은 종류의 포류라도 부분 세부장식이 다양해졌다. 또한 말기에는 주의(周衣 ; 두루마기)가 생겨 상하에 관계없이 널리 착용되었다.

이러한 조선 후기의 복식사적 변화에는 몇 가지 시대적 배경이 작용하고 있다. 첫째는 조선 후기 특히 영·정조기는 종래의 관념적인 주자학에서 벗어나 현실의 문제를 해결하려는 실학사상이 대두되었다. 18세기 전반부터 실학의 사회개혁 기풍은 조선사회가 양반 중심의 봉건사회에서 근대사회로 향하는 진보의 풍토를 조성하였고 또한 이 시기가 오늘날 한국의 르네상스기로 평가될 정도로 문화적 융성기가 될 수 있는 사회적·문화적 배경이 되어 주었다. 이러한 시대적 분위기는 회화에 있어서도 가장 한국적이고 민족적인 화풍을 꽃피울 수 있게 하여 조선시대 그 어느 때보다도 뚜렷한 민족의식을 발현하였다. 정선의 진경산수화나 김홍도·신윤복의 풍속화에서 볼 수 있듯이 이 시기는 주로 한국의 산천과 한국인의 생활상을 소재로 삼았다. 이처럼 조선시대 후기 우리 고유의 미의식의 발전은 복식에서도 고유 포제의 발달과 새로운 복식미를 낳는 계기가 되었다.

둘째로 조선 후기 상품 화폐 경제의 발전에 편승하여 사회·경제적 지위 상승을 성취한 중인계층을 중심으로 서민들의 자아의식이 각성되어 양반 중심 사회의 모순을 비판하는 서민문화가 폭넓게 형성되어 복식에서 신분차별적 요소가 완화되는 계기가 되었다.

이처럼 복식에서 신분차별의 완화로 인한 다양한 포제의 탄생 그리고 서양의 르네상스기 복식처럼 과장된 형태미의 추구는 정치적·사회적 안정기라 할 수 있는 영·정조기를 배경으로 근대의식을 내포한 실학의 융성, 경제적 풍요, 중인들의 계층상승 및 서민들의 자각 그리고 진경산수화와 풍속화로 대변되는 조선 고유문화 및 미의식의 형성과 같은 시대적 흐름과 맥을 같이 하고 있는 것이다.

■ 철릭(帖裏)

철릭은 왕이 입는 것을 천익(天益), 왕세자가 입는 것을 천익(天翼), 신하들이 입는 것을 접리(帖裏·帖裡)라고 표기하기도 하고 혼용하기도 하였으나 모두 철릭이라 발음하였다. 저고리와 치마가 붙은 상의하상 연의로 직령우임식의 포이며, 허리에서 주름을 잡아 위, 아래가 연결된 독특한 형태이다. 저고리와 치마를 연결한 시접선의 상하 비율은 시대에 따라 달랐는데, 조선 후기로 올수록 치마의 비율이 더욱 커지고 주름도 풍성하게 변해가는 양상을 보인다. 철릭은 유사시 융복

2-36 **철릭을 착용한 악사** 넓은 갓에 옥색의 철릭을 착용하고 세조대를 띠었다. 조선 후기에는 철릭의 주름선이 더욱 풍성해져 조선 후기의 사회적·문화적·경제적 풍요로움을 느끼게 한다 (신윤복, 쌍검대무 부분).

으로도 불편함이 없도록 소매 한쪽에는 단추를 달아 떼었다 붙였다 할 수 있어 기능성도 갖춘 포제이다(그림 2-36).

■ 답호(褡護)

답호는 포 위에 입던 소매 없는 옷으로서 명으로부터 사여받은 왕의 상복 속에 포함되어 있다. 포 위에 경쾌하게 입는 옷이기 때문에 쾌자(快子)라고도 하였으며, 군인들이 전시에 많이 입어 전복(战服)이라고도 한다(그림 2-37).

■ 심의(深衣)

심의는 중국 조사복인 현단에서 나온 것으로 상하가 연결된 상의하상식의 포이다. 주자가례를 그대로 받아들인 조선시대에는 유학자 간에 심의가 숭상되어 입혀졌고, 사례의식을 행할 때 예복으로 사용되었으며 수의(壽衣)로도 사용되었다. 심의의 길은 4폭으로 4계절을 의미하며 상(裳)의 12폭은 12개월을 의미한다. 심의의 소매는 넓고 깃, 도련, 수구에는 검은 선을 대었다. 허리에는 대를 맺으며 심의를 입을 때는 복건(幅巾)이나 정자관 등을 쓴다(그림 2-38).

2-37 답호를 입은 무관 활쏘는 사람이 입은 것과 같은 바지, 저고리에 포를 입고 그 위에 답호를 걸친 모습이다(김홍도, 풍속화첩 활쏘기 부분).

2-38 심의를 입은 이재의 초상화 검은색 복건에 검은 선이 둘러진 심의는 풍성하지만 과장스럽지 않은 선으로 표현되었다. 전체적으로 보이는 흑백의 색채 조화는 위엄과 절제를 느끼게 해준다. 깃과 수구의 검은 선에 비해 대의 검은 세선은 의장의 통일감과 변화를 동시에 느끼게 해준다.

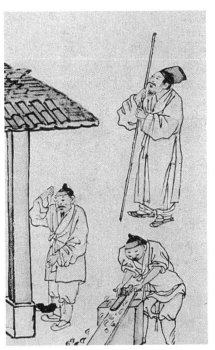

2-39 **도포를 입은 강세황의 자화상** 사대부의 연복이며 또한 제복으로 입혀졌고 뒤에 전삼이 붙어 있어서 속옷이 보이지 않게 하는 포이다(강세황, 1782).

2-40 **창의를 입은 평민** 양반층의 속옷인 창의는 일반 서민들에게는 포로 이용되었다. 이는 창의의 트임이 조선시대 노동을 담당하던 서민들의 생활양식에 비교적 적합했기 때문이다(김홍도, 기와이기 부분).

■ 도포(道袍)

도포는 임진왜란을 전후로 해서 생긴 포로 깃은 직령으로 되어 있으며, 뒤에는 뒷트임이 있고 전삼(展衫)이 붙어 있다. 도포에 전삼을 대고 뒷중심을 절개한 것은 트임으로 속옷이 노출되는 것을 예의상·미관상 좋지 않게 여겼기 때문이다. 도포는 사대부의 연복(燕服) 및 제복(祭服)으로 입었다(그림 2-39).

■ 창의(氅衣)

창의에는 대창의, 소창의가 있는데, 대창의는 소매가 넓고 옆이 터진 포이며, 소창의는 소매가 좁고 옆이 터진 것을 말한다. 소창의는 창옷이라고도 하여 양반층에서는 표포(表袍) 속에 입는 속옷으로 입었으나 평민들은 저고리 위에 겉옷으로 착용하였다(그림 2-40).

■ 주의(周衣)

주의, 즉 두루마기란 두루막혔다는 뜻으로 조선 후기 영조대에 처음으로 기록이 보인다. 조선 후기 사서인들이 평상복으로 착용하였으며, 창의와 비슷하나 소매를 좁게 하고 양옆에 무를 달아 손을 넣을 수 있는 옆트기만 남기고 나머지를 막았다. 주의는 도포의 속옷으로 입기도 하고 상민들의 윗옷으로도 입었는데, 고종 21년(1884년) 5월 갑신의제개혁(甲申衣制改革)에서 양반들도 입는 포가 되었다. 고종 31년(1894년) 12월에는 흑색 주의에 답호를 첨가하여 진궁 때 통상예복으로 입게 했고, 고종 32년에는 관민 모두 흑색 주의를 입게 했다.

(2) 조선시대 서민문화와 서민복식

조선시대는 신분제도가 엄격하여 이 시대 복식은 상하존비의 사회적 · 신분적 질서를 대변하는 표식이었다. 따라서 이 당시 서민들의 복식은 양반의 복식에 비해 제약을 받았다.

조선시대 서민들에게 허용된 복식은 예부터 입어 내려오던 우리나라 고유의 복식으로, 그 기본 구조가 되는 바지, 저고리였다. 포로는 창옷(소창의), 철릭(帖裏), 주의(周衣 ; 두루마기) 등을 입었으며 여기에다 립모로는 패랭이(平凉子)를 썼고 버선을 신었으며, 신은 주로 짚신(草履), 미투리(麻鞋)를 신었다.

김홍도의 벼타작을 보면 서민들은 망건조차 제대로 쓰지 않고 윗통을 드러내거나 소색의 상의를 대강 걸치고 있으며, 걷어올린 짧은 바지에 짚신을 신거나 맨발인 모습은 누워 있는 양반의 모습에 비해 아무 꾸밈없이 천진스러우면서도 건강한 아름다움이 있다.

이것은 조선 후기 서민화가들이 그린 민화에서 느껴지는 소박하고 해학적인 미의식과 일맥상통하고 있다(그림 2-41).

3) 조선시대 여자복식

조선시대 유교는 정치의 지도이념뿐 아니라 일반 민중생활까지 지배하였다. 따라서 유교의 삼강오륜에 나타난 남존여비사상은 조선사회에 뿌리박혀 조선시대 여성의 사회활동은 허락되지 않았다. 또한 내외법이 엄하여 여성의 외출 시 얼굴을 가리게 하여 너울, 쓰개치마, 장옷, 천의 등의

2-41 서민복식 벼타작하는 서민들은 소박한 옷을 입었다(김홍도, 벼타작).

쓰개가 매우 발달하였다.

여성의 복식에서도 신분별로 차이가 있었는데, 궁중 및 반가에서는 남편의 지위에 따라 여성의 복식이 정해졌다. 조선시대 여성복식은 중국에서 유래된 예복과 국속의 치마, 저고리로 된 평상복으로 구성되어 있다. 그러나 예복은 궁중을 중심으로 입혀졌고, 일반 반가 여인이나 서민 여성 그리고 천민층의 여성은 우리 고유의 치마, 저고리가 기본이었다.

삼국시대부터 내려오던 저고리는 엉덩이까지 덮는 형이었으나 조선 초에는 길이가 짧아져 허리에 매는 대가 없어졌고 중기까지는 상하의가 비교적 여유 있고 넉넉한 모습이었다.

그러나 16세기 중반까지 H 라인을 보이며 상하의가 거의 1 : 1의 비율을 보이던 여성복식은 18세기 후반에 이르면 각종 미인도에서 볼 수 있듯이 코쿤 실루엣(cocoon silhouette)으로 변하였다.

상의의 저고리는 짧아져 가슴 위까지 올라왔으며 넓은 허리말기를 가슴에 두르고 품과 소매는 활동하기 불편할 정도로 꼭 맞아 긴박감이 느껴진다. 이와는 반대로 속옷을 겹쳐 입어 부풀린 치마는 극도로 부풀린 가체와 함께 꼭 맞는 상의와 대비되는 극적인 미를 보이고 있다(그림 2-42). 또한 짧아진 저고리로 인해 여성

2-42 **미인도** 가체로 부풀린 머리 모양과 속옷을 겹쳐 입어 부풀린 치마에 비해 몸에 꼭 밀착되고 길이가 짧아 겨드랑이 아래 맨살이 보일 듯한 저고리는 극도의 대조미를 보이는데, 이는 조선 후기의 미의식을 표출한 것이다(신윤복).

2-43 **이부탐춘** (신윤복, 부분)

2-44 **그네 타는 여인** 극도로 짧아진 저고리 아래에 허리끈으로 치맛자락을 바짝 치켜올려 속곳을 노출시켰다(신윤복, 부분).

의 가슴과 겨드랑이 부위가 노출되었고, 조선 전기에는 활동의 자유를 위해 노동을 주로 하는 서민층 여성들에게서 볼 수 있는 치마밑 속곳의 노출이 이 시기에는 기생층을 중심으로 복식에서 성적 미감을 자극하는 장식으로 공공연하게 나타났다(그림 2-43, 2-44).

의복은 인간의 신체 위에 입혀지는 것이지만 의복을 선택하는 주인공은 인간의 육체가 아닌 인간의 정신적 가치 기준이다. 따라서 18세기 여성복식에서 나타난 거대한 가체와 코쿤 실루엣 그리고 유교적 미의식과 상반되는 복식에서의 선정적인 표현은 조선 후기 사회 및 가치관의 변화에 대한 하나의 표현으로 볼 수 있다.

조선 후기의 가장 큰 변화는 영·정조기를 한국의 르네상스기로 만든 실학사상의 등장이다. 실학의 대두는 정체기를 맞은 조선사회에 개방과 실용, 계층의 평등, 사상의 자유 등 새기운을 불어넣어 주었고, 복식에 있어서는 의복의 미적 욕구가 봉건적 제약에서 벗어나 새로운 복식미를 추구하게 하는 배경이 되었다.

조선시대 후기 여성복식에서 발견되는 미적 특징은 정숙성의 성격을 강하게 띠었던 유교적 복식관과 상반되는, 여성의 갸냘픈 목선과 어깨선이 드러나는 체형형의 상의, 이를 강조하기 위한 머리와 치마의 과장된 윤곽선, 상하의의 비율 변화 그리고 내의의 외의화 경향에서 주로 발견된다. 이러한 변화는 사회적 활동의 자유를 보장받는 특수계층 여성인 기생을 중심으로 생겨나 사회 전 계층으로 상향전파된 것이다.

(1) 조선시대 일반 여성의 복식

조선시대 신분제도에 따라 양반 계급의 여성들은 남편의 관직에 따라 그의 신분에 맞는 복식을 착용하였으며, 관직을 갖지 않은 반가 부녀자의 복식도 어느 면에 있어서는 격차가 있었으나 평상복에서는 별 차이가 없었다. 예복으로는 원삼, 활옷, 당의를 입었으며 치마에 수식을 가하여 스란치마를 착용하였고 그 안에 무지기, 대슘치마를 입었다. 일반 반가 여인들과 서민 여성들의 평상복은 모두 고유의 저고리와 치마이며 서민 여성들의 복식에서 황(黃)·자(紫)·홍(紅)색은 제한되었고 직물도 비단류는 금지되어 저·마포·목면만이 허용되었다.

서민 여복은 반가 여복과 비교하면 옷의 종류뿐 아니라 착의법에서도 차이가 있었다. 삼회장 저고리는 입지 못하고 특히 노동을 담당하는 천민 여성들은 활동하기 편리하게 하기 위해 치맛자락을 바짝 치켜 여며 입어 속옷이 밖에 드러나 보였다. 두루마기의 경우도 역시 폭이 좁고 길이도 짧은 것을 입어 신분이 구별되게 했다. 그러나 혼례 때만은 인륜지대사라 하여 반가에서와 다름없는 화관·활옷·족두리·원삼 등의 착용이 허용되었다.

(2) 조선시대 특수계층 여성의 복식

여성의 사회적 활동을 금한 조선시대에 여성으로서 사회적 활동이 허용된 계층으로는 무당과 기생이 있다. 이들은 신분상 천인이라 평상복은 서민들과 차이가 없었으나 무당이 굿을 할 때 입는 옷이나 기생이 각종 연회 때 착용했던 복식은 의례에 따른 특징과 의미를 가지고 있다.

무녀(巫女)가 굿을 할 때에는 무인(武人)들의 융복(戎服)인 철릭(帖裏)에 남전대(藍纏帶)를 매거나(그림 2-45), 동다리인 협수포(狹袖袍) 위에 전복(戰服)을 입고 남전대를 매기도 했다. 그리고 양손에는 굿의 종류에 따라 칼이나 부채, 방울을 들었다. 두식으로는 공작의 깃이나 붉은 삭모(槊毛)와 패영(貝纓)이 달린 주립(朱笠)을 주로 착용하였다.

조선 후기 기생의 저고리 소매는 착수로 배래의 곡선이 거의 없이 팔에 꼭 끼어 신체의 윤곽선이 그대로 드러났다. 치마는 홑치마로 오른쪽으로 여며 반가 여인들과 구분이 되었으며, 치마 속에 부피감이 큰 무지기치마와 속바지를 입어 하반신을 부풀렸다. 외출 시에는 전모나 가니마를 쓰고 말을 타기도 하였다.

2-45 **철릭을 입은 무녀** 철릭은 융복으로도 착용된 것이다. 따라서 악귀와 싸우는 무녀들도 철릭을 즐겨 착용하였다(신윤복, 무녀신무 부분).

4. 근대 국가로의 이행과 복식문화의 변화 : 개화기

조선 후기 실학자들의 비판적이고 실용주의적인 노선은 복식에도 큰 영향을 미쳐 복식에서 근대화의 움직임은 그 어떤 분야보다 빨리 일어났다.

갑신의제개혁(甲申衣制改革, 1884년)을 필두로 의제의 간편함과 실용성을 법령으로 강조하여 극도로 다양화된 조선 후기의 포제를 주의(周衣 : 두루마기) 하나로 통일시켰고, 광수포의 착용을 법으로 금지하였다.

1897년(고종 12년) 병자수호조약(丙子修好條約) 체결 이후 서구의 문물이 유입됨에 따라 복식에서도 전통의 한복문화에서 한·양복 혼용문화로 넘어가는 변화를 겪게 되었다. 1895년에 단발령이 시행되었고 군복·경찰복이 양복화되었으며, 1900년에는 관복이 양복(洋服)으로 바뀌었는데, 우리나라에서 양복의 수용은 법령으로 제도화하였다는 것과 서구 문물을 쉽게 접할 수 있는 왕실 및 상류층에서 하류층으로 하향 전파된 것이 특징이다.

1) 남자복식

수천 년 동안의 한복문화에서 한·양복 혼용문화로 변해가는 전환기가 되었던 개화기에 남자 한복은 현재 입고 있는 우리 한복 고유의 기본형으로 간소화되었다.

(1) 문무백관의 복식

조선시대 문무백관의 복식은 조복(朝服), 제복(祭服), 공복(公服), 상복(常服)으로 크게 구분되었고 그 외에 군복(軍服)이 있었다.

고종 11년(1884년) 5월 25일에 있었던 갑신의제개혁에서도 조복(朝服), 제복(祭服), 상복(喪服)은 성인(聖人)의 유제(遺制)라 바꿀 수 없다고 명시하였으며, 그 후 1899년(기해년, 광무 3년) 8월 3일 조신의 복장을 다시 한 번 정할 때도 제례, 가례 때는 제·조복을 착용하도록 했다. 그러나 공복(公服)과 상복(常服)의 단령은 큰 변화를 보이는데, 먼저 고종 11년 갑신의제개혁에서 관등별로 차이가 있었던 단령의 색을 흑단령(黑團領)으로 통일하였으며 착수의 소매로 할 것을 규정해 활동의 간편을 꾀하는 실용성을 강조하였다. 또한 같은 해 12월 조신의 대례복을 흑단령으로 하게 하고 진궁 시 통상예복으로 주의에 답호를 착용하게 하였다. 그 다음해인 1895년에는 조신의 공사예복(公私禮服)으로 답호를 제외한 주의만 입게 하였다.

(2) 일반인의 복식

문무백관복에서 의제의 간편함을 추구했듯이 일반 서민 남자복식에서도 기존의 포류에서 벗어나 우리 고유의 기본 복식으로 간소화하였다. 포류는 두루마기 하나로 통일하였으며, 마고자와 함께 양복의 영향으로 조끼가 새로 생겨났다. 그외 기존의 저고리와 바지는 우리 고유의 기본형 그대로 입었다.

거울에는 솜두루마기, 봄·가을에는 겹두루마기, 여름에는 홑두루마기나 박이두루마기를 입었는데, 계절에 따라 재료와 바느질법이 달랐다. 서민층에서는 검정물을 사다가 집에서 물을 들여 검은 두루마기를 예복으로 입었으며, 또한 여름에는 모시 두루마기를 입기도 하였다.

마고자는 저고리 위에 덧입는 전개합임형(前開合衽形)의 옷으로 마괘(馬掛)라고도 하는데, 원래는 만주인의 옷을 대원군이 만주 보정부에서의 양거생활에서 풀려나 1887년 귀국할 때 입고 돌아와 퍼졌다는 설이 있으나 그 이전에도 마고자와 같은 형태의 상의가 출토되고 있어 우리나라에서 마고자와 같은 형태는 이미 존재하였던 것으로 본다. 마고자는 저고리보다 약간 크고 깃이 없으며 앞은 여며지지 않고 마주 닿아 끈이나 단추를 달아 여몄다.

조끼는 양복의 조끼를 본따 만든 것으로 전개합임형이며, 소매가 없고 앞길에 주머니를 달아 소지품을 넣고 다닐 수 있게 만든 편리한 옷이다. 이는 한복식의 길에 양복식의 주머니를 달아서 만든 한·양복 절충 형식의 개량옷으로 양복 도입이 우리 한복에 영향을 미친 결과라고 볼 수 있다.

(3) 양복 도입

우리나라에서 양복을 가장 먼저 착용한 일반인들은 외국사절단, 외교관 등의 수행원으로 외국에 나가 그들의 문물을 자연스럽게 수용한 개화 인사들이다. 이때 개화인사들이 착용한 양복은 1870년대부터 서양 남성들이 평상복으로 입던 색

2-46 개화 인사들의 양복 착용 모습 갑신정변을 일으킨 개화당 인사들은 하이네크의 셔츠에 타이를 매고 색 코트를 착용하고 있다.

코트(sack coat)이다. 그 후 우리나라에서 양복 착용에 대한 공식적인 언급은 1894년 갑오개혁 때 있었으며, 1895년에는 양복 착용과 단발령이 시행되었다. 우리나라에서 처음 공식적으로 양복을 받아들인 것은 군복과 경찰복으로 1895년 '칙령 제78호 육군복장규칙'과 같은 해 '칙령 제81호 경무사 이하의 복제에 관한 건'에 의해서이다. 그 이후 1899년에 외교관복을 양복화하고, 1900년에는 칙령 14호로 문관복장규칙을 정하여 조선개국 509년까지 착용해 온 단령(團領)의 관복이 서구풍의 양복으로 바뀌게 되었다. 이때 반포된 문관복은 대례복, 소례복, 상복의 세 종류인데, 대례복은 18세기 유럽에서 입혀진 궁중 예복을 모방한 일본의 대례복을 참작하여 만든 것이고, 소례복은 연미복인 프록코트(厚錄高套, frock coat)로 유럽 각국에서 착용되던 귀족의 예복을 참고로 만들었으며, 상복인 새빌 로(Savile Row, sack coat)는 유럽 각국 시민들의 평상복을 본딴 것이다(그림 2-46).

2) 여자복식

갑오개혁 이후 신분계급이 폐지되고 조혼의 금지, 과부의 재가 허용 등 여성의 지위가 향상되었으며, 기독교의 전래와 여성 교육기관이 설립되어 여성들도 개화사상에 서서히 눈을 뜨게 되었다. 이와 같이 여성의 사회적 지위가 향상되자 여성들의 복식에도 차츰 변화가 나타났다.

(1) 일반 여성의 복식

개화기 일반 부녀자들의 복식에서는 저고리 길이가 짧아져 겨드랑이 밑의 살을 가리기 위해 특수한 허리띠를 착용하게 되었으며, 치마 형태는 변화가 없었는데,

주로 소색의 치마를 입어 일을 할 때에는 끈으로 묶어 일하기 편리하게 하였다.

그러나 1900년대부터 일부 개화한 여성들 사이에서부터 저고리가 길어지기 시작해서 1920년대에 와서는 특수층 외에는 일반적으로 저고리 길이, 화장, 진동, 배래 그리고 수구 등이 모두 넉넉해졌다. 길어진 저고리에는 유학하던 여학생들 사이에서 입혀진 검은색의 짧은 통치마가 국내에 유입되어 유행하게 되었는데, 이 통치마는 무릎 아래까지 닿는 짧은 치마였으며 주름을 넓게 잡았다.

(2) 양장의 착용

양복이 생소하던 이 시기에 외국의 지식을 몸소 체험할 수 있었던 유학파 계층이나 전도부인, 왕실 여성 및 외교관의 부인들이 양복을 가장 먼저 착용하게 되었다. 이 시기 양장의 형태는 양어깨가 올라간 큰 소매에 길이가 길고 폭이 넓어 밑으로 퍼진 스커트의 깁슨 걸 스타일(Gibson girl style)로, 목에 리본을 달아 여성적으로 보였다(그림 2-47).

2-47 엄비의 양장 착용 모습
개화기 여성의 양장 착용은 외국 문물을 쉽게 접할 수 있는 왕실 여성 및 상류층 여성과 유학생들이 중심이 되었다.

Chapter 3 | 동양복식의 조형미

1. 중국복식

중국복식의 기본적인 형태는 문명이 발달하기 시작한 시기인 상(商), 주(周) 때에 마련되었다. 의복의 기본형은 신장의 두 배의 옷감을 반으로 접어 중간에 구멍을 뚫어 머리를 넣고 앞과 뒤를 매어서 입었다. 이때는 원시적인 무술과 토템의 숭배로 공리 효용을 가치의 원리로 하는 사고방식과 자연에 대한 정복의 신념이 비교적 높았으며, 이것은 중국 후세 복식의 자연적인 사상에 영향을 주었다.

중국은 광활한 대륙과 유구한 역사, 다양한 민족 구성으로 인하여 각 민족의 풍습이나 사상, 관습이 복식생활에도 많은 영향을 주었다. 따라서 각 시대나 민족에 따라 같은 명칭의 복식이라도 색채나 형태에 있어서 각각의 특징적인 미의식을 갖추고 있다.

1) 국가의 성립과 통일제국 황제의 복식 : 상(商), 주(周), 춘추전국(春秋戰國), 진(秦), 한(漢)

문명이 발달하기 시작한 시기인 상, 주나라 때는 봉건제도, 궁정의식, 조상숭배 등을 중요하게 여겼던 시기로 이에 따라 의례(儀禮)에 필요한 관복제도(冠服制度)가 완비되었고, 이 시기에 완비된 관복제도는 이후 중국 관복제도의 기본적인 토대로 자리 잡게 되었다. 통일제국의 성립으로 인하여 황제의 복식이 생겨나게 되었고, 이에 따른 통치체제의 정신문화가 예술 전반에 기반이 되었다.

(1) 남자복식

〈주례(周禮)〉에 근거하여 주(周)나라의 관복제도를 보면 주대(周代)의 제왕(帝王)과 백관(百官)은 모두 예복(禮服)을 입었는데, 예복은 면류관(冕旒冠)과 곤복(袞服)으로 구성되어 있으며, 또한 의식의 내용에 따라 복식도 구별되었다(그림 3-1).

면류관(冕旒冠)은 나무로 본체를 만들었는데, 넓이는 8척, 길이는 1척 6촌으로 위는 검고 아래는 붉은색으로 하였으며, 앞뒤로 류(旒 ; 구슬형태의 일종)를 달았고 류의 수에 따라 12류, 9류, 7류, 5류, 3류로 나누었는데, 이것은 지위와 등급의 차이에 근거한 것이었다. 연(綖 ; 면류관싸개)은 앞이 둥글고 뒤는 네모나게 만들

3-1 **면관(冕冠), 곤복(袞服) 적석도** 현의(玄衣)와 훈상(纁裳)에 12장문을 베풀었으며 황제의 면복에만 그려지는 일문(日紋) 안에는 삼족오(三足烏)를, 월문(月紋)에는 두꺼비를 그렸다.

었는데, 앞은 하늘을 뜻하고 뒤는 땅을 뜻하는 것으로 황제에게 하늘과 땅이 함께 있음을 의미한다. 연판(綖板)이 앞으로 기울어진 것은 군왕의 인덕을 권고하는 뜻이며, 귓가에 드리운 구슬은 주광(黈纊) 또는 충이(充耳)라고 했는데, 군왕이 참언을 가벼이 듣지 않기를 깨우쳐 주는 뜻이었다.

곤복(袞服)은 현의(玄衣 ; 검은색의 윗옷)와 훈상(纁裳 ; 붉은색의 치마)으로 각각 여명의 하늘과 황혼의 땅을 상징하고 있다. 현의(玄衣) 상(裳)에는 12장문(章紋)을 베풀었는데, 현의의 문양은 그림으로 그렸고 훈상에는 수를 놓았다.

12장문(章紋)은 일(日 ; 해), 월(月 ; 달), 성진(星辰 ; 별), 산(山), 용(龍), 화충(華蟲 ; 꿩), 종이(宗彛 ; 제례에 사용하는 예식용의 그릇), 조(藻 ; 바다풀), 화(火 ; 불), 분미(粉米 ; 쌀), 보(黼 ; 도끼), 불(黻 ; 亞字形)을 말한다. 이것은 각각 뜻하는 바가 있는데, 일, 월, 성진은 빛이 비춤을 뜻하고 산은 은연자중, 용은 응변, 화충은 곱고 아름다움, 종이는 충효를 뜻하며 조는 깨끗함을 뜻하고 화는 광명을 뜻한다. 분미는 자양을 뜻하고 보는 확고한 결단을 뜻하며 불은 명변을 뜻한다.

이상의 12장문은 제왕의 경우에만 착용되었고 제후들은 9장, 7장, 5장으로 면관(冕冠)과 맞추어 신분의 등급을 나타내 주었다.

허리띠 아래에는 폐슬(蔽膝)을 착용하였는데, 폐슬의 형식은 원래는 배와 생식 부위를 차단하는 것이었으나 나중에 와서는 점차로 예복으로 바뀌었고 또 그 이후에는 순수하게 귀한 자의 존엄을 유지하기 위한 상징이 되었다. 이 외에 면복에는 적석(赤鳥 ; 붉은 신)을 착용하였는데, 이것은 왕과 제후가 같은 것을 사용하였고 흰 것과 검은 것이 그 다음의 순으로 사용되었다. 이 시기의 예복은 각기 특정한 경우에 입는 것이 많았으며 부수적인 장식이 함께 사용되었다.

춘추전국시대는 나라에 따라 각각의 습속이 달랐으나 공통적으로 성행했던 복식으로는 심의(深衣)와 호복(胡服)이 있었다. 심의(深衣)는 남녀, 문무, 귀천을 막론하고 모두 입었던 옷의 형태로 양옆에 옷깃을 덧대어 둘러서 띠로 매어입던 옷이다(그림 3-2). 호복(胡服)은 서호(西胡)의 복장으로 소매폭이 좁아 활동하기 편리한 복식이다. 호복고(胡服考)에 보면 호복이 중국에 들어오기 시작한 것은 춘추전국시대 조(趙)나라의 무령왕(武靈王) 때이다. 호복은 서호(西胡 ; 중앙·서아시아) 사람들이 입던 고습복(袴褶服)으로서 이는 양다리를 민첩하게 움직일 수

3-2 **심의(深衣)를 착용한 남북조의 인물** 상의하상(上衣下裳)의 형태를 지닌 포(袍)의 형태를 보여 주고 있다.

있는 좁은 바지를 입고 그 위에 좌임직령(左衽直領)으로 교임되거나 합임(合衽) 혹은 단령(團領)으로 된 상의를 입는 것이다. 호복을 조 무령왕이 입기 시작하고 나서 조나라 이외의 중국의 여러 나라에서도 입었고 전국이 끝난 후에는 군인들 뿐만 아니라 군신(君臣)들도 입게 되었다.

진(秦)은 BC 221년 중국 역사상 처음으로 통일을 이룩한 국가로 의복 또한 다양해졌다. 한(漢)은 진의 옛것을 대부분 따랐으며 '실크로드'라는 이름을 얻은 시기이기도 하다. 이 시기는 교류가 활발해지고 사회풍속의 변화가 다양해져 복식에 대한 요구가 활발해지고 옷차림이 화려해지는 시기였다.

진한시기의 남자복식을 보면 포(袍), 곤의(褌衣), 고(袴), 관(冠), 건(巾), 책(幘)이 있고, 신발류의 리(履)가 있다.

진한시기의 남자들은 포(袍)를 즐겨 입었는데, 진시대에는 벼슬에 따라 포의 색을 달리하였고 일반 서민들은 흰색의 견(絹)으로 만들어 입었다. 한시대는 포를 예복으로 삼았는데, 소매는 크게 하였고 수구(袖口 : 소맷부리)를 축소시켰는데, 그것을 '거(袪)'라고 하였고 큰 옷소매는 '몌(袂)'라고 하였다. 포의 종류에는 직거포(直裾袍)와 곡거포(曲裾袍)가 있었는데, 이것은 포의 앞자락폭 도련의 형태에 따랐으며 일반적으로 직거포는 정식 예복이 될 수 없었다(그림 3-3).

곤의는 벼슬아치들이 평상시 한가로이 거(居)할 때 입었으며 포의 양식과 비슷하고 위아래가 붙은 것으로 포의 안에 입거나 여름철 집에서 입던 속옷으로 볼 수 있다. 곤의 밑에 입는 아랫바지로 고가 있었는데, 오늘날 바지의 양식을 말한다.

두식으로는 관(冠), 건(巾), 책(幘)이 있었는데, 관은 아주 규정이 엄격하였고 한나라 때 제도를 제정하였다. 관의 양식으로는 면관(冕冠), 장관(長冠 ; 환관, 시자용), 무관(武冠), 법관(法冠 ; 해치관이라고 하며 법관용), 양관(梁冠 ; 진현관(進賢冠)이라고도 하며 문관용)이 있다. 건에는 갈건(葛巾)과 겸건(縑巾)이 있는데, 갈건은 갈포로 만들었고 홑겹으로 대부분이 본색견(本色絹)을 사용하였으며 뒤쪽에 두 개의 띠를 드리웠는데, 사서인의 남자용이다. 겸건은 온폭의 세견(細絹)으로 만들었기 때문에 복건(幅巾)이라고도 하였으며, 한말에는 벼슬아치, 왕공귀족들이 관을 쓰지 않을 때 사용하였다. 머리를 감싸는 건의 일종인 책은 귀천

3-3 곡거포 착용의 목용(木俑)
채회 목용(彩繪木俑)은 포(袍)의 거(裾)가 허리를 감고 있으며, 이러한 곡거포도 심의의 양식이다.

을 가리지 않고 썼으며 관을 쓴 사람은 안에 책을 바쳐 썼고 서민은 흩것을 썼다.

　신발양식인 이(履)는 고두(高頭)의 비단신으로 위에는 꽃무늬를 수놓기도 하였고 갈마로 만든 것도 있었다. 관원들이 제사를 지낼 때에는 석(舃)을 사용하였고 집에 한거할 때에는 구(屨)를 착용하였다. 외출 시에 착용하였던 극(屐)은 오늘날 일본인의 게다와 비슷한 형태였다.

(2) 여자복식

여자복식의 종류로는 심의(深衣), 규의(袿衣), 단의(禪衣), 유군(襦裙)이 있다.

　심의(深衣)는 예복으로 착용하였는데, 그 형태는 남자의 심의와 유사하다.

　평상 의복으로 사용된 규의는 그 양식이 심의와 비슷하나 간편하다. 단의는 안에 입는 속옷의 일종으로 흰색 실크로 만들었으며 깃과 소매가 있었다. 유는 일종의 짧은 옷으로 길이는 허리 정도이고, 군은 치마형식이며 비단띠로 허리를 매어 입었다.

　반가 여자의 두식은 화려하였으나 노동을 하는 부녀는 일반적으로 수건으로 머리를 싸매었을 뿐이었다. 여자의 신발양식은 남자의 양식과 유사하였으며 조금 더 화려하게 수를 놓거나 채색을 하였고 오색의 실로 묶기도 하였다.

2) 자연을 노래한 복식 : 위진남북조(魏晋南北朝)

이 시기는 정치적으로 분란의 시기였으나 사회, 사상, 문화의 모든 분야에서 여러 민족이 섞이게 되고 문화적 융합이 이루어지는 시기였다. 따라서 복식도 다양하게 변화하였고 점차적으로 교류되는 시기였다.

(1) 남자복식

남자복식의 대표적인 옷은 삼(衫)이다. 삼은 소매가 넓은 대수삼(大袖衫)이었는데, 길이가 길어 장삼(長衫)의 형태였다. 삼에는 홑과 겹의 두 가지 형태가 있었으며 재료로는 사(紗), 견(絹), 포(布) 등이 사용되었고 주로 흰색을 즐겨 입었다. 이 시기는 큰 소매가 유행하였고 육체 노동자만이 짧고 좁은 형태의 삼을 착용하였다. 이 외에도 포(袍), 유(襦), 고(袴), 군(裙) 등을 착용하였는데, 군은 비교적 넓고

3-4 대수삼(大袖衫)을 입고 있는 귀족 왕으로부터 백성에 이르기까지 넓은 소매가 광범위하게 착용되었다(고개지의 낙신부도(洛神賦圖) 부분).

3-5 첨각연미(尖角燕尾) 형식의 심의(深衣)를 입은 부녀 첨각의 형태로 변화한 심의와 피(帔)의 착용도(고개지의 열녀도 부분).

길이는 땅에 끌릴 정도로 길었으며, 허리에는 넓은 비단띠를 매었다(그림 3-4).

남자의 머리수식으로는 건, 관, 책 등이 있었고, 신발류는 전 시기와 같았는데, 나막신이 유행하였다.

(2) 여자복식

여자의 복식은 대부분이 한나라시대의 것을 이어받았는데, 일반 부녀의 일상복으로는 심의(深衣), 삼(衫), 오(襖), 군(裙), 요의(腰衣) 등이 있었다. 이 시대에도 여전히 여자의 복식으로는 심의(深衣)가 유행하였고 앞자락이 변화하여 여러 겹의 삼각형으로 겹쳐서 재단하여 입었다. 남북조 때에는 첨각연미(尖角燕尾)를 길게 덧붙여 양식에 변화가 있었다. 심의 위에 장식적으로 둘렀던 피(帔)는 진시대에 시작되었던 것으로 목과 어깨에 둘러 깃 안으로 자연스럽게 드리웠다. 신발과 머리장식은 재료와 표현이 더욱 화려해졌다(그림 3-5).

이 시기 복식의 특징은 불교의 성행으로 불교문양이 복식에 가미되었고 페르시아 및 주변 국가와 민족의 장식풍을 받아들인 것이다.

3) 국제적 · 개방적인 복식 : 당(唐)

수 · 당시대는 진시황 이후 중국이 통일을 이룩한 시기로 국토가 넓어지고 중앙아시아와 서아시아와도 문화를 교류하여 국제적으로 개방하였으며 경제가 성장하는 등 여러 방면에서 안정과 부흥을 이룬 시기였다. 문학, 예술, 의학, 과학기술의 여러 분야에서 전성기를 이루어 복식은 더욱 개방적으로 발전하게 되었다.

(1) 남자복식

국제적으로 문화를 교류하여 여러 민족이 융합함에 따라 여러 지역, 여러 민족의 복식이 서로 영향을 받아 새로운 복식과 착용 방식이 생겨난 시기였다.

　남자복식의 대표적인 것으로는 원령포삼(圓領袍衫)이 있는데, 단령포삼(團領袍衫)이라고도 한다. 왕(王)의 상복(常服)으로 단령포삼에 용문(龍紋)을 시문하여 입었고 사서(士庶), 관환(官宦) 남자들도 평상복으로 입었다. 단령(團領)은 중앙 · 서아시아 민족의 영향을 받은 것으로 문관의 의복은 길이가 길어 복숭아뼈까지 내려오거나 땅에 닿았고 무관의 옷길이는 짧아 무릎까지 왔는데, 소매의 넓고 좁음에 따라 구별을 두었고 복색을 달리해 신분에 따라 엄격한 구별을 두었다. 일반 사인들은 백색을 주로 입었고 황색 착용을 엄격히 금지하였다. 처음에 단령에는 대부분이 암화(暗花)의 문양을 사용하였으나 무칙천(武則天) 때에 이르러 문무관원들에게 수포(繡袍)를 하사하여 신금단수(神禽端獸)를 문식(紋飾)하였고 이것은 명 · 청시기의 보자(補子)의 기초가 되었다(그림 3-6).

　남자 두식의 대표적인 양식인 복두(幞頭)는 초기에는 한 폭의 천으로 비교적 낮게 머리를 싸매는 형식이었다. 이후에 복두 아래에 또 다른 건자(巾子)를 썼는데, 이것이 복두의 고정적인 형태로 자리 잡게 되었다. 당 중기 이후에는 점차적으로 모자의 형태가 굳어졌고 명칭은 모양에 따라서 정하였으며 장유존비를 불문하고 모두 썼다.

　이 시기에 보편적으로 신었던 신발양식은 오피화(烏皮靴)였으며, 복두와 단령의 착용 시에는 오피육합화(烏皮六合靴)를 함께 신었다.

3-6 단령포삼(團領袍衫), 복두,
오피화(烏皮靴)를 착용한 관리
(섬서 건구 이중윤묘(陝西乾具李
重潤墓) 벽화)

(2) 여자복식

여자복식은 매우 정교하게 발달한 시기로 새로이 창조해 낸 복식이 그 화려함을 더하고 있다. 여자의 대표적인 복식으로는 유군복(襦裙服), 반비(半臂), 피백(披帛), 남장(男裝), 호복(胡服) 등이 있다.

유군복(襦裙服)은 위에는 단유(短襦)나 삼(衫)을 입고 아래에는 장군(長裙)을 입었으며 피백(披帛)을 둘렀는데, 때로는 반비(半臂)를 덧입었다. 머리에는 화계(花髻)를 하고 외출 시에는 멱리(冪羅)를 썼다. 발에는 풍두사리(風頭絲履)나 정교하게 짠 초리(草履)를 신었다(그림 3-7).

단유는 상의의 일종으로 당나라 때에는 대단히 짧은 것이 특징이었고, 군요(裙腰)를 겨드랑이 밑까지 끌어올려 비단띠로 붙들어 매었다. 단유 안에는 내의를 입지 않아 앞가슴을 드러내는 것이 성행하기도 하였다. 소매는 초기에는 넓고 좁은 두 가지의 것이 있었는데, 호복(胡服)의 영향으로 점차 좁아졌으나, 성당 이후의 소매는 방대해져 날이 갈수록 넓고 커졌다. 유에 비해 조금 길었던 상의로는 삼이 있는데, 이것은 여자의 일상복식으로 볼 수 있으며, 화려한 색과 금은자수로 수를 놓아 입었다. 치마의 형식인 군(裙)은 폭이 많은 것일수록 좋은 것으로 생각하였고 치마를 높이 끌어올려 흉부를 가릴 수 있었다. 내의를 입지 않은 채 치마

3-7 유군복, 반비(半臂)를 착용한 궁중시녀 (섬서 건구 이중윤묘(陝西乾具李重潤墓) 벽화)

3-8 복두, 원령포삼(圓領袍衫)을 입은 제왕과 관리 및 간색군(間色裙), 피백(披帛)의 시녀들 당 태종의 접견도로서 당대(唐代) 남녀들의 복식을 보여 주고 있다(염립본(閻立本) 보연도(步輦圖) 부분).

위로 피백을 둘러 피부를 노출시켰는데, 이러한 피부 노출은 당나라 때의 개방적인 시대 사상을 잘 나타내 주는 착의방식이다. 치마 길이는 땅에 끌릴 정도로 길었고 치마 색도 삼과 마찬가지로 화려한 색으로 만들었으며, 간색군(間色裙)도 많이 착용하였다(그림 3-8).

　반비는 오늘날의 단수삼(短袖衫)과 같은 것으로 소매의 길이는 현재의 반팔 길이 정도였다. 피백은 좁은 것에서부터 변화된 것으로 뒤에는 양어깨에 걸쳐서 너풀대는 형태가 되었다.

　머리형태는 30여 종에 가까울 정도로 다양한 형태가 있었고 머리장식 또한 다양했다. 당대 여인의 화장은 기이하고 화려했는데, 얼굴에는 분을 바르고 입술에는 연지를 발랐다. 여자들은 눈썹을 모두 뽑고 완전한 대칭으로 눈썹을 그리기도 하였으며 눈썹 사이에는 화전(花鈿)이라는 것을 금(金), 은(銀), 우취(羽翠)로 만들어 붙이기도 하였다. 얼굴 뺨의 양쪽에는 면장(面粧)이라고 하여 단청주사(丹青朱砂)로 둥근 점, 새, 달, 돈 등의 모양을 그리기도 하였다. 그러나 이와 달리 자연스럽게 화장하는 사람들도 있었다.

　부녀복식 중 독특한 양식인 남장(男裝)은 남자복식을 모방한 것이었다.

　호복(胡服)은 당 초기에서부터 성당에 이르기까지 중앙·서아시아와 왕래가 빈번하고 실크로드의 상인들과의 교류가 많아지면서 당나라 백성들에게 큰 영향을 미친 것을 보여 주는 복식이다. 호인(胡人)은 중앙·서아시아 민족에 대한 한인의 일반적인 호칭으로 이들을 따라 들어온 복식을 특별히 호복이라고 하였는데, 페르시아, 인도, 흉노 등에서 많은 복식이 들어와 중국 전체에서 유행하였으며 특히 장안과 낙양 등지에서 성행하였다. 이때의 장식품도 다분히 이국적인 색채를 띠게 되었다.

　머리에 쓰는 수복(首服)을 보면 처음에는 멱리나 유모(帷帽)를 쓰기도 하였으며 호모(胡帽)를 쓰기도 하였다. 멱리는 페르시아로부터 유래하였는데, 모래바람을 막기 위해 포(布)로 얼굴에서 몸까지 덮어쓰는 것으로 당 초기의 여자들이 나들이할 때 썼으며, 낯선 사람들이 보지 못하도록 하는 역할을 하였다. 유모는 수나라 때부터 유행하던 것으로 모정(帽頂)이 높고 차양이 넓은 입모(笠帽)로 모자 차양 아래로 투명한 비단을 한 바퀴 두른 형태이다. 얼굴을 가리지 않는 양식인

3-9 호모(胡帽), 호복(胡服)을 착용한 인물 (섬서 서안 출토 삼채용(陝西 西安 出土 三彩俑))

호모는 계(髻)를 내놓은 머리 양식이었다(그림 3-9).

4) 사대부의 복식 : 송(宋)

당대와는 달리 정치 정세가 안정되지 못하여 분쟁과 타협을 계속하였으며 배타적인 분위기의 복식 특성을 정립해 나가는 시기였다. 아라비아의 여러 나라, 페르시아, 인도, 한국, 일본, 인도차이나 반도 등의 나라와 대외무역이 성행하여 외국의 물품들이 중국복식 및 일상생활에 큰 영향을 주었다.

(1) 남자복식

왕(王)은 대례복(大禮服)으로 원령난삼(圓領h衫)을 착용했는데, 자황(紫黃), 담황(淡黃)색의 원령포이며, 옥(玉) 장식이 있는 붉은 대(帶)를 매고 조문화(早紋靴)를 신었다. 관으로는 복두(幞頭)를 썼는데, 복두의 각(脚)이 옆으로 뻗은 직각(直脚)으로서 이러한 직각복두(直脚幞頭)는 송대에 가장 길었다(그림 3-10).

문무백관들이 조복으로 입고 사대부들이 집무 시 복장으로 입은 난삼(襴衫)은 수구(袖口)가 넓은 장삼(長衫)으로 깃은 원령(圓領) 또는 교령(交領)이며 거단에는 횡란(橫襴)이 있는 상의하상(上衣下裳) 형태이다. 난삼은 당나라 때부터 입혀지다가 송나라 때에 가장 유행한 것으로 상급관리부터 하급관리들에 이르기까지 광범위하게 착용하였다. 대부분이 흰색의 세포(細布)로 만들었고 허리에 대(帶)를 매었다. 횡란이 없는 것은 직신(直身) 또는 직철(直綴)이라고 하였다.

사대부가 일상복으로 입던 모삼(帽衫)은 일반적으로 오사모(烏紗帽)를 쓰고 조라삼(早羅衫)을 입고 각대(角帶)를 매고 혁화(革靴)를 신었다. 오사모의 양식은 이미 수·당 때 출현한 것으로 공사를 볼 때와 송사를 처리할 때, 연회 때, 손님을 맞이할 때 착용하였으며 유생도 썼다.

복두(幞頭)는 송나라 사람이 광범위하게 사용하였던 수복(首服)으로, 각(脚)이 경각(硬脚)이었으며 그 중 직각(直脚)은 조복(朝服)에 썼다. 각의 길이와 각도는 때에 따라 변화하였다. 직각으로 길이가 긴 장각(長脚)은 송대의 전형적인 양식이었으며, 이 밖에 교각(交脚), 곡각(曲脚)이 있었는데, 노비 또는 신분이 비천한

3-10 **직각복두, 대례복(大禮服) 의 황제** 담황(淡黃)색의 원령난 삼(圓領襴衫)을 착용하고 옥 장식의 홍색대를 매고 조문화(皁紋靴)를 신었다(송태조 좌상(宋太祖 坐像)).

3-11 **구룡화채관(九龍花釵冠), 적의(翟衣)의 황후** 적의는 황후 의 대례복으로 보통 때에는 거의 입지 않았고 황제 책봉을 받을 때나 제사 전례(祭祀典禮) 시에 입었다.

자들이 착용하였다. 또한 고운 색깔에 금실을 놓은 복두는 혼례와 같은 경사스러운 일에 사용하였다. 남송 때에는 혼례 3일 전에 여자집에서 남자집에 자화복두(紫花幞頭)를 예물로 보내는 풍속이 있었다.

복건(幅巾)은 관원의 복두가 점차적으로 변화하여 모자로 바뀐 것으로 서민은 많이 쓰지 않았으나 일반 문인, 유생들이 썼다.

(2) 여자복식

송대의 황후는 적의(翟衣), 대(帶), 수(授), 환패(環佩), 구룡화채관(九龍花釵冠)을 착용하였다. 적의는 심청색의 직성(織成)으로 제작되었는데, 꿩문양이 직성되어 있고 령(領), 수(袖), 금(襟), 거(裾) 모두 홍색으로 운룡(雲龍)이 수놓아져 있다. 안에는 청사중단(靑紗中單)을 입고 허리에는 심청폐슬(深靑蔽膝)을 하였으며, 백옥쌍패(白玉雙佩), 옥수배(玉綬环) 등의 장식을 했다. 아래에는 청말(靑襪), 청석(靑舃)을 신었다(그림 3-11).

송대의 부녀복식은 일반적으로 유(襦), 오(襖), 삼(衫), 배자(背子), 반비(半臂), 배심(背心), 피백(披帛), 군(裙) 등이다.

유(襦)는 단유의 양식으로 대부분이 군요(裙腰 ; 치마허리)의 안에 입었다. 오

(襖)는 일상생활의 복식으로 대
부분 솜을 넣거나 속옷을 받쳐 입
었으며 유에 비해 길이가 길고 너
그러웠다. 삼(衫)은 홑으로 여름철에 주로 입었

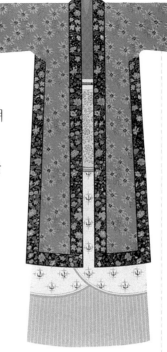

3-12 배자(背子)

고 수구(袖口 : 소맷부리)가 넓고 길이가 길지 않으며
주로 고운 비단으로 만들었다.

배자(背子)는 직령대금(直領對襟)이 위주이며 앞
단에는 끈을 달지 않았고 소매는 넓고 좁은 두 가지
의 형태가 있다. 옷길이는 무릎 아래위나 복숭아뼈
까지로 다양하며, 좌우 겨드랑이 밑을 길게 트거나
트지 않은 것도 있었다. 남자도 경우에 따라 입었다
(그림 3-12).

반비(半臂)는 원래 무사의 복식으로 반소매의 포
와 같은 옷이다. 당대 남자는 포 안에 입었으며, 여
자는 겉옷으로 입었다.

배심(背心)은 소매가 없는 옷으로 반비, 배자와 마찬가지로 모두 대금(對襟)이다.

군(裙)은 길이가 길고 풍성한 치마로서 치마허리는 겨드랑이 밑으로부터 허리
까지 오는 것이 보편적이었다. 허리에 띠를 매고 수환(綬環)을 아래로 패용해 드
리웠다. 치마의 양식 중에는 치마의 양변과 앞뒤를 터놓은 선군(旋裙)이 있었다.

개두건(蓋頭巾)은 검정 비단으로 만든 여자의 나들이용 얼굴가리개로 나중에
는 홍색의 비단으로 대신하였다. 혼례 시에 신부는 반드시 이와 같은 수복(首服)
을 썼는데, 이러한 풍속은 오늘날까지도 이어지고 있다.

화관(花冠)과 패식(佩飾)은 남녀 모두 각자의 신분에 맞게 사용하였으며, 머리
장식은 절기에 따라 장식품의 사용이 달랐다.

5) 한족 부흥의 복식 : 명(明)

주원장이 1368년에 명(明)을 건립하여 한족(漢族)이 실권을 잡자 원대(元代)에

행해졌던 언어, 풍습, 복식 등을 모두 금하고 순수한 한족의 문화를 정착시켜 한(漢), 당(唐), 송(宋)을 능가하는 대제국을 건설하였다. 따라서 명대에는 중화사상이 절정에 달하였고 전통적인 한족문화와 복식이 소생하였다.

(1) 남자복식

명대복식은 당(唐)·송(宋)대에 이미 수립되었던 복식제도가 원(元)대에 문란해졌었기 때문에 건국 후 한족의 의례를 회복해 관복제도를 재정비했다. 제도개혁의 범위가 상당히 넓어져 복식도 구체적으로 제한되었는데, 이때에도 다른 시대와 마찬가지로 복식이나 복식도안, 색 등에서 엄격한 제한과 구별이 있었다. 명대에는 황제가 현의(玄衣)로 된 면복(冕服)을 별로 착용하지 않았으며, 상복(常服)에 12장문(十二章紋)을 베풀어 곤복(袞服)으로 입었다(그림 3-13).

3-13 **곤복(袞服)을 착용한 명세종(明世宗)** 명대 황제의 곤복은 황색의 능라(綾羅)로 되어 있고 여러 개의 원룡문과 12장문을 직금하였다. 오사절상건(烏紗折上巾)을 썼다.

관리의 조복 규정 또한 대단히 엄격하였으며, 조복(朝服)은 포삼(袍衫), 양관(梁冠), 운두리(雲頭履), 홀판(笏板), 패수(佩綬) 등으로 구성되었다. 1품은 7량관(七梁冠)에 옥대(玉帶)를 띠고, 2품은 6량관에 서대(犀帶)를, 3품은 5량관에 금대(金帶)를 띠고, 4품은 4량관에 금대를, 5품은 3량관에 은대(銀帶)를, 6·7품은 2량관에 은대를, 8·9품은 1량관에 오각대(烏角帶)를 띠었다.

명대의 관리 상복(常服)으로는 반령포(盤領袍)를 입었으며 반령포에는 가슴 앞과 등 뒤에 보자(補子)를 달았는데, 보자 문양으로서 신분의 등급을 구분하였고 동물을 표지로 삼았다. 오사모(烏紗帽)를 쓰고, 조혁화(皂革靴)를 신어 관복양식(冠服樣式)이 되었다.

보자(補子)와 관복의 문양도 등급 간에 차이를 두었는데, 이 규정은 정하는 때에 따라 바뀌기도 하였으나 아주 급격한 변화는 없었다(그림 3-14).

편복(便服)은 각 신분에 따라 다소의 차이가 있었

3-14 **관리 상복(官吏常服)** 명대(明代) 관리가 반령포(盤領袍)와 사모(紗帽)를 착용하였다.

3-15 **사방평정건(四方平定巾), 사령대금관수삼(斜領大襟寬袖衫)을 착용한 유사(儒士)**

는데, 그 종류는 포(袍), 단의(短衣), 군(裙) 등을 입었다. 사인(士人) 등 선비는 사령대금관수삼(斜領大襟寬袖衫)을 입었는데, 이것은 우임(右衽)으로 된 큰 깃이 사선으로 여며지고 소매가 넓은 포의 형태이다. 머리에는 사방평정건을 썼고 그 속에 망건(網巾)을 썼다(그림 3-15).

망건(網巾)은 말총을 엮고 끈을 꼬아 팽팽하게 하여 사용하였으며, 그 외에 여러 가지 형태의 유건(儒巾)이 있었다. 모자로는 복두(幞頭)와 오사모(烏紗帽) 외에 육합일통모(六合一統帽)가 있었다. 이 밖에도 여러 가지 모자 형식이 있었다.

이(履)에는 여러 종류의 재료와 양식이 있었는데, 혁화(革靴)와 초혜(草鞋) 등이 있다. 강남인은 대부분 포초혜(蒲草鞋)를 신었고, 북방인은 혁화(革靴)를 신었다.

(2) 여자복식

관복(冠服)은 황후(皇后), 왕비(王妃), 명부(命婦)가 모두 착용했던 것으로 일반적으로 홍색의 대수삼(大袖衫), 심청색의 배자(背子), 채색의 수를 놓은 피자(帔子), 주옥금봉관(珠玉金鳳冠), 금수화문리(金繡花紋履) 등을 착용하였다(그림

3-16 **대수의(大袖衣), 하피, 용
봉주취관** (명회전(明會典) 근거)

3-16).

　피자(帔子)는 당에서도 성행했던 피백(披帛)을 칭하는 것으로 송에서도 피백(披帛)으로 사용하였는데, 명에서는 피자(帔子)라고 하여 사용하였다. 여기에는 채색구름, 바닷물, 붉은 태양 등을 수놓기도 하였는데, 피자의 무늬는 품계에 따라 달랐다.

　편복(便服)은 명부(命婦)의 한거시와 평민 여자의 의복으로, 기본적인 것은 당송의 옛 제도를 따랐다. 일반부녀는 대부분이 자화조포(紫花粗布)로써 의(衣)를 지었는데, 금(金)의 사용을 허가하지 않았다.

　배자(背子)의 형식은 송나라의 배자와 그 형태가 비슷하나 더욱 다양하게 발전하였다. 비갑(比甲)은 원래 유목민족들이 경쾌하게 입던 겉옷으로서 명대 여인들이 경쾌하게 즐겨 입었다.

　군자(裙子)는 치마로서 그 안에는 슬고(膝褲)를 덧입었다. 군자(裙子)의 양식은 8내지 10폭의 재료를 사용하였는데, 허리에 수십 가닥의 주름을 잡기도 하였다.

　그 외에 명대 여자복식에 수전의(水田衣)가 있는데, 수전의(水田衣)는 명대 여성의 전형적인 복식으로 여러 가지 색깔을 섞어 이어서 만든 민간부녀의 예술품으로 백가의(百家衣)라고도 일컬으며 오늘날에도 찾아볼 수 있다. 아동용으로도 지었고 이불과 요에도 사용하였다. 이것은 한국의 조각보와 유사한 양식으로 볼 수 있다.

두식(頭飾)은 꽃 장식을 가장 귀히 여겼는데, 계(髻)를 에워싸 장식하였다.

6) 이민족과 서양문물 도입기의 복식 : 청(淸)

청대는 만주족이 설립한 왕조로 건립 초기에는 한족 진압정책을 강경하게 실시하였다. 따라서 의복이나 두식 또한 한족의 양식을 금지하였으며 만주족의 양식대로 머리를 깎게 하고 복식을 바꾸도록 하였다. 이 시기는 한족과 만주족이 혼거함으로써 자연적으로 서로 영향을 주고받아 새로운 형태와 양식이 생겨났으며 서양문물의 도입으로 인하여 의생활 또한 서양적인 색채를 띠게 되었다.

(1) 남자복식

황제 조복(皇帝朝服)은 명황색(明黃色)의 조복(朝服), 조관(朝冠), 화(靴)로 구성되어 있다. 황제의 조복은 용포(龍袍)로서(그림 3-17), 용포(龍袍)는 청대에 황제만이 입었던 관복이었다.

일반 관원들은 화의(花衣)라고 부르는 망포(蟒袍)를 입었다. 이것은 관원과 명부(命婦)가 외괘(外褂) 안에 입던 복식이었으며, 이들의 등급은 망수(蟒數)나 망조수(蟒爪數)로 구별하였다.

남자복식도 만주족과 한족의 복식이 함께 혼용되었는데, 청대의 남자복식은 포(袍), 마괘(馬褂), 오(襖), 마갑(馬甲), 삼(衫), 고(袴)를 입었다. 모든 복식은 소매를 좁게 하고 몸통도 불필요한 여분을 없애버린 착수통신(窄袖筒身)으로 만들었다. 이것은 주로 광활한 대륙의 기마생활에 편리하게 정착된 양식으로 볼 수 있다. 의금(衣襟 ; 옷단)은 단추로 매게 되

3-17 조복(朝服), 조관(朝冠), 화(靴)를 착용한 청대(靑代) 황제
(청대제후상(고궁 박물관 소장))

었고, 령구(領口 ; 목둘레)는 무령(無領 ; 깃이 없음)에다 령의(領衣 ; 깃 형식)를 더하는 식으로 변하였다. 청대에는 일상복에 직접 방형(方形 ; 네모난형) 또는 원형을 상의에 수놓는 특별한 보자(補子)의 양식을 취하였는데, 이것을 보복(補服)이라고 하였다. 여기에서 붙이는 보자(補子)는 명대의 것과 조금 차이가 있었다.

보복(補服)은 청대관복 중 가장 대표적인 것으로 포보다 약간 짧으며 대금(對襟), 수단(袖端)이 평평한 것으로 앞에 보(補)를 수놓은 것이었다. 이때에도 등급에 따라 보자(補子)의 도안이 달랐다.

포(袍)와 오(襖)는 일종의 상의의 겉옷으로 대부분이 개차(開衩)였는데, 황족은 사차(四衩)였

3-18 남자편복포(男子 便服袍)

3-19 비파금 마괘

고 평민은 불개차(不開衩)를 입었다. 그 중 개차대포(開衩大袍)는 전의(箭衣)라고 불렸는데, 수구(袖口) 밖으로 돌출한 전수(箭袖)는 그 모양이 말발굽과 비슷하였기 때문에 속칭 마제수(馬蹄袖)라고 하였다. 그 모양의 연원은 북방의 악천후와 추위를 피하기 위한 데 있으며 수렵을 하고 활을 쏠 때에는 걷을 수 있어서 행동에 장애를 받지 않았다.

결금포(缺襟袍)는 말타기에 편리하도록 전금(前襟 ; 앞단)의 아랫폭이 갈라졌고 오른쪽이 왼쪽에 비교하여 1척 정도가 짧았다. 이것을 행장(行裝)이라고도 하였으며, 말을 타지 않을 때에는 짧은 앞쪽을 옷 사이로 단추로 잠갔다(그림 3-18).

마괘(馬掛)는 길이가 허리보다 짧은 윗옷으로 소매는 팔꿈치 정도 길이이며, 행괘(行褂)라고도 한다. 또한 여밈은 주로 끈을 사용하였다. 예복용으로는 심홍(深紅), 장자(醬紫), 심람(深籃), 녹(綠), 회(灰) 등의 색을 사용하였고, 황색은 황제에게서 하사받은 것 이외에는 착용할 수가 없었다(그림 3-19).

마갑(馬甲)은 소매가 없는 짧은 옷으로 배심(背心) 또는 감건(坎肩)이라고도 하였으며, 남녀가 모두 입었고 처음에는 속에 입었지만 후대에는 겉에 착용하였다.

령의(領衣)는 일종의 깃의 형태로 령이 없는 예복에 달았던 것을 말한다. 모양이 소의 혀와 같아서 우설두(牛舌頭)라고도 하였다. 여름에는 사(紗), 겨울에는 가죽 또는 융(絨)을 사용하였으며, 단추로 매어 사용하였다. 피령(披領)은 목과 어깨에 두르는 것으로 관원들이 조복(朝服) 위에 둘렀으며, 수를 놓아 장식하였다.

청대 남자들의 바지는 허벅지가 넓은 장고를 주로 착용하였고 퇴대(腿帶)를 매었다. 수복(首服)은 량모(凉帽)와 난모(暖帽)가 있었고 관원들은 관정(冠頂)을 보석으로 장식하여 등급을 구별하였다.

요대(腰帶)는 일반적으로 사직(絲織)을 사용하였고 위에는 보석을 박아 장식하였으며, 대구(帶鉤 ; 버클)와 환(環 ; 고리)이 있었는데, 대구는 금, 은, 동으로 만들었고 그 위에 옥(玉), 취(翠) 등으로 장식하였다. 신발류는 공복에는 화(靴)를 신고, 편복에는 혜(鞋)를 신었다. 그 밖에 밑이 두껍고 발목이 짧은 쾌화(快靴)가 있었다.

(2) 여자복식

청대의 여자복식은 남자복식과는 달리 한족과 만주족의 복식이 각각 유지되었다. 그러나 점차적으로 한족의 여자복식은 만주족의 여자복식에 융화되어 특유의 청대복식을 만들어갔다.

황족명부예복(皇族命婦禮服)은 기본적으로 남자의 조복과 같으나 하피(霞帔)만을 여자의 전용으로 덧입었고 봉관을 썼다. 하피는 청대에 이르러서는 배심(背心)과 같이 넓어졌고 가운데 금수를 놓아 등급을 구별하였으며, 아래에는 술을 달았다. 봉관하피(鳳冠霞帔)는 평민 여자가 결혼할 때에도 입을 수 있었다 (그림 3-20).

청대의 황후조복은 조관(朝冠), 조포(朝袍), 조군(朝裙)과 조괘(朝褂)로 구성되어 있다. 조포는 명황색 단으로 만들고, 위에는 구룡과 구름을 함께 수놓았으며 바닷물과 팔보를 함께 수놓았다. 목둘레와 소매는 석청색을 이었고 금(金)으로 연(緣)을 둘렀

3-20 하피(霞帔)

3-21 **조관(朝冠), 조복(朝服)을
착용한 황후** 황후는 조복으로
조관(朝冠), 조괘(朝掛), 조포(朝
袍), 조군(朝裙)을 입었다.

3-22 **운견(雲肩)**

3-23 **비단에 수를 놓은 치파오
(旗袍)**

으며, 조포의 어깨 위에는 용문을 수놓은 피령을 덧둘렀다. 조포 위에 입은 조괘
는 소매 없는 대금, 무령으로서 그 형태가 배심과 유사하며, 겉에는 용, 구름, 팔
보 등을 수놓았다(그림 3-21).

고자(袴子)는 일반 여성들이 입었던 것으로 허리띠를 왼쪽으로 늘어뜨렸는데,
초기에는 좁았으나 후기에는 넓고 긴 것을 좋아하였으며, 띠 끝에 꽃무늬를 수놓

아 장식하였다.

운견(雲肩)은 청 초기에는 부녀들이 예를 행하거나 신혼 때의 복식으로 입었고, 말기에는 어깨에 늘어뜨리는 형태가 되었는데, 이것은 의복이 더러워지는 것을 방지해 주는 역할을 하기도 하였다.

혜(鞋)의 양식은 한족과 만주족의 양식이 달랐는데, 한족의 전족은 목저궁혜(木底弓鞋)를 신었고 신 위에는 자수를 수놓기도 하였으며, 만주족의 전족은 목저혜(木底鞋)를 신었다.

청말부터 입기 시작한 치파오(旗袍)는 태평천국(太平天國)과 중화민국(中華民國)을 거쳐 현재까지도 민속복으로 입고 있다(그림 3-23).

2. 일본복식

고대사회 이래로 일본 풍속의 중심이 된 세력은 다섯 가지로 신사(神社), 사원(寺院), 공가(公家), 무가(武家), 민간(民間)이다.

사원세력의 시대에는 민중도 이를 모방하고, 무인세력의 시대에는 민간은 무인을 모방했다. 즉, 각 시대마다 세력이 있던 계층이 풍속 유행의 중심이 되고 민간인들은 주로 이를 모방했다.

일본의 대표적 의상의 총칭은 기모노(着物, きもの)로, 기모노는 남방(南方)의 개방적 요소의 기초 위에, 한반도와 대륙문화, 일본 야마토(大和, やまと) 민족문화가 가미된 것이다.

1) 대륙문화의 수용 : 고대복식

일본의 원시시대는 죠몽(繩文)시대(BC 4~3세기)와 야요이(彌生)시대(BC 3세기~AD 3세기)가 해당되며, 고대(古代)에는 고훈(古墳)시대(AD 4~6세기), 아스카(飛鳥)시대(AD 6세기), 하쿠호(白鳥)시대(AD 7세기), 나라(奈良)시대(AD 710~784)가 있었으며 고대 일본의 의복은 대륙문화와 한반도의 문화를 받아들여, 상의와 하의의 2부식 복식을 착용하였다.

3-24 **양직공도권 왜국사(梁織貢圖卷 倭國使)** 6세기 중국 양(梁)시대의 원화를 송나라 희령(熙寧) 10년(1077) 모사한 것으로, 중국 주변국가인 왜국사의 광폭의(廣幅衣)를 입고 있는 자태를 볼 수 있다. 연결된 동일화폭에는 백제의 국사도 있다.

3-25 **하니와(埴輪)** 기누하카마(衣褌, きぬはかま)를 착용한 하니와 인물상이다.

3-26 **성덕태자 화상(畵像)** 단령포의 옆이 터져 있고 속에는 좁은 고(袴)를 입고 있다.

일본이 한반도의 복제를 따르기 이전의 복식은 한국의 유(襦), 고(袴)제와 전혀 다른 관두의(貫頭衣)와 광폭의(橫幅衣)였다(그림 3-24). 일본 고대복장의 대명사라고 할 수 있는 기누하카마(衣褌, きぬはかま), 기누모(衣裳, きぬも)는 4세기 후반부터 5, 6세기의 고분에서 발견된 하니와(埴輪, はにわ) 인물상의 착장양식과 〈일본서기(日本書紀)〉 등의 기록으로 연결시켜 알 수 있다(그림 3-25).

고훈시대에는 고대 한국으로부터 고도의 공예기술이 전파되어 일본의 장신구가 화려하게 발달하였고, 하니와 인물상에서도 이 같은 장신구로 장식한 모습을 볼 수 있다. 신라와 일본의 고분에서 발굴된 장신구 착용양식이 일치하는 것으로 보아, 일본의 장신구가 고대 한국으로부터 직접 전래되거나 영향을 받았음을 알 수 있다(그림 3-27).

일본예복의 기본 형태가 이루어진 것은 나라(奈良)시대 이후의 일이며, 당시의 의복유물이 현재까지도 정창원(正倉院)에 보관되어 있다. 이 시기에 중국의 당(唐)문화와 한반도의 문화가 들어와 율령체제를 확립하게 되었고, 공복으로써 예복, 조복, 제복의 3공복(三公服)을 정하게 되었다.

일본은 고구려, 백제, 신라 삼국시대의 의복제를 따르고 있는데, 그 예는 정창

원 소장의 포, 고, 배자, 반비 등의 복식에서 알 수 있다. 당시의 일본복식은 여러 가지 종류의 염직에 문양을 넣은 복식을 착용하였는데, 이러한 문양들은 신라의 문양과 일치하고 있다. 이렇듯 한국의 삼국시대 의복과 유사한 일본의복의 형태와 염직 문양 등을 고려하면, 일본 정창원의 복식은 대부분 고구려, 백제, 신라의 제임을 알 수 있다(그림 3-26, 3-28).

3-28 성덕태자 천수국수장(天壽國繡帳) 622년 성덕태자가 죽은 후 명복을 빌기 위해 태자가 천수국(天壽國)에 있는 모습을 수장(繡帳)으로 만든 것으로 고구려인이 밑그림을 그렸다. 남자복의 기본 형태인 호복계통의 기누하카마(衣褌)를 착용하고 있다. 기누(衣)와 하카마(褌) 사이에 주름이 있는 히라미(褶)가 보인다.

3-29 고송총(高松塚) 여인상 1972년 일본에서 발견된 고송총 고분의 여인상이다. 이것은 일본 고훈(古墳)시대의 복식형태로서 고구려 수산리벽화(修山里壁畵)의 여인상과 복식 형태가 흡사하여 고구려 복식의 영향을 받았음을 보여 준다. 여인들은 모두 기누(衣)와 모(裳)를 착용하였는데, 기누는 좌임에 오비(帶)를 매고, 모(裳)에는 가는 주름이 잡혀 있고 색동치마이다.

다카마쓰쓰카(高松塚) 고분벽화에 보면 여인들이 상의로 기누(衣, きぬ)를 입었으며 하의로 모(裳, も)를 입고 있는데, 모는 치마로서 여기의 색동치마는 고구려 수산리벽화(修山里壁畵)에 보이는 색동치마와 같은 형태이다(그림 3-29).

이와 같이 일본에서는 고훈(古墳)시대 이후에 한국 복식문화의 영향을 많이 받았음을 알 수 있다.

2) 공가(公家)문화, 무가(武家)문화의 대립과 일본풍(日本風) 복식의 확립 : 중세복식

중세에는 헤이안(平安)시대(AD 794~1185)와 카마쿠라(鎌倉)시대(AD 1185~1333), 무로마치(室町)시대(AD 1334~1573)가 해당되며 일본풍의 복식이 확립되는 시기이다. 이 시기에 일본식 복식확립에 도움을 준 고려의 복식형태를 나타내 주는 고려불화(高儷佛畵)는 다른 문화와 함께 일본에 전해져 서복사(西福寺)의 관경변상도(觀經變相圖), 지은사(知恩寺)의 아미타삼존도(阿彌陀三尊圖), 관음32응신도(觀音32應身圖), 선도사(善導寺)의 지장보살도(地藏菩薩圖)를 비롯하여 많은 고려불화가 현재까지도 일본에 소장되어 있다(그림 3-30).

특히 무로마치시대는 조선 전기에 해당하는 시기로 조선과의 교류가 활발하여 조선은 통신사(通信使)를 일본에 파견하였고, 일본은 국왕사(國王使)를 한국에 파견하였다. 이때 일본은 동(銅)을 가져와 대신 생필품인 쌀·콩·목면, 특히 면포(綿布)를 가져갔다(그림 3-31).

공가(公家)문화가 전성기를 이루었던 헤이안(平安)시대에는 의복을 겹쳐입는 것이 계급과 신분을 상징하는 역할을 하여 화려한 복장이 형성된다. 카마쿠라(鎌倉)시대에는 무관(武官)이 득세해 전란이 많았으나 일본의 전통문화를 형성한 시기라는 점에서 문화적으로 중요한 위치를 차지한다. 현재 일본의 사극(史劇)에서 나타나는 사무라이(武士, さむらい)는 바로 이때에 기반을 두고 있다. 카마쿠라의 제도를 거의 그대로 받아들인 무로마치(室町)시대에는 귀족사회가 붕괴되고 무인(武人)사회가 되어 의복이 계급의 상징이 아닌 전투용의 군복이었기 때문에 활동적인 의복이 만들어졌고, 여자의복에도 기능 본위의 것이 지배적이 되었다. 무로마치시대는 통소매의 평상복이 보급된 시대이며, 무가의 복식으로 상하1조(上下一組)가 구성되는 것이 특색이다.

3-30 고려시대에 제작된 아미타삼존도(阿彌陀三尊圖)로 현재 일본 지은사(知恩寺)에 소장되어 있다.

3-31 **통신사 행렬도**(부분)

3) 도시경제의 발달과 서민문화의 성행 : 근세복식

모모야마(桃山)시대(AD 1575~1603)를 거쳐 에도(江戶)시대(AD 1603~1876)에는 도시와 상업의 발달로 일반 상인의 세력이 향상되어 서민의 풍속이 성행하였다. 그리하여 민간 사이에서나 유녀(遊女), 배우(俳優), 방랑자(放浪者) 등에서도 풍속 유행의 원천이 나타나는 등 흥미 있는 사회 현상이 있던 에도시대의 복식이 현대로 이어져 일본의 전통의상으로 간주되고 있다.

에도시대 궁정 남자의 제일예장은 소쿠타이(束帶)이다(그림 3-32).

에도시대에는 무가정치가 강화되는 시기였으므로 무가(武家)의 복식이 성행하였다. 이 시대 무가(武家) 남성의 복장인 카미시모(裃, かみしも)를 일반의 예장(禮裝)으로도 입었으며 하오리(羽織, はおり), 하카마(袴, はかま)가 공식복장화(公式服裝化)되었다(그림 3-33, 3-34).

여자의 제일예장은 쥬니히도에(十二單)로 헤이안시대부터 천 년 이상 계속되어 이어져 오는 예복이다(그림 3-35).

에도시대 여성의 일상복인 고소데(小袖, てそで)는 현대에 있어서의 방문복, 사교복, 예복 등으로 사용되는 와후쿠(和服, わふく)의 대표적 의상이 되었다(그림 3-36).

3-32 소쿠타이(束帶) 착장도
동경국립박물관 소장품으로 12세기경 신사(神寺)에서 아악이 연주될 때의 장면이다. 소쿠타이(束帶)의 한쪽 어깨를 벗고 그 속에 반비(半臂)를 입은 모습을 볼 수 있다. 무인(舞人)과 악인(樂人)도 청색의 호우(袍)에 하카마(袴)를 입고 있고, 무인(舞人)은 무관(武官)의 캉무리(冠)를 쓰고 있다.

3-33 카미시모 착장도 1704년 당시 무사의 카미시모(裃)의 착장도로 가타기누(肩衣)에 가문을 상징하는 원문양을 넣은 것이 보인다.

3-34 하오리하카마(羽織袴) 착장도 에도시대 공업 · 상업에 종사하는 중상류층의 정장은 문양이 있는 하오리하카마였고, 약식 정장은 하오리(羽織)를 고소데(小袖) 위에 걸치는 것이었다.

3-35 쥬니히도에(十二單) 쥬니히도에(十二單)는 12벌의 옷으로 제일 겉부터 카라기누(唐衣), 우와기(表着), 우치기(裄), 우치기누(打衣) 순서로 입는다. 우치기는 이츠츠기누(五衣)라고 하여 다섯 벌을 겹쳐 입고 옷자락에 솜을 넣었다.

3-36 고소데(小袖) 백색 바탕에 초화(草花)를 수놓은 고소데(小袖)이다. 무로마치시대의 고소데는 에도시대에 이어져 상층(上層) 무가(武家) 여성의 예장용으로 애용되었다.

3-37 후리소데(振袖) 착장도 에도시대부터 성행하던 후리소데는 메이지시대를 거쳐 다이쇼(大正)시대에는 혼례의장으로 유행하였다. 머리는 시마다마게(島田髷)로 결발(結髮)하고 쿠시(木節), 코우가이(笄), 칸자시(簪) 등의 머리장식과 오비(帶)를 매고 있다.

고소데에 이어 에도시대 말부터 유행한 후리소데(振袖, ふりそで)는 경제력의 상승과 함께 소매폭이 점차 넓어지고 문양과 자수의 기술이 더욱 화려해져 갔다 (그림 3-37).

4) 화양절충(和洋折衷)의 문화양식 : 근대복식

메이지(明治)시대(AD 1868~1912)에 이르러 메이지(明治)유신이라는 사회구조의 근본적 변혁에 따라 에도시대에 유행했던 후리소데(振袖, ふりそで)의 기모노는 퇴조하고 양장(洋裝) 모드가 이를 대신하는 듯 했으나, 후리소데의 기모노는 오늘날 여성의 정장으로 이용되어 성인식, 졸업식, 결혼식 등의 공식장소에서 화려하게 착용되고 있다.

현재까지 사용(常用)되는 일본의 전통복장은 남자복은 나가기(長着, ながぎ), 하오리(羽織, はおり), 하카마(袴, はかま), 유카타(浴衣, ゆかた), 단쟁(丹前, たんぜん) 등으로 구성되고, 여자복은 나가기, 하오리, 유카타, 히후(被布, ひふ) 등

3-38 신전(神田) 풍속도(1875)
메이지유신에 의해 문명개화의
시대가 되면서 양복의 수용이 이
루어져 서민복식도 많은 변화를
보이게 되는데, 그 중 경찰관 등
공무종사자가 양복을 입고 있다.

으로 구성되어 있다.

이렇게 일본의 복식은 공가(公家), 무가(武家) 등 당시에 정치적으로 우세했던 세력에 의해서, 또 경제력을 장악했던 서민세력에 의해서 복식의 형태와 유행이 정해져, 복식이 시대의 사회상을 반영하고 있음을 보여 주고 있다(그림 3-38).

Chapter 4 | 서양복식의 조형미

1. 고대복식

고대인의 생활은 농경과 유목을 중심으로 이루어졌으므로 그들의 생활을 지배하는 자연현상과 천체에 깊은 관심을 가지게 되었으며 이러한 이유로 종교가 싹트기 시작했다. 4대 문명 발상지의 하나인 나일강을 중심으로 일어난 이집트는 아열대성 기후의 영향으로 허리에 두르는 형태의 의복이 발달했는데, 점차 복식이 신분의 상징이 되면서 장식이 발달하게 되었다. 복식문화의 중심이 지중해 유역의 그리스와 로마의 유럽 문화권으로 옮겨 오면서 드레이퍼리형 복식으로 연결되었다.

1) 영속을 위한 복식 : 이집트

이집트(Egypt)는 나일강을 중심으로 한 농경사회이며 영혼불멸 사상에 따라 내세가 존재한다고 믿었으므로 태양신을 비롯한 여러 자연물을 숭상하는 종교의식이 발달했다. 또한 절대적이고 폐쇄적인 계급사회로 왕은 권위와 위엄을 상징하는 수단의 하나로 복식을 사용하였다. 이집트인은 어떤 민족보다 기하학적인 감각이 뛰어난 민족으로 고도의 축조술이 요구되는 거대한 구조물인 피라미드와 스핑크스 등을 남겼으며 복식에 있어서도 기하학적인 규칙성을 보여 주고 있다. 뜨겁고 건조한 아열대성 기후에 적응하기 위해 신체의 일부에 간단히 걸쳐 입는 로인클로스(loin cloth)인 쉔티(shenti)를 입었으며 왕은 그 위에 트라이앵귤러 에이프런(triangular apron)을 덧입었다. 차츰 전체에 헐렁하게 둘러 입는 칼라시리

스(kalasiris) 형태가 발달했다(그림 4-1).

이집트 복식은 기본적으로 바느질을 하지 않고 옷감 그대로를 허리에 둘러 그 끝을 허리에 끼워넣거나 끈으로 천 위를 돌려매어 고정시킨 가장 간단한 형태의 의복인 로인클로스와 그것이 변형된 것으로 허리에 둘러 입는 짧은 옷인 쉔티(shenti), 로인클로스의 일종으로 앞부분에 주름을 잡아 장식한 킬트(kilt) 등을 착용했는데, 신분에 따라 둘러 입는 형태와 장식에 차이가 있었다. 즉, 노예 계급의 의복은 나체나 띠 형태의 간단한 로인클로스로 한정되었고 왕족들은 로인클로스에 주름을 잡거나 로인클로스 위에 태양광선을 상징하는 방사상의 주름이 잡힌 트라이앵귤러 에이프런을 착용해 권위와 위엄을 나타내었다. 여자복식으로는 전기에는 일종의 튜닉이라 할 수 있는 어깨끈이 달린 긴 스커트인 시스 드레스(sheath dress)를 입다가 후기에는 전신을 감싸는 드레이프된 형태의 칼라시리스를 상류층의 남녀가 입었는데, 직사각형의 천을 반으로 접어서 목선만 내고 바느질하지 않고 둘러 입은 것으로 왕족은 일반인의 것에 비해 넓고 풍성했으며 화려하게 장식한 것이 많았다.

머리 모양은 일반적으로 짧게 깎았고 직사광선을 피하기 위해 가발(wig)을 쓰고 머리 장식으로 왕관이나 머릿수건인 크라프트(klaft) 등이 사용되었으며, 그 밖에 장신구로는 넓은 칼라 모양의 목걸이인 파시움(passium), 인공 턱수염 장식 등이 발달했다(그림 4-2).

4-1 투탕카멘왕의 왕좌 투탕카멘(Tutankhamen)왕의 왕좌에서 왕은 풍부한 색채의 목걸이를 걸고 장식적인 폭이 넓은 벨트가 달린 로인클로스를 입고 있는데, 로인클로스의 드레이프가 아름답게 표현되고 있다. 왕비도 폭이 넓은 목걸이인 파시움과 칼라시리스를 착용하고 있으며, 왕과 왕비 모두 가발을 쓰고 그 위에 종교적인 의미의 관을 쓰고 있다.

4-2 시스 드레스와 변형된 형태의 로인클로스 '호르엠레브왕의 묘 벽화'에는 왼쪽부터 시스 드레스, 쉔티, 트라이앵귤러 에이프런과 장신구로는 목걸이인 파시움, 인공턱수염, 태양원반인 솔라디스크 등이 보인다.

이집트 미술의 조형적 특징은 기하학적 규칙성에 따른 직선과 직각의 사용이라 할 수 있는데, 이러한 특징이 복식에 그대로 반영된 것을 볼 수 있다. 이집트 미술의 조형적 특성을 단적으로 보여 주는 피라미드와 그 내부의 배열이 직선이나 태양광선을 따라 형성된 것처럼 이집트 복식의 전반에 걸쳐 나타나는 무수한 수직선의 주름과 주름의 간격, 방향 및 장신구에서 나타나는 완벽한 좌우 대칭의 선은 기하학적인 규칙성을 나타내 주고 있다. 그 밖에도 인체를 노출하여 인체의 아름다움을 나타냈고 로인클로스와 같은 단순한 형태로 그들이 숭배한 태양과 태양광선의 형상을 통해 단순미를 표현했다. 트라이앵귤러 에이프런이나 칼라시리스에 잡힌 방사상의 주름에서 리듬감을 느낄 수 있으며, 한쪽에만 주름을 잡은 로인클로스나 좌우가 다르게 드레이프 된 의복을 통해 비대칭 된 균형으로 아름다움을 나타내고자 했다. 이집트는 의복이 단순한 만큼 장신구가 발달했는데, 단순한 의복과 함께 화려한 장식으로 단순함과 화려함이 조화를 이루었으며 색조 화장으로 강조의 미를 표현했다. 의복의 소재로는 전기에는 주로 흰색의 리넨이 사용되다가 후기에는 여러 가지 색과 복잡한 문양이 장식적인 요소로 발전되었다. 특히 자연적인 흰색과 황금색, 나일강의 푸른색을 선호했고, 장식의 모티프로 종교적 색채가 짙은 태양, 나일강, 독수리, 무당벌레, 연, 앙크 등이 자주 사용되었다.

2) 이상적 예술의 복식 : 그리스

인간미의 완벽한 전형의 재현으로 서양문화의 정신적 지주가 되어온 그리스(Greece)는 도리아, 이오니아 등의 부족이 결합하여 이룬 도시국가로 도리아인의 실질적인 특징과 이오니아인의 우아하고 아름다운 특징을 동시에 지닌 복합적인 문화를 나타냈다. 지중해성의 건조하고 온화한 기후로 나체의 아름다움과 율동미를 중시하여 재단이나 바느질을 하지 않고 옷감 그대로를 자유로이 걸치거나 두름으로써 인체의 곡선이 그대로 드러나는 드레이퍼리형의 의복 형태가 주종을 이루었으며 계급에 따른 형태의 차이는 보이지 않고 소재, 색, 장식, 입는 방식에서 차이점이 나타났다.

그리스 복식은 기본적으로 키톤(chiton)과 외투 역할을 하는 히마티온(himation), 클라미스(chlamys)로 구분할 수 있다(그림 4-3).

4-3 **키톤과 히마티온** 다양한
방법으로 키톤과 히마티온을 착
용한 그리스인들

키톤에는 크게 도릭 키톤(doric chiton)과 이오닉 키톤(ionic chiton)이 있으며,
기본적인 형태는 직사각형의 천을 반으로 접어서 몸에 두르고 양쪽 어깨를 핀으
로 고정시킨 후 허리를 끈으로 한 번 묶어주거나 장식적인 효과를 살려 여러 번
묶어준 것인데, 이때 천을 어깨부분에서 밖으로 접어 케이프처럼 늘어지게 만든
아포티그마(apotygma)가 있는 것이 도릭 키톤, 아포티그마 없이 어깨에 여러 개
의 피불라(fibulla)로 고정시킨 것이 이오닉 키톤이다.

페플로스(peplos)는 도릭 키톤의 변형으로 가장자리에 단을 대어 한쪽 어깨에
걸치거나 아포티그마에 주름을 잡는 등의 장식을 더해 여성들에게 착용되었던
의상이다.

히마티온은 외출 시 키톤 위에 둘러 입는 겉옷으로 대표적인 고대 드레이퍼리
형 의복이며, 클라미스는 히마티온의 변형으로 짧은 망토의 형태이며, 왼쪽 어깨
를 감싸고 오른쪽 어깨나 앞가슴에서 피불라로 고정시킨 것이다.

남자는 머리를 짧게 하고 여자는 길게 길러 풀어 내리거나 타래머리를 했으며,
신발은 샌들의 일종인 크레피스(crepis)와 목이 긴 부츠형의 버스킨(buskin)을 신
었다.

그리스 예술의 조형적 특징은 종래의 전통과 관찰을 통한 새로운 개성이 조화롭게 균형을 이루어 그 후 여러 세기를 통해 규범의 고수와 그 테두리 안에서의 자유가 균형을 이루고 있다는 것이다. 또한 그 당시 각각의 조형물은 생생하고 활기에 넘치며 전체적인 배치는 균형감각에 맞게 조화되어 있다. 이런 조형적인 특징이 반영된 그리스의 복식은 기본적인 형태는 고수하면서 각자의 개성을 살려서 다양한 방식으로 둘러 입는 특징을 나타내 주고 있다.

그리스에서는 인체의 아름다움을 중요시하여 몸의 곡선이 드러나는 드레이퍼리형의 의복이 발달했으며 세부적인 장식보다는 전체적인 비례와 균형, 조화를 중시했다. 키톤은 상하를 황금비율로 나누어 그들의 이상미를 표현했는데, 키톤에 흰색이 주로 사용되었던 것에 비해 겉옷인 히마티온과 클라미스는 다양한 색을 사용하여 조화를 이루었으며 복식의 형태로는 비례와 균형을 추구했다. 의복의 소재로는 모직물이나 마직물 등이 사용되었고 단순한 키톤 형태에서 점차 복잡하고 화려한 형태로 변화되었다.

3) 정복자들의 복식 : 로마

로마(Roma)는 온화한 지중해성 기후에 일찍부터 주변 지역과의 문물 교류가 활발하여 외래 문물의 수용에 관대했다. 따라서 각국의 문화가 혼재한 문화였으므로 복식의 성격 역시 복잡·다양했다. 또한 현실적이고 물질적인 가치관을 지니

4-4 토가와 팔라, 팔리움 남자들이 여러 가지 방법으로 토가를 둘러 입고 있으며 여인은 팔라를 입고 있다.

고 있어 주변 지역의 장점을 모방하여 자신에게 맞는 문화로 재생시키는 합리적이고 실질적인 민족성을 가졌다. 따라서 그리스문화를 로마화하여 실용적인 문화로 발전시켰으며 복식에서도 그리스의 드레이퍼리형 의복을 계승했으나 그리스가 미적인 면을 중시한 것에 비하여 로마는 현실성을 첨가하여 의복으로 사회적 지위나 생활 수준을 반영했다. 즉, 의복 그 자체로 사회적 의의를 표현하였다.

로마의 복식으로 남성들은 튜니카(tunica) 위에 토가(toga)를 입고, 여성들은 스톨라(stola) 위에 팔라(palla)를 착용하는 것을 기본으로 했다.

토가는 로마의 대표적인 의복이며, 그리스 히마티온의 변형으로 직사각형, 반원형, 타원형의 천을 몸에 둘러 입었는데, 입는 방식은 달랐으나 왼쪽 어깨에 둘러 오른팔의 활동이 자유로웠다. 후기로 갈수록 점점 복잡해지고 형식화되어 공식복으로 지배계급의 남자들만 착용하게 되었다(그림 4–4).

튜니카는 튜닉(tunic)을 가리키는 것으로 그리스의 도릭 키톤에서 발전된 간단한 T자형의 의복으로 활동하기 편리한 체형형 의복이다. 초기에는 토가 안에 입었던 것인데, 토가가 평상복이 아닌 공식복으로 사용되면서 소매를 달아 겉옷으로도 사용했다. 튜니카가 겉옷으로 사용되자 귀족계급은 신분표시를 위해 수직으로 긴 선 장식인 클라비스(clavis)를 대거나 세그먼티(segmenti ; 어깨와 가슴 부분의 헝겊 장식)로 장식했다(그림 4–5).

4–5 **튜니카** 튜니카는 토가와 함께 로마의 대표적인 복식 형태로서, 활동에 편리한 체형형 의복이다.

스톨라는 여자들이 착용한 튜닉으로 다양한 형태와 길이의 소매가 부착되었다.

여성용의 팔라, 남성용의 팔리움(pallium)은 그리스의 히마티온에서 발전된 망토형 의복으로 거대해진 토가 대신 스톨라나 튜닉 위에 자유로운 형식으로 착용되었다.

머리 모양은 그리스와 비슷했는데, 남자는 짧은 컬이 있는 단순한 형태였고 여자는 가리마를 타서 길게 늘어뜨리거나 뒷머리를 말아서 쌓아올린 형이 많았다. 신발도 그리스와 비슷했으나 신발을 묶는 양식이나 장식 등의 정교함으로 신분을 표시했다. 슬리퍼에서 부츠형까지 다양했으나 샌들이 주종을 이루었다. 또한 로마는 세공술이 뛰어나 장신구의 이용이 많았으므로 다양한 장신구들이 발전할 수 있었다.

로마복식의 미적 특징을 살펴보면, 건축에서 아치와 돔 양식을 독자적인 양식으로 발전시켰던 로마인들은 복식에 있어서도 반원형의 곡선 감각을 살렸다. 강력한 군사력으로 영토 확장을 통한 풍부한 노예의 노동력으로 직물산업과 장신구 제작이 발달했고, 모직물은 물론이고 이집트에서 수입되는 품질이 우수한 리넨과 같은 면직물, 실크로드를 통해 들어온 동양의 실크와 그 교직물 등 다양한 직물이 복식의 재료로 사용되었으며 염료의 개발로 복식에 다채로운 색상을 선보이게 되었다. 토가는 드레이퍼리형 복식에서 공통적으로 찾아볼 수 있는 주름이 표현하는 리드미컬한 율동미와 토가를 자유롭게 둘러 입어 비대칭적인 균형미를 주었고, 튜니카는 재단과 봉제를 거친 의복으로써 토가에 비해 대칭적인 균형미를 나타내었다. 로마의 드레이퍼리형 복식에서는 그리스의 드레이퍼리에서 볼 수 있는 섬세한 아름다움은 줄어들었지만 로마다운 권위와 박력을 나타내는 장대하고 화려한 미를 찾아볼 수 있다.

2. 중세복식

중세는 기독교라는 신앙이 주축이 된 봉건사회로 교회에 의해 문화와 기술의 발달을 이루었는데, 이 당시 복식문화 또한 이러한 종교적인 영향을 나타내고 있다.

중세유럽은 동로마제국과 서유럽으로 구분된다. 비잔티움을 수도로 한 동로마제국을 비잔틴(byzantine)이라고 하며, 지리적 조건과 경제적 번성을 바탕으로 독자적인 문화를 발달시켰다. 이러한 비잔틴복식은 서유럽의 로마네스크 양식의 복식과 고딕양식의 복식에 지대한 영향을 미쳤다.

1) 신의 영광을 위한 복식 : 비잔틴

기원 330년 기독교를 국교로 정한 콘스탄티누스 황제(Flavius Valerius Constantinus, 274~337)는 수도를 비잔티움으로 옮겨 동로마 제국인 비잔틴을 건립하였다. 비잔티움은 동·서양을 연결하는 교통의 요충지로서 막대한 상업 교류와 사치스런 물품교류로 상당한 부를 소유하였으며 상공업 및 금속세공업 등이 발달하였다. 특히 6세기 전까지 중국으로부터 실크로드를 통해 수입해오던 실크는 비잔티움에 견직물 공장을 건립함으로써 주요 사업으로 직물산업이 발전하게 되었다. 이러한 비잔틴시대의 복식은 유럽 복식문화의 모체가 되었는데, 이는 그리스·로마문화의 전통 위에 기독교라는 종교적 색채와 동방의 풍부한 견직물의 색과 문양의 장식성이 가미된 것이었다.

비잔틴복식의 기본은 남녀 모두 달마티카(dalmatica)나 튜닉(tunic) 위에 팔루다멘툼(paludamentum)을 입었는데, 팔루다멘툼은 후에 황제, 황후 등에 국한되었고, 평민들은 팔라(palla)와 팔리움(pallium)을 입었다.

남녀 모두 긴 튜닉을 입었는데, 허리를 보석으로 장식한 거들(girdle)을 매었으며, 6~8세기의 튜닉은 색이 있는 모직물로 만들었다. 왕과 귀족의 튜닉은 여러 색으로 수를 놓고 앞에 클라비스(clavis ; 선 장식)와 세그먼티(segmenti)로 장식하였는데, 이는 신분을 나타내기 위한 장식이었다.

튜닉 위에는 반원형의 망토인 팔루다멘툼을 입고 오른쪽 어깨에서 보석으로 고정하였는데, 팔루다멘툼 앞에는 타블리온(tablion ; 팔루다멘툼의 허리 위치의 양쪽 가장자리 부분에 금사로 자수를 놓거나 보석으로 장식하여 부착한 천)이 장식되었으며, 튜닉 속에는 리넨이나 실크로 된 짧은 셔츠를 입었다. 기독교도들과 일반 서민들은 달마티카라는 옷을 입었는데, 이는 +자(字)형의 옷감에 가운데 머

4-6 막시미앵 주교와 함께 있는 유스티니아누스 유스티니아누스 황제는 튜닉 위에 팔루다멘툼을 입고 있으며 그 옆의 성직자들은 소맷부리가 넓은 달마티카를 입고 나란히 서 있다. 어깨 위 피불라, 세그먼티, 타블리온 등의 장식이 호화롭다(성비탈교회 6세기).

리가 들어갈 구멍을 뚫고 소매밑과 양옆을 꿰맨 것으로 그 위에는 그리스의 히마티온에 기원을 둔 팔리움을 착용했다(그림 4-6).

그 외에 넓고 긴 장식띠 형태인 로룸(lorum)이라는 것을 어깨에 둘렀는데, 로룸은 로마의 팔리움이 축소된 것으로 가슴에서 교차시켜 한끝은 튜닉 앞 중앙까지 늘이고 다른 한끝은 왼쪽 팔에 걸거나 그 외에 다른 방법으로 두르기도 하였다. 이는 왕족이나 사제가 거는 것으로서 귀족의 표시였기 때문에 무거운 실크에 보석, 자수 등으로 화려하게 장식하였다.

비잔틴 모드는 세기를 따라 더욱 사치해졌고, 그 스타일은 이후 유럽에 큰 영향을 미치게 되었다. 또한 그것은 러시아 의상의 기초가 되었고 현재 가톨릭교 법의로 남아 있다.

비잔틴 복식의 미는 동방 직물의 화려한 색채와 풍부한 장식성을 도입하여 종교적인 신비스러움을 상징적으로 나타낸 것이다. 이 시대에는 신의 권능과 천국의 영화를 현실화하기 위하여 육체를 부정하였고 동방의 영향을 받은 딱딱한 박스(box)형의 실루엣에 강렬한 색상과 다채로운 자수, 보석 등으로 화려하게 장식된 의복이 주를 이루었다. 이는 비잔틴 예술이 종교적 감정 표현을 위해 색채 조화에 중점을 두었던 점과 비잔틴 예술의 모티프가 추상성, 신비성의 표현으로 장

중함과 찬란함을 나타내었던 점 등과 일치된다.

　이렇게 화려한 색채와 광택의 비잔틴 직물은 궁전, 교회 그리고 주택의 실내장식에서 모자이크 타일(mosaic tile)로 표현되었으며, 이러한 직물을 사용한 비잔틴 의복은 평면적이지만 화려하고 중후하며 엄숙한 조형미를 나타내 주고 있다.

2) 길고 첨예해지는 감각 : 로마네스크, 고딕

동로마제국이 비잔틴문화를 꽃피우는 동안 서북 유럽은 게르만 이동기를 겪게 되었으며, 서로마제국이 멸망한 후에는 게르만 민족의 부족국가가 연달아 발생하여 서유럽의 이탈리아, 독일, 프랑스, 영국 등의 제국이 되면서 또다른 문화권을 형성해 갔다. 로마가 동·서로 분리된 후 서유럽의 9세기경까지는 암흑시대라 볼 수 있으며 차츰 대이동기를 거쳐 안정을 찾기 시작한 유럽은 봉건 영주들의 장원 경제로 경제부흥을 일으켰고, 기독교를 정신적 기반으로 한 동로마제국의 영향과 고대 그리스와 로마문화를 혼합한 독특한 문화를 이루었는데, 특히 11세기에 시작된 십자군 원정은 동방과의 교류를 강화하였으며 이로써 이슬람문화가 수입되는 등 중세의 독특한 문화를 형성해 갔다.

(1) 로마네스크(romanesque) 복식

중세 서유럽은 봉건 제후들에 의해 장원 경제체제가 순조롭게 발전해 가면서 점차 혼란기를 벗어나게 되었다. 이 당시 교회는 종교적인 측면 이외에도 기술학교로서의 기능을 전수하고 있었는데, 이에 학식이 풍부하고 교육을 받은 성직자들이 세속적인 경향으로 흘러 권력을 추구하게 되었으며 이러한 교회의 세속적 욕구와 봉건 영주들의 후원이 결합하여 대규모 성당 건축에 힘을 기울이게 되었고 새로운 양식인 로마네스크 스타일이 생겨나게 되었다.

　로마네스크 양식은 고대 로마 스타일의 부활과 로마 가톨릭의 영향 그리고 중세 유럽 고유의 미와 비잔틴의 동방요소의 영향 등을 배경으로 형성되었는데, 이러한 다양한 문화적 배경으로 인해 여러 요소가 융합된 독특한 의복 스타일을 표현하였다.

4-7 로마네스크 석상 샤르트르 대성당의 입상들(1145~1155). 흐르는 듯한 라인의 긴 의복 형태에 부드러운 주름으로 유려한 복식미를 나타내고 있다.

로마네스크 복식은 신체를 모두 가렸던 비잔틴 복식과는 달리 상·하로 분리되어 몸에 맞는 실루엣으로, 흐르는 듯한 유려한 인체미를 나타낸 것이 특징이다. 팽창하는 장원 경제, 세속화된 교회, 비잔틴의 영향, 십자군전쟁 시작 등의 복잡한 현실과는 상반되게 의복에 있어서는 점차 우아하고 흐르는 듯한 라인이 발달하게 되었다(그림 4-7).

이 당시 대표적인 의복인 블리오(bliaud)는 점차 수직적이면서 단아한 주름이 표현된 긴 형태로 우아한 아름다움을 나타내었다. 블리오 속에는 셰인즈(chainse)를 입고 위에 맨틀(mantle)을 걸쳤다. 블리오는 상·하를 분리 재단하여 상체는 꼭 맞고 하체는 길고 폭 넓은 튜닉으로 허리에 넓은 천을 감아 허리선을 강조하기도 하였다.

(2) 고딕(gothic) 복식

중세 말기 십자군 원정의 되풀이되는 실패는 기사계급의 몰락과 함께 장원제도의 붕괴를 초래하였고 그 결과 왕권이 강화되고 시민계급이 대두되었다. 아울러 십자군전쟁의 자극으로 서유럽의 학문과 예술, 산업이 비약적으로 발달하게 되었고, 상공업이 발전함에 따라 도시가 발달하게 되었다. 이 당시 경제적 부는 길드(guild)와 관계있는 상인계층에 편중되었고 부르주아를 형성한 이들은 신흥귀족으로 새로이 출현하게 되었다.

중세 말기 기독교인들은 신을 향한 종교적인 염원과 함께 동양의 영향으로 수직선의 효과를 강조한 고딕양식의 사원과 교회를 건축하였다. 흐르는 듯한 선과 뾰족한 라인으로 표현된 고딕 스타일의 복식은 하늘을 찌를 듯이 뾰족한 첨탑, 첨(尖)형의 아치와 격자(格子)무늬 건축의 특징으로 나타났으며, 직물의 풍요한 색

채와 광택은 건물의 스테인드 글라스(stained glass)로 표현되었다.

고딕시대 복식에 나타난 다양성은 다각적인 정신생활과 경제생활이 함께 반영
된 것이었다. 다양하고 급변하는 시대에 적응하기 위하여 의복도 합리적인 형을
추구하게 되었고 따라서 점차 블리오보다는 단순하고 긴 드레스 형태의 코트
(cotte)를 입게 되었다.

머리 모양은 고딕 말기로 갈수록 인공적·장식적으로 되는 경향이 있었는데,
특히 여자들의 머리장식은 윔쁠(wimple), 베일, 토크(toque) 등 다양했으며, 고
딕의 첨예함을 나타내던 에냉(hennin)은 가장 특징적인 모자라고 할 수 있다. 신
발 역시 뽀족한 감각을 반영하여 발끝에서 연장한 풀레느(poulaine=크라코,
crackcow) 등 기이한 형이 유행하였다. 비오는 날에는 패튼(patten)이라는 나무
덧신을 신어 발을 보호했다(그림 4-9).

13세기 복식의 기본 형태는 튜닉이나 코트를 입고 그 위에 쉬르코(surcot)를 입
는 것이었다. 쉬르코는 십자군전쟁 시에 갑옷보호용으로 착용하던 것을 차츰 남
녀 모두가 입었는데, 초기의 구성방법은 어깨넓이 폭의 직사각형 천을 반으로 접
어 중앙에 머리를 넣을 수 있게 목둘레를 파고 뒤집어 써서 입는 방식으로, 소매
가 없고 대개 겨드랑이 밑 솔기를 꿰매지 않고 벨트를 하거나 끈, 버클 등으로 연

4-10 우플랑드와 쉬르코 여성
이 입고 있는 우플랑드는 장식소
매로 웅장함을 가미하였으며, 남
자는 쉬르코의 일종인 타바르
(tabard)라는 변형된 쉬르코를 입
고 있다.

결하였다. 이 옷은 장식 목적으로 다양하게 변형되었고 옷
감도 고급화되었다(그림 4-10).

14세기에는 주로 코타르디(cotehardie)를 입고 그 위에 쉬
르코나 맨틀을 입었다. 코타르디는 스커트에 무를 대어 플
레어처럼 퍼지게 한 것으로 후에 장식소매(hanging sleeve)
를 달았다. 코트아르디 위에는 쉬르코 투베르(surcotouvert,
쉬르코의 변형)를 착용하였다.

그 외에 십자군 병사가 착용한 지뽕(gippon)이 변형된 짧
은 상의인 푸르푸앵(pourpoint)이 바지인 쇼스(chausses)와
함께 입혀졌다.

14세기 말 의상의 과장화 현상은 15세기를 특징짓는 의복
인 우플랑드(houppelande)를 출현시키게 되었다. 우플랑드
는 남녀공용으로, 풍성한 품에 매우 넓고 긴 소매가 달린 원
피스(one-piece)형이었는데, 점차로 소매와 상체는 타이트해지고 스커트는 넓어
지게 되었다. 이 옷의 특징은 특이한 소매 디자인이었으며 귀족 및 대상인은 우
플랑드의 폭과 길이를 더 늘려 기이한 모양을 강조하기도 하였다.

십자군 원정은 의복에 많은 영향을 미쳤다. 전쟁에 나간 남편을 기다리던 아내
들에 의해 자수가 발달하게 되었고, 군복 속에 입는 옷을 피트(fit)시키기 위해 입
체구성이 발달하게 되었다. 아울러 사라센의 영향을 받은 단추, 끈 등의 여미는
방법이 고안되었고 칼자국의 슬래시(slash), 전리품 간수용 주머니 등 세부장식이
발달하였다. 십자군의 군복의 영향으로 지뽕이나 쉬르코 등이 일반 복식으로 유
행하였고, 기사들 갑옷 위에 달던 문장은 이 시대의 두드러진 복식의 특징이었
다. 또 파티컬러드(parti-colored) 의복도 출현하였다.

중세 서유럽 복식은 십자군 원정의 영향으로 다양하고 특별한 양상으로 변화되
었다. 십자군은 동방문물을 접촉하여 다양한 정신적 · 문화적 교류를 가져왔고
이 기간의 도시발달은 새로운 부르주아 및 시민계층을 대두시켰다. 이러한 사
회 · 문화적 배경은 복식을 매우 다양하게 하였으며 동시에 복식의 극단적인 예
를 가능하게 하였다.

이러한 시대 변화에 적응하기 위해 길게 흘러내린 블리오가 단순화된 긴 라인의 코트로 변화해 가는 반면에 우플랑드는 풍성하게 과장되었다. 전쟁의 영향으로 군복이 변형된 옷이 다양하게 발달하였으며 아울러 문장복은 이 시대의 두드러진 특징이었다.

이 시대의 복식은 길이와 장식에 있어서 그 미적 특징을 부여하고 있다. 길고 뾰족한 라인은 이 시기 서유럽 전역에 걸친 벽화 및 조각 등의 표현물을 통해 나타난 균일한 의복의 특징이었는데, 이는 이 당시 예술양식에서 동일한 특성을 쉽게 찾아볼 수 있다. 로마네스크의 길게 흘러내린 의복형과 고딕시대의 극단적으로 첨예해진 에냉이나 풀레느, 쉬르코 투베르의 허리선 등은 그 시대 성당 건축의 점차 가늘고 길어진 기둥들, 거미줄 같은 궁륭형의 천장, 첨탑 등에서 첨예하고 수직적인 유사한 감각을 읽을 수 있다.

3. 근세복식

르네상스(renaissance)시대는 인간의 존엄성을 나타내려는 인본주의의 이념에 의한 인간과 자아발견의 시대로 복식은 인체를 인위적으로 확대 과장하여 넓이를 증대시킨 체적적(體積的, dimensional) 형태의 복장이 출현하게 되었다. 르네상스에 뒤이어 나타난 바로크시대는 약동적이고 리드미컬한 것이 특징이며 각각의 장식을 조화롭게 사용하기보다는 레이스와 루프, 리본 등의 장식을 하나의 의상에 무분별하게 사용하여 기묘한 복식 형태를 보여 주었으며 살롱을 중심으로 이루어진 로코코 양식은 바로크 양식이 더욱 세련되게 변화된 것으로, 섬세하고 장식적인 여성적 성격의 복식문화로 발달했다.

1) 전통과 혁신 : 르네상스

십자군 원정의 실패로 교회의 권위가 약화되고 상공업의 발달과 지적 수준의 향상으로 인간 자아를 발견하게 되면서 신(神) 중심에서 인간 중심으로 변화되고 개인주의 풍조가 만연하게 되었다. 비잔틴제국의 몰락으로 지중해 무역은 대양

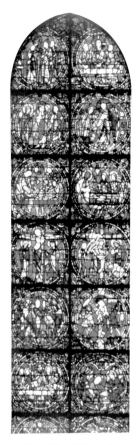

4-11 스테인드 글라스 샤르트르 노트르담 대성당(1220년경). 직물의 풍요한 색채와 광택은 건물의 창문에 스테인드 글라스(stained glass)로 표현되었다.

무역으로 전개되었으며 수공업에서 공장제 수공업 체제로의 발전이 이루어져 자본가와 임금 노동자에 의한 자본주의의 싹이 트기 시작했다. 부르주아 상인이 왕과 결탁하여 재산을 가진 새로운 귀족 계급으로 등장하면서 유럽의 복식문화를 이끌어 가는 새로운 리더로 등장했다. 절대 왕정의 기반이 확립되고 경제적으로 융성하게 되자 신흥 귀족인 부르주아 계급은 그들의 권력과 재산을 과시하려는 욕구를 의상의 양감 및 외양의 화려함에서 찾으려 했다. 남자들은 남성미를 과시하기 위해 어깨와 소매, 가슴을 과도하게 부풀리고 여자들은 여성미를 과장되게 나타내기 위해 목둘레선을 가슴 깊이 파고 허리를 가늘게 조였으며 스커트를 부풀려 둔부를 강조함으로써 인체미를 인위적으로 과장했다. 인쇄술의 발달이 미약하여 복식을 입힌 인형으로 전 세계에 패션을 보급하면서 세계의 모드가 발생하게 되었다.

(1) 남자복식

남자들은 슈미즈 위에 상의는 더블릿(doublet) 또는 푸르푸앵(pourpoint), 하의로는 트렁크 호즈(trunk hose) 또는 쇼스(chausses)를 입었는데, 몸에 꼭 맞는 형태를 기본으로 하여 패드를 넣어서 부풀리고 퍼프, 슬래시 등을 이용해 남성다움과 화려함을 과시하려 했다(그림 4-12).

더블릿은 남자의 상의로 패드를 넣고 윙(wing)을 가하여 남성미를 과시하고 목 부분에는 러프로 장식했다. 후기로 가면서 패드로 상체를 더욱 부풀리고 허리와 엉덩이를 가늘게 조인 인위적인 실루엣으로 변화되어 갔다.

트렁크 호즈는 양말이 변형되어 바지의 형태를 이룬 것으로 처음에는 엉덩이 부분을 보기 좋게 감싸는 것으로 약간의 슬래시 장식만 있었으나 후에는 길이가 길어지고 패드를 넣어 크게 부풀린 실루엣에 장식적인 슬래시의 사용이 많아졌다. 오 드 쇼스(haut de chausses)에는 그 모양과 형태에 따라 트루스(trousses), 캐니언즈(canions), 베니션즈(venetians), 그레그(gregues) 등이 있었으며 그 아래에는 일종의 긴 양말인 바 드 쇼스(bas de chausses)를 착용하였다.

코드피스(codpiece)는 브라게트(braguette)라고도 불렸는데, 오 드 쇼스의 앞 가운데에 역삼각형의 천으로 된 일종의 성기 보호대로 남성의 상징을 강조하여

4-12 영국의 헨리 8세 '영국의 헨리 8세'로 상체는 패드로 크게 부풀린 더블릿을 입고 하의로는 트렁크 호즈를 입었으며 그 앞 가운데에는 코드피스로 장식되었다.

장식했다.

자케트(jaquette)는 푸르푸앵 위에 코트처럼 입은 상의로 패드는 넣지 않았고 소매가 부착되어 있었으며 칼라가 달린 것, 칼라가 없는 U자나 V자의 네크라인 등이 있었다.

망토(manteau) 역시 푸르푸앵 위에 입는 것으로 원형이나 반원형의 칼라가 부착된 것으로 초기에는 발목까지 오는 길이였으나 후기로 가면서 그 길이가 짧아졌으며 의식용으로 착용되었다.

머리 모양에 있어서 남자는 머리를 길러 어깨까지 늘어뜨리다가 상의가 강조되면서 짧아졌으며, 모자로는 둥글고 높은 크라운을 가진 토크(toque)와 원형의 천을 끈으로 조여 머리에 꼭 맞게 쓴 간단한 바레트(barrette) 등이 있었다. 신발은 뾰족한 모양에서 둥그스름한 모양으로 바뀌었다.

(2) 여자복식

여성복식은 기본적으로 상체가 타이트하고 스커트를 부풀린 아워글라스 실루엣(hourglass silhouette)이었는데, 여자복식의 대표적인 의상은 우아하고 품위 있는 실루엣인 로브 스타일(robe style)이었다. 먼저 리넨으로 만든 슈미즈(chemise)를 입고 코르셋과 페티코트 위에 소매를 부풀리고 목선을 가슴 깊이 내려 파 데콜레트 된 로브를 착용했다.

로브는 고딕의 코트아르디가 변형된 것으로 상체는 코르셋으로 조여 몸에 꼭 맞으며 목둘레선을 깊이 파기 시작하면서 스터머커(stomacher)라는 보석, 자수, 리본으로 장식한 앞가슴 장식판을 댔으며, 스커트는 페티코트를 입어 원추형, 원통형으로 부풀렸다. 이 시대 로브는 원형의 러프(ruff)나 부채형의 메디치 칼라(medici collar), 퀸 엘리자베스 칼라(queen elizabeth collar) 같은 다양한 칼라와 화려하게 장식한 다양한 모양의 소매로 특징지을 수 있다(그림 4-13).

4-13 로브를 입은 엘리자베스 여왕 '엘리자베스 여왕의 협상'은 르네상스의 전형적인 남녀 복식을 잘 보여 주는 그림으로 여자의 복식은 퀸 엘리자베스 칼라가 달린 상의에 전체가 보석으로 장식된 길고 뾰족하며 화려한 스터머커가 부착되어 있고 레그오브 머튼 슬리브이며 스커트는 원통형의 버팀대를 이용해 넓게 퍼지는 아워 글라스 실루엣을 잘 보여 준다.

르네상스 복식의 특징이라 할 수 있는 인체의 인위적인 과장을 가능하게 했던 인공물로는 바스킨(basquine ; 풀먹인 두 장의 리넨 사이에 나무뿌리, 고래수염, 금속으로 만든 패드를 넣고 누빈 것)과 코르 피케(corps-pique ; 두 겹 이상의 리넨을 겹쳐 누벼 바스킨의 딱딱함을 보강시킨 것)라고 불리는 상의를 조여 주는 코르셋(corset)과 스커트를 부풀리기 위한 버팀대로 사용된 종 모양의 후프(hoop)나 베르튀가댕(vertugadin)과 원통 모양의 오스 퀴(hausse cul)가 있었다.

그 밖에 슈미즈는 로브 속에 입었던 속옷으로 목 둘레와 손목 둘레를 러플로 장식해 겉옷 밖으로 보이도록 입기도 했다.

코트(coat)는 우플랑드와 쉬르코가 변형된 것으로 앞이 트였고 상체는 넉넉하게 맞으며 스커트 부분은 풍성하게 부풀린 실루엣이었다.

여자는 머리장식에 급격한 변화를 보이는데, 중세부터 사용되었던 에냉(hennin)은 점차 사라지고 앞이마를 드러내 놓고 머리에 꼭 맞는 모자를 썼다. 그 밖에도 보닛(bonnet), 후드(hood), 토크(toque)와 베일(veil)이 장식적인 의미로 성행했다. 신발로는 외출 시에 신는 나막신 모양의 패튼(patten)을 신었으며, 귀부인들 사이에서는 슬리퍼 모양으로 된 실내용 장식 구두인 초핀(chopine)이 유행했다.

위생관념이 없어 몸이 불결하고 악취가 심해 모두 향수를 사용했고 장신구로는 손수건(handkerchief), 장갑(glove), 부채, 장식용 주머니, 머프(muff) 등과 상류층 사이에서는 가면(mask)이 한때 유행하기도 했다(그림 4-14).

르네상스의 조형 예술은 고전주의의 영향으로 건축에 있어서는 조화된 균형을 중시했고 회화와 조각에 있어서는 통일감과 비례에 의한

4-14 에스파냐풍의 로브 '왕녀 이사벨라 클라라 에우게니아'는 르네상스시대의 전형적인 에스파냐 여자 의상을 보여 주는 초상화로 귀를 덮을 정도로 높은 러프 칼라에 슬릿이 들어간 화려한 장식 소매가 부착되어 있다. 상체는 몸에 타이트하고 스커트는 원추형의 실루엣을 이루는데, 금사로 된 화려한 문양과 브레이드를 비롯해 보석으로 장식된 스터머커, 깃털과 보석으로 장식된 보닛 등 화려함의 극치를 이룬다.

조화된 균형에 의해 입체적 인간을 추구했다. 복식에 있어서도 인간미의 재생을 실루엣의 볼륨감으로 강조, 과장하여 표현하고자 했다. 따라서 르네상스 복식은 외관상 입체적으로 넓이를 증대시킨 체적적(體積的) 형태라 할 수 있다.

르네상스 복식의 미적 특징을 구체적으로 살펴보면, 르네상스시대에는 남녀 의상의 실루엣에 많은 변화가 나타났다. 남성복장에서는 상체의 볼륨감을 과장하여 남성미를 강조하여 표현했고 여성들의 복장에서는 스커트 볼륨을 증대시켜 여성미를 강조했다. 남성의 상의인 푸르푸앵의 커다란 볼륨과 하의인 오 드 쇼스의 타이트한 대비는 남성들의 에로티시즘의 표현이며 여성의 데콜레트한 가슴, 꼭 맞는 상의와 가느다란 허리는 풍성한 스커트로 인해 이러한 특성이 더욱 강조된다. 남녀의 복식이 서로 상반되는 실루엣을 보여줌으로써, 이때부터 남녀의 성차이가 뚜렷해지고 그 후 이 시대 의상이 현대 남녀복의 기조를 이루게 되었다.

직물산업의 발달과 금·은 색실을 사용한 자수 기술의 발달, 다양한 레이스가 개발되면서 복식이 더욱 다양하고 화려하게 발전할 수 있는 기반이 마련되었다. 새롭고 독창적인 것을 선호하여 슬래시를 다양하게 응용하였고 다양한 칼라와 소매 모양이 나타났는데, 십자군전쟁 시의 군복의 칼자국에서 발전된 슬래시는 찢어진 틈 사이로 속에 입은 다른 색의 천이 보이도록 하여 화려한 색채 조화를 연출했고 물결치는 듯한 러프와 여러 층의 주름은 리듬감을 표현했다. 남녀 복식 모두에서 상의와 하의가 서로 타이트하고, 부풀려 볼륨감을 살려 줌으로써 대비적인 조화를 이루었고 과장된 실루엣과 화려한 장식이 어울려 외형의 엄격한 위엄과 전체적으로 조화를 이루어 르네상스시대의 복식은 의복이라기보다 하나의 인위적인 예술품이라고 할 수 있었다.

2) 빛과 색채의 표현 : 바로크

바로크(baroque)시대 초기에는 네덜란드가 경제적 중심국으로 대두되는 유럽 사회상의 변화가 있었으며 해외시장 개척을 통한 원거리 무역을 위해 실용적이고 활동적인 복장이 요구되었다. 따라서 복식에 있어서도 르네상스시대와는 달리 귀족적이고 화려한 장식이나 복식이 사라지고 네덜란드풍의 검소하고 실질적인 복식이 유행하게 되었다. 네덜란드는 복식문화의 주체가 시민이었으므로 절약을 미덕으로 삼는 프로테스탄트(protestant) 사상에 따라 합리성과 실용성을 중요시하여 직물이나 장식이 현저하게 단순했으며 전체적으로 여유 있는 실루엣이었다. 이러한 네덜란드의 실용적인 복식이 남성복에 도입되면서 남성복의 근대화를 이루는 데 큰 역할을 하였다. 그러나 프랑스 왕권이 강해지자 다시 프랑스 왕궁이 복식문화를 이끌어 나가기 시작하여 프랑스의 모드가 곧 세계의 모드로 떠오르면서 인쇄술의 발달로 생겨난 모드 잡지를 통해 프랑스의 모드가 세계 각국으로 전파되었다.

바로크는 '일그러진 진주'라는 뜻으로 조화와 균형이 파괴된 데서 오는 부조화나 황당무계함을 특색으로 하는 열정적이고 감각적인 기풍을 일컫는 말이다. 바로크 양식은 종교의 지배를 벗어난 활기띤 시대 사조에 부응하여 생겨난 것으로 내세에 대한 동경보다 현세에서의 쾌락 추구를 인생의 목적으로 여겨 더욱 호화롭게 성행하였다.

(1) 남자복식

남자복식은 복잡한 구성과 과장된 실루엣이 네덜란드 시민문화의 영향으로 간편해진 푸르푸앵과 넉넉한 반바지로 구성된 기능적이고 실질적인 의상으로 바뀌면서 귀족풍의 복장이 시민복과 융합된 쥐스토코르와 퀼로트가 성행했다.

남자의 상의인 푸르푸앵(pourpoint)은 네덜란드의 영향으로 패드, 퍼프, 슬래시가 없어진 간편한 차림에 허리선이 낮아지고 페플럼(peplunm)이 부착되었다. 1650년경에는 길이가 힙 라인까지 길어지고 앞트임에 목에서 허리까지 단추가 달렸다. 그 후에는 반소매에 허리 위까지 오는 짧은 길이에 그 아래로 슈미즈와 리본 장식이 보이도록 바뀌었으며 1680년경에는 길이가 아주 짧아져 소매가 달린 짧은 조끼의 형태로 바뀌었는데, 쥐스토코르가 나타나자 속에 입게 되었다(그림 4-15).

베스트(veste)는 푸르푸앵의 변형으로 실내에서 입는 간단한 상의였는데, 외출 시에는 쥐스토코르(justaucorps)를 착용했다. 몸통과 소매는 타이트했고 단 부분은 플레어로 퍼지며 앞 트임에 단추를 달아 실용과 장식을 겸비한 옷으로, 소매가

사라지면서 신사복의 조끼로 발전했다.

쥐스토코르는 귀족풍에 대항하여 1670년경에 유행했던 것으로 푸르푸앵이 작아지면서 그 위에 입는 코트의 성격을 띠었으나 푸르푸앵이 사라지면서 상의로 사용되었다. 처음에는 H자형 실루엣으로 허벅다리 중간까지 오는 길이의 일상복으로 베스트 위에 입었으나 길이가 무릎까지로 길어졌고 아랫단은 넓어졌으며 점차 상류계급으로 보급되면서 장식이 많아지고 S자형 실루엣으로 바뀌었다. 1690년대에 와서는 단부분을 캔버스로 받쳐 팽팽하게 하고 앞트임에는 단추를 촘촘하게 달았으며 소매에는 폭이 넓은 커프스를 달고 폴링 칼라(falling collar) 대신 크라바트(cravatte)가 등장했다. 쥐스토코르는 보통 단추를 풀어 안에 입은 베스트가 보였고 꼭 끼는 반바지에 양말과 무릎 장식인 카농(canons)을 착용했다. 또한 쥐스토코르는 남자복장에 시민적인 성격을 확립시켜 현대 남자복인 양복의 확립에 큰 역할을 했다.

남자의 하의로는 초기에는 넉넉한 반바지 형태의 트루스(trousse)가 1630~1640년대에 와서는 꼭 끼는 스타일과 풍성한 스타일의 두 가지 형태로 동시에 유행했으며 헐렁한 형태에 무릎에서 15~20cm 내려오는 판탈롱(pantalon)이 착용되었다. 17세기 중엽부터는 화려한 색깔과 다양한 리본다발 등의 트리밍으로 장식된 스커트 형태의 랭그라브(rhingrave)가 착용되기도 했다.

퀼로트(culotte)는 폭이 좁아진 타이트하고 간편한 형태의 바지로 벨트로 고정시켰으며 1680년경에는 무릎 위쪽은 풍성하고 그 아래쪽은 타이트하게 꼭 맞는 모양으로 바뀌었다.

그 밖에도 두르개의 일종인 무릎까지 오는 망토(manteau)가 있었는데, 원형의 천에 머리가 들어갈 구멍을 내고 앞가운데를 잘라 오프닝을 만들고 칼라를 달아 주기도 했다(그림 4-15).

남자의 머리 모양은 가장 여성스럽고 풍성한 모양이었으며 모자는 크라운이 높고 챙이 좁은 모양에서 후기에는 크라운이 낮아지고 챙은 넓어졌으며 가발이 성행했다. 남자의 신발은 바지의 길이가 짧으면 긴 부츠가, 바지가 길면 짧은 부츠가 유행했다. 1660년대에는 앞끝이 가늘고 사각인 실용적인 신발이, 1680년대에는 버클이 장식된 신발이, 17세기 중엽에는 옥스퍼드화(oxford)가 크게 유행했다. 장신구로는 남자들 사이에서는 띠 모양의 볼드릭(baldric)과 칼이 사용되었다.

(2) 여자복식

여자들은 귀족풍의 에스파냐 스타일을 고수하다가 그 후 네덜란드풍이 유행하자 약 20년 간은 스커트 버팀대가 사라지고 부피와 함께 길이도 짧아져 기능적이고 활동하기 편리한 부드러운 실루엣이 유행했으며 다시 프랑스 모드가 유행하면서 허리를 조이고 스커트를 부풀리는 거창한 실루엣으로 유행이 바뀌었다.

보디스(bodice)는 초기에는 코르셋으로 조이거나 장식적인 바스크를 만들어 스터머커 밑에 받쳐 입었다. 스터머커는 넓고 길게 내려가고 끝이 뾰족하거나 둥근 것 등이 있었다. 네덜란드의 영향으로 부드럽고 타이트하지 않은 형태가 유행하게 되는데, 스터머커는 길이가 짧아지고 끝은 둥글어지면서 여러 조각의 짧은 페플럼(peplum)이 달렸다.

네크라인(neckline)과 칼라(collar)는 초기에는 르네상스의 영향으로 러프, 메디치 칼라와 함께 깊이 판 네크라인이 유행하다가 네덜란드의 영향기에는 휘스크 칼라(whisk collar)와 플랫 칼라(flat collar)가, 1650년경부터는 다시 많이 파진 네크라인에 레이스, 프릴을 달거나 슈미즈의 주름이 목 밑까지 올라와 겉옷 밖으로 보이도록 했고 유두가 보일 정도로 대담하게 노출시키기도 했다. 가는 허리가 모드의 초점이 되면서 코르셋은 세련된 모양으로 바뀌고 겉을 화려하게 장식하고 스커트와 끈으로 연결시킨 후 페퍼룸으로 덮어 원피스처럼 보이게 했다.

스커트(skirt)는 초기에는 원추형이 유행하다가 네덜란드의 영향으로 베르튀가댕이 사라지고 스커트 길이가 짧아지면서 활동적인 형태로 바뀌었다가 17세기 중엽에는 페티코트를 입어 부피를 늘리고 길이도 길어졌다. 일부에서는 양옆으로 퍼지는 파니에(panier)를 사용하기도 했고 스커트 받침대를 사용하지 않을 때는 화려한 색의 페티코트를 여러 겹으로 입어 겉에서 보이도록 화려하게 장식하기도 했다(그림 4-16).

여자의 머리 모양은 높이 빗어 올린 후 장식하고 자

연스럽게 컬해서 늘어뜨렸다. 루이 14세 때에는 층층이 세운 기교적인 머리장식인 퐁탕주(fontange)가 크게 유행했으며, 1650년대에는 양옆으로 불룩하게 한 머리 모양이, 1670년대에는 머리 전체를 화려하고 크게 부풀린 형이 유행했다. 여자는 스커트단 밖으로 발이 보였으므로 앞이 뾰족한 하이힐(high heel)과 패튼(patten)이라는 오버 슈즈(over shoes)가 유행했다. 그 밖에도 여자들 사이에서는 17세기 후반에 패치(patch)라는 장식점이 크게 유행했다.

바로크의 조형 예술은 르네상스의 완벽한 조화를 추구한 방식에서 벗어나 놀랍고 기발한 새로운 어떤 것을 추구하려 했다. 따라서 그 시대의 예술가들은 보다 많은 다양성과 인상적인 효과를 살리기 위해 더 복잡한 장식과 더 놀라운 아이디어를 고안해 내야만 했다. 바로크 양식의 소용돌이 장식과 곡선이 일반적인 배치와 장식적인 세부까지 지배하게 되자 바로크 양식은 지나치게 장식적이고 과장되었다. 일그러진 진주가 내포하는 집약적 장식성을 표현하는 바로크시대의 의상 역시 기묘하고 이상한 이미지를 주면서 약동적이고 리드미컬한 것이 특징이다. 각 부분의 장식들이 전체적인 조화에 관계없이 장식 그 자체를 위해 나열하

4-16 **장식적인 푸르푸앵과 로브** '루이 14세의 Grotto 방문'에 표현된 바로크의 남성복에서는 상체의 부풀림으로 인한 과장이 사라지면서 자연스러운 실루엣에 레이스와 리본, 러프 등으로 화려하게 장식되었다. 여자의 복식에서도 높은 칼라보다는 칼라 없이 가슴을 깊이 파거나 어깨를 부드럽게 덮는 칼라로 바뀌고 스커트의 부풀림이 축소되면서 파니에 대신 여러 겹으로 된 화려한 색상의 페티코트를 입었다. 활동하기 편리하도록 스커트 자락을 A자로 벌리거나 옆이나 뒤에서 고정시키는 다양한 모양이 나타났다.

여 조화와 균형이 파괴된 데서 오는 부조화나 황당무계함을 특색으로 하고 열정
적이고 감각적인 기풍을 나타냈다.

복식에 관한 금제로 금, 은을 사용한 화려한 직물 대신 화려한 레이스와 리본
다발, 러프 장식이 크게 유행했다. 이로 인해 복식에 꽃, 리본, 러프, 레이스 등이
주된 장식의 모티프로 사용되어 물결치는 듯한 곡선으로 표현되었다. 호화로운
장식의 모티프들이 조화를 이루지 못한 채 모두 한꺼번에 사용되어 바로크 양식
특유의 복잡함을 창출했다.

3) 살롱과 감성의 복식 : 로코코

18세기에 들어서면서 중산계급이 확산되고 그에 따른 사회적인 영향력도 커져
패션의 변화에도 세습 귀족보다 부유한 귀족이 영향을 미치게 되었다. 여성의 사
회적 역할이 중요해지면서 여성복을 화려하고 아름답게 장식하여 남성복을 능가
할 정도로 여성복이 최고 전성기를 이루었다. 프랑스는 루이(Louis) 14세의 끊임
없는 전쟁과 궁정 생활에서의 지나친 사치와 낭비로 인해 정치·경제적으로 약
화되고 국제적인 영향력을 상실했으나 여전히 파리는 세계의 문화 도시로 복식
문화 전파에 큰 역할을 했다. 한편 영국도 신대륙인 미국의 독립으로 거대한 식
민지를 잃는 큰 손실을 보게 되었으나 패션의 전개에 있어서 산업혁명으로 인한
기술 혁신을 통해 섬유생산에서 괄목할 만한 성장을 보였다.

부유한 시민들의 쾌적한 사교장으로서 살롱이 등장하게 되는데, 살롱에 모여든
부인들의 복식은 물론 살롱의 실내장식에까지 꽃, 리본, 러프, 꽃바구니 등의 모
티프가 사용되었다.

로코코(rococo)양식은 리드미컬한 곡선을 주제로 밝고 화려하며 세련된 귀족
취미를 표현한 것으로 부드럽고 섬세하며 우아한 특성을 지니고 있다.

엄격한 왕정시대의 권위와 위엄에서 벗어나 퇴폐적이고 문란한 생활을 기반으
로 한 의상관이 서유럽 모드를 크게 지배했다. 프랑스의 루이 16세와 그의 왕비
앙투아네트(Marie Antoinette)의 무분별한 사치로 그 화려함이 극에 다다랐으며
그 형태는 코르셋과 파니에로 인체를 확대 과장한 아워글라스 실루엣이 주류를

이루었다. 18세기 말 영국이 산업혁명을 통해 유럽에서 세력이 커지자 간소한 영국 복식이 프랑스에까지 영향을 주어 귀족풍의 화려한 복식에서 시민적인 성격으로 변화되어 갔다.

로코코 시대는 초기인 루이 15세 섭정기, 중기인 루이 15세 친정기, 말기인 루이 16세의 3시대로 분류할 수 있다.

루이 15세의 섭정기에는 바로크 양식이 계속되기는 했지만 그 성격이 약화되어 우아하고 섬세한 아름다움으로 세련되어 가는 시기였다. 루이 15세의 친정기에는 살롱을 중심으로 사교생활이 활발하게 이루어졌으며 여성적인 취향으로 섬세한 곡선과 리본, 레이스, 프릴 등 장식의 요소를 사용하여 남녀 모두가 여성적인 우아함을 띤, 허리를 조이고 단이 퍼지는 실루엣으로 바뀌었다. 산업혁명이 일어난 18세기 말에는 남자 의상에 실용적인 프록이라는 코트가 등장하여 퀼로트와 함께 신사복의 원조가 되었다. 말기인 루이 16세 시대에는 마리 앙투아네트가 패션의 리더로 등장하면서 궁중의 복식은 더욱 화려하고 기이한 경향의 반자연적인 장식이 유행하게 되었으며 특히 머리장식은 역사적으로 가장 거대하고 기교적인 모양으로 바뀌었다.

(1) 남자복식

남자복식은 기능적인 의상으로 발전했을 뿐 기본형에는 큰 변화가 없었다. 상의로 공식적인 자리에서는 아비 아 라 프랑세즈(habit a la francaise)가, 일반적으로는 쥐스토코르가 베스트와 하의인 퀼로트와 한 벌을 이루는 형식이 지속되었으며 남자복식에 여성적 분위기의 영향을 받아 드레이퍼리한 경향이 나타났다.

속옷으로 입었던 슈미즈는 레이스로 장식해 어느 시대보다 화려했다. 그리고 흰 모슬린이나 레이스로 된 칼라 대신 목에 두르는 목 장식인 크라바트(cravatte)와 레이스로 주름을 잡아 목을 장식하는 자보(jabot)가 새로운 모드로 크라바트와 함께 유행하여

4-17 로코로시대의 베스트와 쥐스토코르 로코코시대 남자복식에 필수적인 풍성하고 긴 가발을 착용하였으며, 흰 크라바트를 두르고 장식적인 베스트를 입고 그 위에 단이 넓은 쥐스토코르를 입었다. 쥐스토코르의 앞 여밈 부분에는 기능적이라기보다는 장식적인 단추와 단춧구멍이 밑단까지 달려 있다.

넥타이의 근원이 되었다(그림 4-17).

아비 아 라 프랑세즈는 쥐스토코르가 궁중에서 공식복으로 사용되면서 명칭이 바뀐 것으로 여자복처럼 허리가 약간 안으로 들어가고 힙부터 단까지는 밖으로 자연스럽게 퍼지는 실루엣으로 남자의상 중 가장 화려한 것이었다. 영국 일반 시민들이 입었던 실용적인 형태의 프록 코트(frac coat)가 프랑스로 도입되면서 아비 아 라 프랑세즈와 함께 착용되었는데, 이것은 현대 연미복의 시조로 몸에 끼지 않고 불필요한 장식 등을 없앤, 활동하기에 편리한 의상이었다. 르댕고트(redingote)는 영국의 라이딩 코트가 프랑스로 도입되어 여행용으로 애용되다가 일상복으로 사용된 것으로 루이 16세 시대에는 아비 르댕고트로 불리며 19세기까지 예복으로 이용되었다.

조끼인 베스트(veste)는 푸르푸앵이 쥐스토코르 속에 입혀지면서 실내복으로 변했다. 외출할 때에는 쥐스토코르나 프록의 앞단추를 열어 놓아 속에 입은 베스트를 보이게 하여 장식적인 요소가 강조되었다. 초기에는 길이가 길고 라운드 네크라인이 많았으나 후기로 오면서 길이도 짧아지고 소매 없는 스타일이 나타나면서 오늘날 베스트의 시조가 되었다. 실용적인 질레(gilet)의 등장으로 베스트는 실내에서만 입는 사치품으로 남게 되었다.

귀족들이 착용했던 무릎 밑까지 오는 통이 좁은 바지인 퀼로트(culotte)는 길이가 길어지고 허리에 벨트 대신 어깨끈을 달아서 입기도 했다. 귀족적인 퀼로트에 대해 서민들이 입기 시작한 판탈롱(pantalon)은 처음에는 종아리까지 오는 길이에서 발목까지 오는 길이로 길어졌다.

외투로는 여자들과 마찬가지로 망토 형식의 플리스(pelisse)와 펠레린(pelerine)을 방한용으로 착용했다.

남자는 머리 높이를 낮추고 뒤에서 리본으로 묶거나 옆머리를 짧게 잘라 다듬는 등 단정한 머리가 유행했고 머릿가루와 함께 여러 가지의 가발이 사용되었다. 가발의 유행으로 모자는 점점 축소되었고 챙이 평평하고 크라운이 낮은 언콕트 해트(uncocked hat)와 깃털로 장식한 베레모(beret)를 썼다. 신발은 뾰족하고 긴 신발형이 유행하다가 굽이 낮아지면서 둥근 모양으로 바뀌었으며 뒷굽이 없고 평평하며 버클이 달린 펌프스화(pumps)가 사용되었다. 남자는 짙은 화장을 했고 장신구로는 보온용으로 머프가 크게 유행했으며, 그 밖에 손수건, 담뱃갑, 볼드릭(baldric), 회중시계 등이 사용되었다.

(2) 여자복식

여자의 복식은 전기에는 한 가지 의상에 조개, 꽃, 깃털, 리본 등 모든 종류의 장식이 사용되었고, 중기에는 가슴을 강조하여 데콜레트로 팠으며 허리를 코르셋으로 조이고 스커트는 파니에로 크게 부풀렸다. 팔과 목을 드러내고 소매는 팔꿈치부터 층층이 풍부한 주름 레이스를 부착했다. 후기에는 파니에를 사용하여 허리 양측으로 솟아오르던 로브 아 라 프랑세즈가 힙을 부풀린 로브 아 라 폴로네즈의 버슬 실루엣으로 변해갔다.

속옷으로 목둘레와 소맷부리, 단 등에 레이스나 프릴로 장식한 슈미즈(chemise)를 입고 그 위에 몸매를 가다듬기 위해 코르셋(corset)을 입었다. 좀 더 발전된 코르셋인 코르 아 발레느(corps a baleine)를 사용하거나 또는 코르셋 자체를 실크로 만들어 자수로 화려하게 장식했다. 스커트 버팀대 파니에는 도입 초기는 종 모양이었으나 1850년대에는 대형의 원통형 파니에로 바뀌게 되었다. 심지어는 양옆을 부풀리기 위해 파니에를 좌우에 붙인 파니에 두블(panier double)이 등장하면서 접을 수 있는 형식이 선을 보이게 되고 모든 계층에 유행했다. 혁명의 영향으로 실제적인 생활을 추구하게 되자 그 부풀림이 축소되어 갔으며 1885년경에는 부풀림을 뒤로 모아준 퀴 드 그랭(cul de crin)이라는 버슬 실루엣으로의 변화가 일어났다.

부인의 드레스인 로브(robe)는 대표적인 여자의 의상으로 로코코시대에 이르러 가장 아름답게 전개되었다. 스퀘어나 바토 네크라인으로 가슴을 깊이 파 데콜레트된 상의와 양옆으로 부풀린 스커트에 뒤로는 긴 트레인을 달기도 했다. 풍성한 와토 주름이 특징인 18세기의 대표적인 로브인 로브 볼랑트(robe volante)는 로브 아 라 프랑세즈(robe a la francaise)로 정착되었다. 로브 아 라 프랑세즈는 상체가 꼭 끼고 스커트는 양옆으로 벌어졌으며 뒤에는 와토 주름을 잡아 풍성하게 했다. 이것은 로코코의 최전성기를 대표하는 의상으로 궁중의 공식복으로 사용되었는데, 화려한 장식으로 옷 자체가 하나의 예술품이었다(그림 4-18).

4-18 **사랑의 고백에서의 로브와 쥐스토코르** 여성들이 입고 있는 복식은 로코코시대의 대표적인 로브로 등 뒤에 풍성하게 잡힌 주름의 특징이 잘 나타나 있으며 머리에는 작은 캡을 쓰고 부채를 장신구로 사용하고 있음을 알 수 있다. 남자의 코트는 넓은 커프스와 단 부분에 화려한 자수 장식이 있고 허리 부분 양쪽 뒤에서 주름을 잡아 넓게 퍼지는 여성적인 실루엣으로 바뀐 것을 볼 수 있다. 그 속에는 장식적인 베스트를 입고 하의로는 퀼로트를 착용하고 있다.

폴란드의 민속복에서 따온 로브 아 라 폴로네즈(robe a la polonaise)는 로코코 말기의 대표적인 로브로, 오버 스커트를 부풀려서 커튼처럼 정리한 것으로 로브 아 라 프랑세즈보다 스커트 폭도 좁고 길이도 짧아져 활동하기에 훨씬 편리했다. 로브 아 라 카라코(robe a la caraco)는 원래 영국식 재킷으로 부인용 승마복에서 유래했으며 남자복의 투피스 형식을 적용한 로브이다. 로브 아 랑글레즈(robe a l'anglaise)는 영국 스타일의 날씬한 형으로 몸에 꼭 끼는 보디스로 가슴을 강조하고 목둘레에는 부드럽고 넉넉한 피슈(fichu)를 둘렀다. 스커트는 길고 폭이 넓었으며 파니에 없이 착용해도 풍성함을 살릴 수 있어 프랑스혁명 이후에도 애용되었다. 슈미즈 아 라 레느(chemise a la reine)는 슈미즈를 연상시키는 로브로 목선이 깊이 데콜레트되고 스커트는 주름을 잡은 풍성한 스타일에 허리에는 천으로 된 허리띠를 매어 주었다. 르댕고트 가운(redingote gown)은 영국의 남자복에서 유래한 것으로 지금까지와는 대조적으로 남성적인 디자인이었으며 오버 드레스나 코트의 역할을 했다. 앞여밈 부분은 더블이고 넓은 라펠의 칼라가 달린 재킷 형식으로 허리에는 타슬 장식이 달린 새시 벨트를 맸다.

외투로는 망토처럼 생긴 플리스(pelisse)와 후드가 달린 망토 스타일의 펠레린(pelerine)이 있었는데, 안 전체나 가장자리만 털(fur)로 장식하였으며 형태는 비슷했다.

여자의 머리로는 초기에는 머리를 부풀리지 않고 뒤로 빗어 넘긴 깔끔한 퐁탕주(fontange)형이 유행하다가 후기로 오면서 점차 머리 모양이 높아지고 커지면서 역사상 가장 거대한 머리형을 연출했다. 흰 리넨이나 실크로 된 작은 캡(cap), 보닛(bonnet), 샤포(chapeau) 등의 작은 모자가 유행했다. 여자는 스커트 길이가 짧아져 구두가 밖으로 보였으므로 버클의 뒤축을 아름답게 장식한 구두가 유행했고 실내에서는 슬리퍼형이, 덧신으로 나막신 등이 사용되었다. 여자도

4-19 마리 앙투아네트 마리 앙투아네트는 로코코시대 패션 리더 중의 하나로 목에 레이스 리본을 묶고 등 뒤에 주름이 잡히고 리본과 레이스로 장식된 아름다운 로브를 입고 작고 귀여운 캡을 쓰고 있다.

역시 짙은 화장을 했는데, 백발의 유행으로 흰 화장이 유행했으며 에이프런, 가면(mask), 뷰티 스폿(beauty spot), 파라솔(palasol), 핸드백(handbag), 손수건, 안경, 토시(muff), 부채 등이 사용되었다(그림 4-19).

로코코 조형의 특성은 낙천적인 인생관을 배경으로 관능에 호소하여 생의 희열과 리듬을 음악적인 선과 면으로 표현하는 장식미술의 한 분야라는 데 있다. 따라서 이 시기에는 이러한 조형감각을 색조와 빛으로 순화시킨 회화와 관능미를 표현한 조각, 섬세한 감각과 리듬으로 넘쳐흐르는 음악, 그 밖에 건축물과 실내장식, 복식에 있어서도 로코코의 곡선 취향과 장식 과다의 현상은 쉽게 찾아볼 수 있는데, 그 일례로 여자복식에서 바탕옷이 보이지 않을 정도로 장식을 하기도 했다. 로코코 복식의 미적 특징을 살펴보면, 로코코시대는 살롱을 중심으로 한 여성들의 문화라고 할 수 있는데, 그 특성은 부드럽고 섬세하며 우아하다. 복식에 있어서도 쾌락주의의 영향으로 관능적이고 향락적인 디자인이 지배적이었다. 또한 남성복보다는 여성복에 더욱 많은 변화가 있었으며 급진적인 발전을 이루었다. 로코코시대에는 꽃, 깃털, 리본, 러프, 꽃바구니 등의 유연하고 섬세한 모티프

들이 건축의 벽면 장식, 직물의 문양, 의복장식 등에 세련된 감각으로 배치되어 조화로운 곡선미로 표현되었다. 산업혁명의 영향으로 직물 생산과 나염 등의 기술적인 면에서 진보를 보였을 뿐만 아니라 색채의 조화를 통한 배색이 매우 세련되었다. 가벼운 직물들이 사용되었는데, 꽃무늬, 줄무늬 등이 프린트된 코튼이 실크 못지않게 선호되었고 색조는 부드럽고 환상적인 파스텔조의 색상이 주로 사용되었다.

르네상스나 바로크시대와 동일하게 상체를 조이고 스커트를 부풀린 아워글라스 실루엣이 주종을 이루었으며 남성복에도 허리가 들어가고 단이 퍼지는 아워글라스 실루엣이 나타나기 시작했다. 장식의 모티프로 사용된 꽃, 깃털, 리본, 러프, 꽃바구니 등을 규칙적이고 반복적으로 사용해 리듬감을 살려 조화롭게 사용했다. 장식은 좌우 대칭으로 대칭적인 균형미를 나타냈고 화려하고 거대한 머리장식으로 강조의 미를 나타냈다. 층층이 달린 레이스 소매와 커튼처럼 걷어 올린 스커트의 곡선적인 주름에서 약동하는 리듬감을 느낄 수 있다.

4. 근대복식

서양의 근대사회는 왕이나 귀족 등의 상류층을 중심으로 하였던 복식문화가 차츰 시민적인 복식문화로 자리 잡아가는 시기이다.

프랑스혁명, 산업혁명과 같은 역사적 배경은 이 당시 복식에 큰 영향을 주었다. 산업혁명으로 섬유공업이 발달하였고 이로 인해 의복재료 또한 급속한 발전을 이루게 되었으며, 대량 생산으로 인한 부의 축적은 자본주의를 낳게 되었다. 프랑스혁명을 위시한 당시의 정치혁명들은 평등사상의 계몽주의를 부르짖었고, 따라서 개인의 권리가 신장된 일반 대중은 기능성 및 개성을 중시한 시민 복식문화를 성장시키게 되었다.

1) 혁명과 단절의 복식 : 프랑스혁명

1789년 프랑스혁명 이래, 자코뱅당의 공포정치 속에 혁명이 진전되면서 한때 복식에 귀족풍이 근절되기도 하였으나 공포정치가 막을 내리고 총재정부시대가 되자 다시 사치가 남용되고 부르주아 계층이 신장되기 시작했다. 뒤이어 나폴레옹이 정권을 잡아 황제에 오르고 영토확장으로 유럽 전역에 그 세력을 확장해 나가자 유럽복식은 프랑스 부르주아 상류층을 중심으로 발전해 나가기 시작했다.

혁명기 복식은 기존의 아워글라스(hourglass) 실루엣에서 스트레이트(straight) 실루엣으로의 급격한 변화로서, 장식의 화려함보다는 단순한 미, 자연적인 미를 중시하게 되어 그 이상적인 미를 고대 그리스풍에서 찾고자 하였다.

(1) 남자복식

궁정에서는 아직도 부드러운 실크로 만든 목장식 자보(jabot)에 상의로 프록(frac), 조끼인 질레(gilet)를 입었고 하의로는 꼭 끼는 퀼로트(culotte)를 착용하여 혁명 이전의 복장을 하고 있으나 화려한 장식은 줄어들었다.

일반 남자복식은 근대에 들어와는 혁신적인 변화를 갖게 되었다.

혁명파는 귀족풍을 근절하여 수수한 옷감과 색의 실질적이고 간소한 복장을 하였다. 하의로 퀼로트 대신 헐렁한 판탈롱(pantalon)을 착용하였고 목에 크라바트(cravatte)를 두르고, 짧고 칼라가 뒤로 젖혀진 시민적인 상의 카르마뇰(carmagnole)을 입었다. 혁명파는 어두운 색조를 많이 사용하였고 재료도 실용적인 것이 많았다. 이때에는 특히 기존에 멸시하던 검은색에 새로운 권위를 부여하여 공식복 색으로 검은색을 많이 사용하게 되었다.

혁명파와 달리 보수파를 지지하는 사람들 사이에서는 앵크루아야블(incroyable ; 보수파를 지지하던 젊은이들이 혁명파의 간소한 차림을 조소하며 입었던 귀족풍의 괴상한 옷차림)이라는 귀족풍의 기이한 차림이 유행하기도 하였다.

공포정치 이후 국가의 재산은 소수의 부르주아에게 편중되었고 이들은 압박에서 벗어나 향락과 사치스런 분위기를 필요로 하게 되었다. 이때 나폴레옹이 전쟁에서 승리하여 다시 귀족의 특권이 부활되고 프랑스 부르주아 상류층을 중심으로 과거를 능가할 만한 사치가 남용되었다.

그들은 과거 구 귀족을 따라 실크로 된 상의와 꼭 맞는 퀼로트를 입거나 또는 르댕고트형의 데가제(degage)와 함께 힙은 헐렁하고 바지 아랫단은 퀼로트처럼

4-20 **나폴레옹** 나폴레옹 (Napol-eon Bona-parte, 1769~ 1821)은 작은 키를 커버하기 위하여 과장된 어깨의 웨이스트 코트의 제복과 앞이 솟은 모자를 착용하였으며 제복 속에 손을 찔러 넣어 자신의 이미지를 표현했다.

꼭 맞는 위사르(hussarde)라는 하의를 입었다. 나폴레옹 전성기에는 자수도 가해져 더욱 화려해졌다(그림 4-20).

당시의 외투로는 르댕고트와 영국에서 전래된 케이프를 2~3겹 입고 폭 넓은 외투를 입었다.

(2) 여자복식

영국에는 이미 고대 그리스의 키톤 같은 스타일의 슈미즈(chemise) 가운이 등장하였으며, 프랑스에는 18세기 말 총재정부시대에 이르러 이러한 새로운 스타일의 드레스가 도입되어 귀족들 사이에서 유행하였다(그림 4-21).

이로써 근세까지 가는 허리, 부풀린 스커트, 높은 머리형을 특징으로 하던 여자복식은 하이웨이스트(high waist), 규칙적 주름의 슬림-롱(slim-Long) 라인의 형태로 급변하였다. 이 당시 슈미즈 가운은 맨살 위에 착용하여 각선미를 보이기도 하였으며, 보통 짧은 소매였기 때문에 팔꿈치까지 긴 장갑을 끼는 것이 유행이었다. 이 위에는 작고 간단한 숄을 걸쳐 우아함을 더하였다.

이러한 슈미즈 가운은 조세핀을 패션 리더로 하여 단순한 실루엣에 점차 우아함과 현란함을 부여하는 부르주아적 모드가 되어 갔다. 가슴을 더 깊게 파고 더 부드럽고 얇은 옷감을 사용하여 육체미를 나타내려 했기 때문에 모슬린 디지즈(musline disease) 환자가 발생하기도 하였다. 이 시대에는 다채로운 자수를 하거나 스커트 뒤에 장식용 트레인을 달기도 하였다.

이와 같이 기존의 고대풍이 정비되어 깊게 파인 목둘레선, 하이웨이스트에 짧게 부풀려진 소매, 좁고 긴 스커트, 호화로운 직물로 몸을 드러내는 화려한 취향의 엠파이어 스타일(empire style)이 전개되었다.

1804년 나폴레옹 대관식 의상은 프랑스 패션에 영향을 주었는데, 기본적인 슈미즈가 뒤에 끌리는 긴

4-21 혁명기의 단순해진 복식
여자는 얇은 직물로 만든 하이웨이스트에 스트레이트 라인의 슈미즈 가운을 입고 있으며, 남자복도 단순해지고 장식이 거의 없음을 볼 수 있다(Schim-mel penninck 가족, 1801).

트레인, 데콜레트(decollete), 주름 칼라, 다소 넓어진 스커트 등으로 장식적인 로브형으로 변화되었다. 이후 엠파이어 스타일은 제국의 번성과 함께 더욱 화려해지고 장식이 가해졌다.

이 당시 외투로는 주로 진한 색을 사용하여 흰색의 슈미즈와 대조를 이루던 스펜서(spencer)가 있었고 그 외에도 여러 가지 방한용 외투가 있었다.

혁명기 복식의 특징은 그림, 조각 등 미술품의 전통의 사슬이 단절된 것과 마찬가지로 복식에 있어서도 과거와의 단절과 혁신이라고 할 수 있다.

혁명 초창기에는 혁명 그 자체가 단순함에 영향을 주는 유행이었기 때문에 혁명 이전에는 매우 변화가 많았던 남성복에 대한 흥미가 줄어들게 되었다. 혁명파는 자유를 상징하는 보네(bonnet)를 쓰고 헐렁하고 편안한 라인의 바지를 착용하는 등 복식을 통해 구체제의 모든 문물에 대한 반발이나 자유에 대한 존중의 이념을 표현하였다. 따라서 전 시대와는 현저히 다른 실용적이고 간소화된 복장을 착용하였고, 화려한 세부장식이 사라진 수수한 감에 어두운 색조의 시민복이 발달했다.

4-22 상퀼로트 배우 Chenard의 초상화. 궁정복과는 다른 헐렁한 바지와 더블 단추의 짧은 재킷, 모양 없는 프리지안 보네 등으로 혁명의 영감을 볼 수 있다.

4-23 앵크루아야블과 슈미즈 드레스 여성은 비치는 모슬린의 유연한 슈미즈를 입어 목, 팔, 다리 등이 노출되었으며, 남성은 반부츠, 목까지 오는 슈트 차림으로 기이한 앵크루아야블 차림을 하고 있다.

이 시기에는 '복식의 혁신을 통한 만인 공통의 혁신' 을 주장하였는데, 이에 슈
미즈 드레스가 혁명의 정신 및 무기로써 전 유럽을 정복하여 퍼져나갔다. 전 시
대 장식이 최고조에 달했던 로코코 양식은, 신고전주의 양식의 이른바 '숭고하며
단순한 자연미' 로 대체되었다. 혁명기의 미학적 체제는 바로 이러한 회고적 양상
으로 고대를 동경하여 육체의 자연스런 미를 강조하는 것이었고 이것은 점차 높
은 허리선에 깊게 파인 목둘레선과 함께 부드럽고 얇은 직물을 사용하면서 우아
하고 여성적인 육체미를 한층 드러냈다.

나폴레옹의 번영과 함께 슈미즈 가운은 장식용 트레인을 달고 호화로운 직물을
사용하여 화려한 엠파이어 스타일로 발전하게 되었으며 남성복 역시 점차 몸에
꼭 맞는 하의를 입고, 자수 장식을 하는 등 다시 화려해지기 시작했다.

2) 로맨틱 · 크리놀린 스타일 : 왕정복고기

나폴레옹 제국이 붕괴된 후 1814년 유럽 정상회담은 구체제로 복귀할 것을 결정
하여 루이 18세(Louis XⅧ, 1755~1824)에서 샤를르 10세(Charles X, 1757~
1836)로 이어지는 왕정시대가 시작되었다. 당시 부르주아적 기반 위에 서게 된

왕정체제의 복식문화는 어깨를 드러내고 허리를 조이며 스커트 폭을 넓히는 등 귀족풍의 양상을 되살렸고, 화려한 장식으로 더욱 환상적인 분위기의 로맨틱한 경향을 띠었다.

산업이 발달함에 따라 시민계급의 지위가 향상되는 반면에 노동자 대 자본가의 대립이라는 사회문제는 문학, 미술, 연극 등 모든 사회문화에 있어서 당시 시대사조를 현실도피의 낭만주의 경향으로 유도하였고, 이에 복식도 점차 화려하고 낭만적으로 되어 갔다.

왕정체제의 부르주아 편견 정책은 점차 경제 부조화 및 사람들의 생활고를 심화시켰고, 이러한 왕정의 폐해는 불평, 불만을 고조시켜 잦은 유혈 폭동에서 마침내 반란인 혁명으로까지 이어졌다.

1848년 2월 혁명은 민중의 요청대로 공화제의 임시정부를 수립하였고, 대통령으로 루이 나폴레옹이 선출되었다. 이후 그는 황제가 되어 나폴레옹 III세라 자칭하고 이로써 제2제정이 시작되었으며 다시 부르주아의 사치스러운 생활이 재개되었다. 이 당시에는 과거 구 귀족의 영화를 재현하려는 듯 그를 모방한 스커트 (skirt) 버팀대가 다시 출현하여 크리놀린 스타일이 그 위용과 화려함을 과시하게 되었다.

(1) 남자복식

낭만주의시대의 남자복식은 근엄한 귀족풍이 부활하여 더블로 여미는 조끼의 라펠과 목에 감은 크라바트에 의해 상체 볼륨을 더하였으며, 다시 허리를 타이트하게 조이고 힙을 부풀리며 어깨를 크고 반듯하게 올렸다. 이 당시 남자 복장의 기본은 프록 등의 상의와 조끼인 질레, 바지인 판탈롱이었다.

전형적인 프랑스식의 프록은 속에 비교적 화려한 색의 질레를 보이도록 입었는데 뒤는 힙만 가리고 길이는 유행에 따라 달라졌다. 볼륨 있는 어깨에 비해 뒷자락이 홀쭉해져 전체적으로 역삼각형 실루엣을 형성하였다.

조끼인 질레는 칼라 장식인 크라바트가 간소해졌고 허리선 길이에 싱글 또는 더블로 여며졌으며 형태보다는 옷감과 단추 변화가 포인트였다.

이 당시 바지는 끝단이 넓게 퍼진 종형이나 아래로 가서 좁아져 꼭 맞는 형의

4-25 로맨틱시대의 댄디들 (1820년대 말) 이브닝 코트, 테일러드 코트, 케이프 등 패셔너블한 당시의 남성복을 볼 수 있다. 톱 해트(top hat) 없이는 어느 장소에도 참석하지 못했다.

판탈롱으로 바짓부리에 끈이 있어 바지가 주름지지 않도록 하였다. 바지의 옷감은 주로 체크나 줄무늬의 울이 애호되었다.

남자 외투로는 몸에 타이트하게 맞고 스커트 부분이 퍼지는 르댕고트와 칼라 및 케이프가 달린 망토 등이 있었다.

나폴레옹 3세(Napoleon Ⅲ, 1808∼1873) 때에는 민주화된 시민사회였음에도 불구하고 상층 부르주아의 호화로운 생활상으로 인해 귀족풍과 검소한 시민복이 공존하는 결과를 낳았다. 시민복의 기본 복장은 재킷, 질레, 판탈롱이 한 벌이었고, 궁중복은 퀼로트 위에 계급에 따라 색과 자수에 차이를 둔 프록을 입었다.

이 당시 재킷은 남성복이 현대의 양복과 같이 되는 과정으로, 허리 아래까지 오는 길이에 허리가 잘룩하게 들어간 형에서 현대의 재킷 모양에 가까운 실용적이며 허리가 분리되지 않은 형의 색 스타일(sack style)로 변하였다.

재킷 안에 조끼인 질레와 흰 셔츠를 입었는데, 셔츠에는 크라바트 대신 풀 먹인 밴드 칼라에 넥타이를 매었다. 1870년대에는 칼라의 양끝을 꺾고 좀 더 축소된 넥타이를 매었고 칼라는 떼었다 붙였다 할 수 있었다.

이 시대의 바지는 판탈롱으로 바지통이 넓어졌고 체크와 줄무늬로 만든 것이 유행했다.

그 외에 외투로는 라펠 칼라가 달리고 슬릿(slit)이 양쪽에 있어 팔을 내놓을 수 있는 망토와 후드가 달린 뷔르누(burnous) 등이 있었다.

이 시대의 남자는 모자를 반드시 착용해야 했는데, 모자는 시대에 따라 크라운의 높이와 챙의 폭이 변하였다(그림 4-25).

(2) 여자복식

부활한 귀족풍의 복식은 호화로운 르네상스를 동경하였고 낭만주의라는 시대사조의 표현으로 곡선과 부드러운 주름이 장식이 되어 환상적인 분위기를 주었다. 네크라인을 옆으로 퍼지게 하여 어깨를 많이 드러내 놓고 소매를 과도하게 부풀리는 반면 허리는 가늘게 졸라매고 스커트를 확대하는 X자형의 과장된 표현이 등장하였는데, 이를 로맨틱 스타일(romantic style)이라 한다.

나폴레옹 III세 때 부르주아들의 사치스러운 생활이 더해지자 과거 로코코(rococo) 양식이 부활하게 되었다. 유제니 황후는 그 당시 패션 리더로서 호화로운 상류층의 복식문화를 이끌어 갔다. 이 당시 복식의 가장 두드러진 변화는 가는 허리에 다시 출현한 스커트 버팀대로 이를 크리놀린(crinoline style)이라 한다.

■ 로맨틱 스타일(romantic style)

X자형의 실루엣이 강조되자 어깨선은 점점 넓어지고 소매 위쪽이 기교적으로 부풀기 시작했다. 마멜루크(mameluke) 소매, 지고(gigot) 소매 등과 어깨 장식 칼라를 달아 어깨를 더 넓게 강조하기도 하였다. 1840년경부터 과장된 소매는 점차 줄어들기 시작하고 스커트폭이 종모양으로 넓게 퍼지기 시작했다. 치맛단에는 주름, 리본 등으로 장식을 가하기도 하였다.

속옷으로 로브 안에 길이가 짧은 반 코르셋과 스커트단이 넓어보이게 하는 페티코트를 입었으며, 외투로는 르댕고트와 스펜서, 숄, 케이프 등을 입었다.

이 시대 여자들은 화려하게 장식된 모자를 착용했는데, 주로 턱 밑에서 리본으로 묶는 모자가 애용되었다.

4-26 로맨틱 스타일 1932년 넓은 어깨와 헴라인, 그리고 가늘게 조인 허리선의 X자형 실루엣. 컬과 리본으로 장식된 머리 모양과 지고 소매나 레그오브머튼 소매 등의 부푼 소매를 특징으로 한다.

■ 크리놀린 스타일(crinoline style)

크리놀린이란 스커트를 넓게 퍼지도록 하는 일종의 버팀대를 말하는 것으로 앞에 오프닝이 있고 끈으로 허리에 매어 입었는데, 처음에는 종 모양이었다가 차차 아랫도련이 퍼진 형이 나왔고, 1860년대에는 앞은 납작하고 뒤가 부푼형으로 변화되었다. 이때 스커트 길이가 짧아지자 겉의 스커트를 드레이프시키고 속의 페티코트를 보이게 입기 시작했다. 이에 페티코트에 대한 관심이 커져 여러 가지 색과 형태로 장식하였다.

크리놀린 안에는 슈미즈를 입고 그 위에 코르셋을 착용하였다. 이 당시 코르셋은 딱딱한 보정물을 넣지 않고 몸의 곡선에 따라 조각조각 재단하여 몸에 잘 맞고 불편함이 없어서 널리 보급되었다.

로브는 어깨선이 과장되지 않은 꼭 끼는 보디스(bodice)에 각진 허리선으로 허리를 가늘게 보이도록 하고, 넓게 파인 데콜레트 목선에 레이스, 러플, 트리밍, 자수 등으로 장식하였다. 드레스의 오프닝은 끈 대신 단추로 채우는 형식이 많았다. 소매 디자인은 매우 다양했으며 소매에 패드나 철사를 넣어 부풀려 주기도 하면서 사치와 화려함을 즐겼다. 로브의 스커트는 크리놀린과 페티코트로 부풀리고, 러플, 타슬, 리본 등의 장식을 더하였다. 커튼처럼 걷어올리는 폴로네즈(polonaise) 스타일이 부활되었고, 옷감의 종류도 다양하며 품위 있고 호화로운 것들이 주로 사용되었다.

겉옷으로는 스커트나 소매의 부풀림 때문에 숄이 애용되었고 그 외의 겉옷으로 망틀레와 뷔르누 등이 있었다.

왕정복고기의 복식의 특징을 한마디로 한다면 낭만주의 사조에 영향을 받은 귀족풍의 과장된 라인, 호화로운 의상의 재연출이다.

이 시기에 경제력과 권력이 증대된 중류층은 산업혁명 이래 진전된 자본주의의 혼란한 현실을 도피하여 낭만적인 감상으로 포장된 새로운 사조를 열망하게 되었다. 따라서 당시 낭만주의는 점점 환상적이고 시적인 로맨틱한 경향으로 흘렀으며 이러한 시대사조는 예술, 문학은 물론 장식예술의 부분에서도 전반적으로 구체화되어 로맨틱한 복식 스타일은 소설에까지 반영되었다.

여성들은 천사나 나비와 같이 가볍게 보이고자 하는 열망에서 스스로를 더욱

타이트하게 졸라매고 매우 넓게 퍼진 종형 스커트에 어깨를 드러내고 소매를 부풀린 X자형 실루엣을 착용하였다. 치맛단의 여러 장식과 페티코트의 과다한 장식 등은 이 시대 복식의 특징이었다(그림 4-27).

복식에 있어서 낭만주의 특성은 오랫동안 지속되었으며 제2제정 때 크리놀린 스타일로 변화되어져 로맨틱 스타일의 최성기를 맞이하게 되었다. 크리놀린은 과장된 스커트단을 그 특징으로 하여 로맨틱 스타일과 마찬가지로 데콜레트, 레이스, 러플, 트리밍 등의 세부장식이 가해졌으며 호화로운 옷감을 사용하여 매우 화려했다.

남자복장도 여성복과 마찬가지로 시민복이 발전하는 반면에, 귀족풍의 상체를 강조하고 허리는 가늘게 조이고 힙에서 부풀려지는, 전체적으로 역삼각형 실루엣이 다시 나타났다.

3) 끊임없는 변혁 : 세기말

프랑스는 제2왕정이 무너지고 공화제가 확립되었고, 영국은 빅토리아 여왕시대의 연속으로 최대의 번영을 누렸으며, 이탈리아와 독일은 새로이 부흥하는 미국 등과 세계적 강국으로 등장하게 되었다. 이 당시 산업은 더욱 발달되어 염료가 풍부해졌고 대량생산도 가능해져 색상과 직물의 종류가 다양하게 늘어나게 되었다. 1850년대 싱어(Singer)에 의해 재봉틀이 발명되었고, 아울러 점차 의복형이 단순해져 기성복도 자리를 잡아가게 되었는데, 특히 기성복이 발달했던 곳은 미국이었다. 이로써 의복의 가격은 저렴해지고 대중화가 실현되었다. 1880년대 이후에는 장식분야에 나타난 두드러진 양식인 아르누보가 여자복식에 큰 영향을 미쳤다.

(1) 남자복식

남자복식은 영국을 중심으로 발달하였는데, 기본형은 재킷, 조끼, 바지가 한 벌로 이미 제2왕정 때 그 기초를 이루었고, 이는 오늘날 남성복 모드의 전신이다. 대체로 상류층은 고급 양재점에서 맞춤옷을 입었고 그렇지 않은 계층은 질이 낮은 기성복을 입었다.

프록코트(frock-coat)와 모닝코트(morning-coat)는 예복용으로, 프록은 전적으로 사교용으로만 입었다. 길이가 힙 근처까지 오고 싱글 또는 더블로 여미는 재킷은 안에 같은 색의 질레를 입었는데, 질레에는 작은 칼라가 달려 있다. 질레 속에는 셔츠를 받쳐 입었고 크라바트는 넥타이 형식으로 변했다.

이 시기의 바지는 체크나 줄무늬의 직물로, 바지통은 꼭 끼지 않는 판탈롱 일색이 되었다.

외투는 길이를 달리한 여러 형이 있었으며 프록코트, 케이프 달린 코트 등이 널리 사용되었다.

머리는 짧아지고 콧수염과 턱수염을 기르는 것이 유행이었으며, 이 당시 남자 모자는 매우 다양하여 정장에 실크해트(silk hat)와 일상적으로는 중절모, 스포츠용의 밀짚모자나 캡 등이 있었다.

(2) 여자복식

지금까지 유행해오던 크리놀린 스타일이 1870년대부터 스커트의 부풀림을 축소시키면서 부풀림을 커튼처럼 주름 잡는 폴로네즈 스타일로 등장하였고, 1880년

대에는 스커트 드레이프를 뒤로 모아 힙을 강조한 버슬 스타일(bustle style)이 유행하게 되었다. 버슬 스타일은 스커트의 겉자락은 모으고 뒷자락은 바닥에 길게 늘어뜨렸는데, 늘어뜨린 뒷자락은 트레인 역할을 하여 가장자리에 아름다운 레이스, 주름 잡은 플라운스 등으로 장식하였다. 이와 같이 겉자락을 걷어 올리자, 장식적인 페티코트가 발달하게 되었는데, 그 중에서도 주름 잡은 플라운스가 유행이었다(그림 4-28).

1891년에는 스커트를 세로로 절개하여 힙은 꼭 끼고 단부분이 넓어지는 고어드(gored) 스커트가 나타났으며 이때 상체는 부풀린 소매로 강조되었다. 이러한 날씬한 스타일의 유행은 점차 배 부분은 압박하여 납작해지고 가슴은 코르셋으로 강조되는 S-커브(S-curve)의 과장된 실루엣으로 발전하게 된다.

이 당시는 직물 공업의 발달로 두 종류 이상의 옷감 또는 다른 여러 색의 옷감을 한 가지 옷에 같이 사용하는 것이 유행하였다.

여자복식의 속옷으로는 코르셋, 페티코트 등이 있었다. 페티코트는 폴로네즈와 버슬 스타일이 유행할 때에는 많이 보이게 되어 장식적이었으나 고어드 및 S자 스타일의 유행 시에는 쓸데없는 주름이 생기지 않도록 얇은 직물로 섬세하게 만들어졌다. 코르셋은 전보다 길어지고 현대적인 구성법으로 개량되었으며 1890년대 말 S-커브형이 유행하자 S자형의 강한 코르셋이 사용되기도 하였다.

여자들의 모자는 일상용으로는 보닛, 사교용으로는 샤포를 애용하였으며, 1880년대에는 모자가 특징으로 개성에 따라 변화된 기이한 장식을 하였다.

사회주의, 남녀평등사상의 영향으로 여성복에도 재킷과 질레를 착용하였고, 1851년 블루머 여사가 동양풍의 바지를 발표하였으나 크게 호응을 얻지 못하였고, 스포츠에 대한 관심이 높아지자 스커트 속에 드로어즈를 속옷처럼 입는 것이 널리 퍼져 점차 여자의 바지 착용이 보편화되었다.

19세기 후반의 복식 예술의 장르는 인상주의로 구분할 수 있다. 이 시기의 복식은 순수 회화보다는 장식 예술로부터 많은 영향을 받았고 오히려 인상주의시대 복식이 회화의 주제에 아이디어를 제공하기도 하였다.

인상주의 예술양식은 종래의 양식을 탈피하여 형태, 색채, 구도 등 다양한 방면으로 조형 예술 분야에 새로운 변화를 주었으며 이는 의복에서도 예외가 아니었다.

워스(Charles Frederick Worth, 1826~1895)는 예술적 지식을 바탕으로 의상이 디자인되어야 함을 인식하고 인상주의시대에 바로크 및 로코코의 폴로네즈 스타일을 재현하는 19세기 버슬양식을 창조하였다.

버슬 스커트의 앞면은 수직선 상태를 이루었으며 스커트 자락을 뒤로 모았기 때문에 힙을 강조하여 인체가 후방으로 연장되어 보이는 복식이었으므로 에로틱한 분위기를 전해 주었다. 힙 뒤에는 여전히 많은 옷감이 트레인의 형태로 마룻바닥으로 퍼졌는데, 이러한 버슬의 콜럼 라이크(column like)한 원통형 보디스는 후기 인상파가 기하학적인 원통형, 원추형, 구형의 형태를 기초로 한 것과 유사한 형태미를 취한 것으로 볼 수 있다.

또한 버슬은 많은 꽃 장식, 러플, 플라운스 등으로 시선을 여러 방향으로 분산시켜 복식의 전체 실루엣을 흐리게 하였는데, 이는 명확한 윤곽선을 배제하고 시선을 어지럽히는 인상주의 기법과 일치된다.

아울러 광선의 추구가 핵심적 과제였던 인상주의 예술사적 분위기는 직물에도 그 영향을 미쳐 타프타, 브로케이드, 새틴, 벨벳 등의 광택소재 및 실크 리본 장식 등이 널리 유행하였다.

이렇게 인상주의 예술 양식과 복식에 묘사된 표현의 일치성을 보면, 복식이 사회 · 문화적인 감성과 상호 영향을 주면서 발달 · 전개됨을 알 수 있다.

버슬 스타일 이후의 복식은 시대별로 라인이 조금씩 변화하나 대체로 점차 단순해지는 경향을 띠었다. 남자는 재킷, 조끼, 바지를 한 벌로 하는 현대 모드의 기초가 되었으며, 여자복식의 버슬 스타일도 간소화 현상으로 고어드 드레스, 과장된 S-커브의 여성적인 실루엣으로 슬림한 미가 강조된 보다 기능적인 라인으로 바뀌게 되었다.

복식과 사회환경

복식과 유행현상

복식과 개인

PART II
복식과 사회

Chapter 5 | 복식과 사회환경

복식의 유행은 계속 변화하며 새로운 스타일이 등장하고 사회에 확산된다. 새로운 스타일은 디자이너가 창조하지만, 많은 소비자들이 이를 수용하지 않으면 유행이 되지 못한다. 과연 복식의 유행은 어디에서부터 오는 것일까? 복식의 유행은 신기루와 같이 나타나거나 디자이너의 창조력에서 만들어지는 것이 아니라 사회의 여러 가지 특성과 사회 안에 살고 있는 사람들의 삶이 반영되어 나타나는 것이란 사실을 현대 복식의 역사는 말해 준다. 즉, 복식은 사회적 요인, 경제적 요인, 정치적 요인, 기술적 요인 등의 영향을 받으며 만들어지는 것이다.

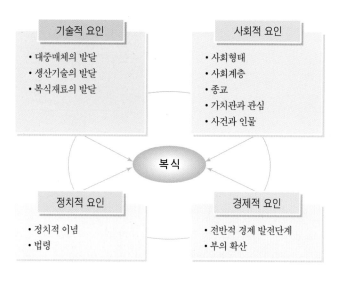

5-1 복식에 영향을 주는 사회 환경

1. 사회적 요인과 복식

1) 사회형태

우리나라 사람들이 지금부터 100여 년 전 구한말에 착용하던 복식을 지금의 복식과 비교하면 여러 가지 면에서 현격히 다르다. 또한 6 · 25 전쟁 후인 50여 년 전을 상기하여도 지금과는 큰 차이가 있다. 이런 차이는 무엇보다도 사회환경이 그만큼 달라졌기 때문이다. 사회환경이 느리게 변화했던 농경사회에서는 수백 년이 지나도 복식형태가 크게 변화하지 않았던 것을 보면 현대 산업사회의 빠른 변화가 패션의 빠른 변화에 영향을 미치고 있음을 알 수 있다. 즉, 사회형태에 따라 사람들이 착용하는 복식의 형태에 많은 차이가 있다.

(1) 농경사회
인류는 농작물과 가축을 키우는 정착생활을 시작하면서 농경사회를 형성하였다. 농경사회에서는 이전에 없던 마, 면, 모 등의 새로운 복식소재가 생산되었고, 직조기술도 발달하였다.

농업생산과 교역이 이루어지면서 노동이 분업화되고, 부(富)의 축적이 가능해졌다. 경제력, 군사력, 종교적 지위 등에 따라 계층이 형성되기 시작하였으며, 출생으로 계층이 획득되는 봉건 신분제도가 생기고, 이런 사회적 특징은 복식의 신분 상징성으로 나타났다. 사회적 신분에 따라 입는 복식의 형태와 소재, 색채 등에 차이를 두어 복식이 신분을 상징하는 수단으로 사용되기 시작하였다. 토지소유자와 성직자가 가장 좋은 복식을 입었고, 이들은 권위를 상징하기 위하여 귀한 옷감으로 만든 사치스러운 복식과 많은 장식품을 사용하였다.

복식의 신분 상징성이 강화되면서 이를 유지하기 위하여 신분에 따라 복식의 소재와 형태를 규제하는 복식금제령이 만들어지기도 하였다. 복식금제령은 지배

5-2 **사회형태와 복식의 변화** 사회형태의 변화는 복식의 변화로 나타난다. 1904년 두루마기와 장옷

5-3 **농경사회의 복식** 계급에 따라 구별되는 복식을 착용함으로써 복식의 신분 상징성이 강조된다. 일을 하고 있는 농부의 모습과 그늘에서 갓과 두루마기를 입고 쉬고 있는 양반의 모습(김홍도의 〈타작〉)

마, 면, 모 등의
새로운 복식 소재 생산과
직조기술 발달

복식의 신분상징성 강화 :
복식을 통한 신분구분을 위해
복식 금제령 제정

노동분업화와 부(富)의
축적 가능 : 계층의 형성에 따라
복식의 신분 상징성 등장

계급의 지나친 사치를 금하는 목적도 있었지만, 주된 목적은 서민이 지배계급이나 상류계급을 모방하지 못하게 함으로써 복식을 통한 신분구분을 뚜렷이 하고자 하는 것이었다. 우리나라를 비롯한 동·서양의 대부분 문화권에서 복식금제령이 있었는데, 우리나라는 신라시대에 이미 골품계급에 따라 복식의 재료, 형태, 색채, 장식 등을 규제하였고, 조선조 후기에 이르기까지 여러 종류의 금제법이 있었다. 유럽에서는 로마시대부터 시작되어 14세기 이후 수많은 금제법이 제정되었다.

(2) 도시산업사회

오랜 기간 유지되던 농경 봉건사회가 산업혁명과 시민혁명이라는 획기적인 사건들을 계기로 큰 변화를 겪게 되었다. 산업혁명에서 비롯된 생산기술의 혁신은 생산의 집중화와 노동의 전문화를 가져왔으며, 결과적으로 생산, 유통, 행정 등을 위한 인구의 도시집중화를 초래하였다. 또한 시민혁명에서 비롯된 민주주의 이념의 확산은 봉건 신분계급제도를 소멸시켰다. 산업의 발달, 인구의 도시집중화, 평등의식의 강화 등에 따라 도시산업사회의 복식은 다음과 같은 측면에서 큰 변화를 보인다.

첫째, 산업혁명의 시발점이 되었던 직조기술의 혁신으로 옷감의 생산량이 크게 증가하였고, 재봉틀의 발명으로 생산기술이 발달하면서 복식의 대량생산이 시작되었다. 대량생산은 복식의 형태를 대량생산에 적합한 단순한 형태로 변화시켰고, 이전에 비하여 한 개인이 소유하는 복식의 양을 획기적으로 증가시켰다. 도시 임금생활로 구매력을 갖게 되고, 대량생산으로 상품이 증가하면서 새로운 유

직조기술과 재봉틀의 발명에
따른 복식의 대량 생산 시작 :
유행의 변화 속도 증가

사회 내 부(富)의 증가로
신흥 경제상류계층이 출현하여
패션 리더 역할

남녀 역할의 구분이 뚜렷,
직장 남성의 정장이 표준화

복식의 상징적 전달력 증가 :
복식을 통한 계층의 위장 가능

행에 대한 관심과 채택이 높아져 결과적으로 유행의 변화속도가 빨라지기 시작하였다.

둘째, 도시화와 산업화의 추세 속에서 남성이 취업하고 여성은 가정을 지키는 남녀역할의 구분이 뚜렷해졌으며, 직장생활을 하는 남성의 복식형태가 출현하면서 직장남성의 정장이 정형화된 표준적 형태로 자리 잡게 되었다. 산업사회의 표준화된 남성정장은 이후 산업화과정을 거치는 대부분의 사회에서 공통적으로 착용됨으로써 전 세계 모든 산업사회의 보편적인 형태가 되었다. 이 과정에서 여성복은 이전 농경사회의 민속복식이 그대로 착용되고 남성복만 서구화되는 단계를 거친다. 사회의 산업화 단계에서 여성의 사회적 역할이 없었기 때문에 여성의 사회적 신분을 상징하는 복식이 형성되지 못했고, 아직도 남성복의 상징을 여성복에 차용하는 정도에 머물고 있다. 이러한 현상은 산업화를 겪은 많은 나라에서 공통적으로 나타난 것으로, 우리나라에서도 남녀의 정장으로 남성에게는 양복이, 여성에게는 한복이 입혀졌다.

셋째, 복식의 상징적 전달력이 증가하였다. 농경사회에서도 복식의 상징적 기능이 많았지만, 사회집단의 규모가 작고 구성원들끼리 서로를 알기 때문에 복식으로 사람을 판단하는 정도가 강하지 않았다. 그러나 도시에서는 모르는 사람들끼리의 접촉이 많아 복식으로 사람을 평가하고 판단하는 상징적 전달력이 커지게 된다. 또한 도시에서는 익명성이 높고 자기표현이 자유롭기 때문에 사람들은 개인적 판단에 따라 복식을 입게 되고, 복식을 통한 계층의 위장(deception)도 가능하다.

또한 사회·경제적 구조 측면에서 보았을 때, 산업화로 사회 내 부(富)가 증가하면서 새로운 경제상류계층이 출현하였다. 이들은 새롭게 얻은 우월한 지위를 남들과 구별되는 독특한 복식으로 과시하고자 하였으며, 사회 전체에 영향을 미치는 패션리더(fashion leader)의 역할을 하게 되었다.

(3) 대중사회

현재 우리가 살고 있는 대중사회(mass society)는 산업화가 지속되면서 고도 산업화, 대도시화, 미디어의 대중화 등에 따라 나타난 사회형태로 인구가 밀집한 도시를 중심으로 다수의 대중이 중심이 되는 사회이다. 대중사회에서는 생산기술의 계속적인 발달로 인하여 복식의 생산량이 계속 증가하게 된다. 개인의 복식소유량이 급증함에 따라 복식을 신체보호나 계층 표현보다는 자기표현의 수단으로 사용하게 된다. 따라서 디자인의 중요성이 더욱 커지며, 개성을 강조하는 스타일이 등장하게 된다.

선택의 문제는 계속되어 복식을 사회에 적응하기 위한 수단으로 적극적으로 활용하는 사람들이 있는가 하면, 획일화되고 규범화된 것에서 탈피하고자 하는 반규범적 행동도 나타난다. 이들은 대중의 일부가 되기를 거부하고 파격적인 외모

5-6 **대중사회의 복식** 히피, 펑크와 같이 대중의 동질성에 저항하는 파격적 외모가 등장하고 복식의 성차를 거부하는 남성스커트가 등장한다. (좌) 펑크, (우) 비비안 웨스트우드 2009 F/W

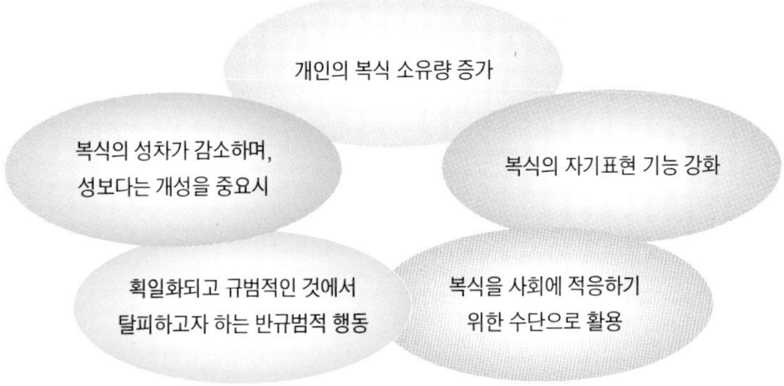

개인의 복식 소유량 증가

복식의 성차가 감소하며,
성보다는 개성을 중요시

복식의 자기표현 기능 강화

획일화되고 규범적인 것에서
탈피하고자 하는 반규범적 행동

복식을 사회에 적응하기
위한 수단으로 활용

로 자아를 표출한다. 전통적인 성 역할이 약화되고 남녀의 사회적 역할이 유사해짐에 따라 복식에서 남녀 간의 성차도 줄어들게 되며, 성보다는 개성을 중요시하게 된다(그림 5-6).

2) 사회계층

복식의 형성과 변화를 설명하는 데 있어서 사회계층 또는 계급은 빼놓을 수 없는 중요한 요인이다. 계층의 존재는 사람들로 하여금 계층의 과시 욕구나 계층상승의 욕구를 갖게 만들며, 이러한 욕구가 패션을 형성하고 변화하게 만드는 원동력이 된다. 그러나 계층이 존재하더라도 계층 간의 물리적·사회적 접촉이 적으면 영향력이 적고, 계층 간의 접촉이 많으면 영향력은 커지게 된다. 또한 개인의 소속계층의 변화, 즉 사회이동(social mobility)의 가능성 여부가 복식에 중요한 영향을 미친다. 사회이동이 이루어지는 사회와 그렇지 않은 사회를 비교하여 봄으로써 사회계층이 복식에 미치는 영향을 설명할 수 있다.

(1) 신분계층 사회

봉건사회에서는 개인의 사회적 신분이나 계층이 출생에 의하여 결정되며, 계층 간의 구분이 확고하고, 또한 계층 간의 이동이 거의 없었다. 이런 사회에서는 계층에 따라 착용하는 복식의 형태가 다르고, 개인의 신분이 복식으로 뚜렷이 표시되었다. 우리나라의 예를 보아도 반상제도가 뚜렷했던 조선시대에는 양반과 상

5-8 **신분계층사회의 신분 상징
성** (상)신분이 높을수록 러프
칼라의 크기를 크게 하였다. (하)
플랭은 신분에 따라 앞끝 길이가
달랐다.

민의 복식이 달랐으며 엄격히 규제되었다.

역사적으로 보면, 복식에 의한 이러한 신분의 표시가 지켜지지 않을 때, 가령
중류 계층에서 경제력을 가져 지배 계층의 복식을 모방할 때에는 지배 계층에서 이
것을 막기 위해 복식의 형태나 색채, 옷감 등을 규제하는 복식금제령(sumptuary
law)을 제정하였었다. 복식금제령은 소비의 제한, 윤리와 도덕의 보존, 또는 자국
의 산업을 보호하기 위하여 제정되기도 하였으나 가장 중요한 이유는 복식을 통
한 신분의 구별이었다. 이러한 법령은 동·서양을 막론하고 존재하였으며, 우리
나라에서도 신라시대에 이미 골품제도에 따라 복식을 재료, 형태, 색채, 장식 등
여러 가지 면에서 규제하였다.

로마의 복식금제령은 북방으로 옮겨져 고딕시대에는 풀랭(poulain)이라는 신
발의 앞 끝 길이를 규제한 일이 있었다. 즉, 농부는 신발 앞 끝의 길이를 6인치 이
상 길게 하지 못하도록 규제한 반면, 왕족은 24인치까지 길게 신을 수 있게 하여
신에게 가까이 할 수 있는 위엄과 신분을 표시하였다. 영국의 엘리자베스 여왕 1
세 때에는 목둘레 러프(ruff)의 크기를 신분에 따라 규제하기도 하였다.

이러한 법령에 의한 신분 계급의 표시는 현대에 이르러 출생에 의한 세습적인
신분계층 제도가 사라지고 민주주의 이념이 확산됨에 따라 자연히 소멸하게 되
었다. 그러나 복식을 통하여 자신의 신분이나 계층을 과시하고자 하는 욕망은 계
속되어 일부 계층에서는 희귀한 복식, 고가의 복식 등 다른 계층에서 모방할 수
없는 복식을 착용함으로써 신분이나 계층을 과시하려는 행동이 나타나고 있다.

산업혁명 이후 경제력을 획득한 중산층이 등장하고, 봉건제도의 붕괴로 세습적
인 신분계층이 사라짐에 따라 과시적 소비에 의한 사회경제계층의 표시가 나타
나게 되었다. 베블런(Veblen)은《유한계급론(The Theory of Leisure Class)》에서
이러한 복식의 과시적 소비(conspicuous consumption)를 여성의 복식을 통한 남
성 배우자의 경제력 과시, 과시적 낭비(conspicuous waste) 등의 경제이론으로
설명하였다. 활동이 불편할 만큼 꼭 끼는 코르셋을 필수로 하였던 19세기 말 여
성의 복식은 노동의 필요가 없는, 노동으로부터 자유로운 계층임을 과시하기 위
한 것으로 풀이된다. 같은 시기에 남성이 바지에 주름을 세워 입기 시작한 것 역
시 피복재료가 발달되지 않았던 그 당시에 바지 주름을 유지할 수 있을 만큼 여유

5-9 **과시적 소비**　(좌) 노동의 필요가 없는 계층임을 과시하는 바지의 주름, (우) 노동의 필요가 없는 계층임을 과시하는 활동이 불편한 복식과 신발

롭고 노동할 필요가 없는 계층임을 과시하기 위한 것에서 비롯되었다.

(2) 현대사회와 사회이동

사회이동(social mobility)이란 집단 또는 개인의 사회적 지위의 변화를 말한다. 출생에 의한 세습적인 신분 계층 제도가 사라진 현대에도 사회 내부에는 계층이 존재하며, 사회적 가치 기준에 따라 중요하다고 생각되는 것에 의하여 계층이 형성되게 된다. 원시사회에서는 사냥 능력이 중요했기 때문에 사냥을 잘하는 사람들이 높은 계층을 차지하였고, 따라서 자신의 힘이나 용맹을 과시하기 위하여 동물의 뿔, 이빨 등을 몸에 장식하였다. 현대에는 경제력이 중요시되면서 경제적 지위에 따른 계층 구분이 이루어지게 되었고, 따라서 복식을 이용하여 경제적 우위를 표시하고자 한다. 그러나 경제력 이외에도 사회에서 중요하고 가치 있다고 보는 것이면 어떤 것이든 계층을 구분하는 기준으로 등장할 수 있으며, 복식에 영향을 미친다.

　현대사회는 사회 내 사회경제적 계층이 존재하지만, 과거와 달리 계층을 타고 나는 것이 아니라 노력이나 성공 여부에 따라 계층 이동이 가능하다는 특징을 갖는다. 현대사회에서 사회이동의 가능성은 평등의 이념, 성취의 자유, 행복추구의 권리 등과 합쳐져 사람들로 하여금 강한 계층상승 욕구를 갖게 한다. 이러한 욕구로 인하여 사람들은 자신이 속하기 원하는 계층의 생활양식을 모방하게 되는

복식과 사회환경　**141**

데, 복식은 가시성이 높기 때문에 가장 먼저, 강하게 모방되는 대상이 된다. 사회 안에서 나타나는 복식의 모방, 동조현상은 유행변화의 원동력이 된다.

사회이동이 불가능한 사회나, 계층이 전혀 없는 사회에서 유행의 변화가 아주 느리고, 사회이동이 가능한 사회에서 유행의 변화가 빠른 것은 바로 이러한 이유에서이다.

3) 종 교

종교는 문화의 가장 근본적인 바탕을 이루기 때문에 고대에서 현대에 이르기까지 종교적 이념은 사람들의 사고나 생활양식을 통하여 복식으로 표현되어 왔다. 원시인들의 복식에는 특히 종교적 또는 미신적 의미를 갖는 것들이 많으며, 이것은 인간이 복식을 착용하게 된 동기 중의 하나로 작용하기도 하였다.

종교가 생활의 중요한 부분으로 존재하는 시대나 사회에서는 특히 종교적 이념이 복식에 강하게 영향을 미쳤다. 고딕시대에 신에게 가까이 가고자 하는 종교적 이념이 첨두 형식의 높고 뾰족한 건축물, 높고 뾰족한 모자인 에넹(hennin) 그리고 끝이 길고 뾰족한 신발인 풀랭(poulain) 등에 공통적으로 표현되었다. 청교도 복식에는 현세에서의 물질적 만족을 죄악시하고 내세 위주의 삶을 살았던 그들의 종교적 이념이 신체적 장식이나 치장을 피하고 신체를 드러내지 않는 어둡고 간소한 형태로 표현되었다.

5-10 **복식에 표현된 종교적 이념** (좌) 신에게 가까워지고자 하는 종교적 욕망을 표현한 에넹 이라는 모자, (우) 중동지역의 다양한 모양의 페이스 베일

모슬렘 문화권의 여성복식에도 종교적 이념이 강하게 나타난다. 이들은 신체의 어느 일부도 남에게 보이지 않도록 감싸며, 눈의 위치에는 망을 붙여 밖을 내다볼 수 있게 하였다. 기후 조건으로는 이러한 복식의 형태가 불합리하나, 종교적 이념이 신체적 안락감보다 강하게 작용하였기 때문에 이와 같은 형태의 복식이 나타났다고 할 수 있다. 또한 이러한 복식의 형태는 모

슬렘교가 정착된 7세기 이후부터 전혀 변화하지 않고 있어 종교의 영향을 강하게 받고 있음을 알 수 있다.

이 밖에도 여러 문화권에 있어서 종교적 이념은 사람들의 가치관이나 도덕관념, 생활양식 등에 큰 영향을 미쳐 복식의 형태를 결정하는 요인으로 작용하였으며, 그 사회 안에서 종교의 영향이 클수록 강하게 작용하였다.

4) 가치관과 관심

복식형태에 영향을 미치는 요인으로 사회 안에 사는 사람들의 보편적인 사고, 사람들의 관심 대상이 되는 사건들, 그리고 영향력 있는 사회집단이 있다.

(1) 도덕관념

사회의 전반적인 도덕관념은 그 사회 안에서 받아들여지는 복식의 형태에 큰 영향을 미친다. 즉, 그 사회의 도덕관념에 맞는 복식은 받아들여지고, 맞지 않는 복식은 아무리 아름다워도 받아들여지지 못한다. 특히 신체노출에 대한 도덕관념은 복식의 형태에 큰 영향을 미친다.

종교적 이념이 지배하던 중세시대에는 신체노출이 극히 제한되었다. 그러나 르네상스 이후 신체노출에 대한 도덕관념이 변화하기 시작하였으며, 20세기에 들어서면서부터는 급격한 노출이 이루어져 왔다. 특히 1920년대 플래퍼룩 (flapper-look)의 등장과 1960년대에 미니스커트의 등장은 신체 노출의 획기적인 변화였다. 플래퍼룩의 등장은 여성의 사회진출과 초기 여성해방운동의 영향을 반영하며, 미니스커트는 제2차 세계대전 이후에 태어난 전후 세대의 새로운 가치 체계를 반영한다. 풍요로운 물질 속에 성장한 전후 세대의 새로운 가치관, 성의 개방 등 기존 도덕관념과의 갈등과 혼란이 미니스커트, 핫팬츠는 물론 토플리스(topless) 수영복, 시스루 (see-through) 등으로까지 표현되었다. 그 중 토플리

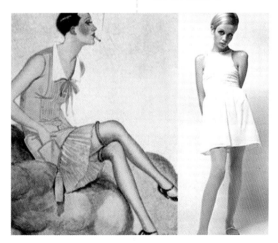

5-11 다리 노출에 대한 도덕관념 1920년대 플레퍼룩과 1960년대 미니스커트는 다리 노출의 획기적인 변화였다.

5-12 **가슴에 대한 도덕관념** 가슴이 노출된 수영복과 시스루 소재가 등장하기도 하였다. 가슴노출은 디자이너들의 패션쇼에서 소개되지만 이에 대한 도덕관념 때문에 대중에게 받아들여지지 못하고 있다.

스 수영복은 가슴의 노출에 대한 도덕관념이 강하게 작용하여 대중화되지 못하였고, 반면에 거부가 덜 심했던 허리를 노출하는 비키니 스타일을 많이 입었다.

같은 시대라도 문화권에 따라 도덕관념이 달라, 우리나라에서는 우리 사회의 도덕관념에 영향을 받아 1960년대 미니스커트는 많이 입었으나 핫팬츠는 쉽게 받아들여지지 못하였다. 그러나 1990년대 이후에는 미니스커트와 함께 핫팬츠도 쉽게 받아들여지고 있어 그 동안 신체노출에 대한 사회적 관념이 변화한 것을 알 수 있다.

(2) 성역할

현대인의 가치관 변화 중 하나로 남녀의 성역할(性役割)에 대한 고정관념이 감소하고 성역할이 유사해지는 현상을 들 수 있다. 남녀의 성역할이 유사해진 배경에는 여성이 고등교육을 받고 사회에 진출하여 전통적으로 남성의 역할로 생각되던 일을 수행하게 됨으로써 사회적 지위를 획득하고 경제력을 갖게 된 데 크게 기인한다. 역사적으로 남성이 경제력을 갖고 물질 제공자로서의 기능을 강하게 가질 때 여성복은 더욱 장식적으로 되며 남녀 복식 형태가 뚜렷이 차이가 났다.

따라서 현대여성의 역할과 지위의 변화가 복식에서 성차를 감소시키는 데 기인한 원인으로 볼 수 있다. 남녀 성역할의 유사화가 여성이 남성의 역할로 진출하면서 이루어진 것과 마찬가지로, 복식의 유사화도 여성복의 남성화, 즉 여성이 바지, 재킷, 셔츠 등 남성복식을 착용하면서 강화되었다. 남성복의 여성화의 경우 초기에는 여성복의 경우처럼 적극적이며 직접적으로 이루어지지는 않았고, 점진

5-13 **여성복의 남성화** 여성의 사회진출이 본격화된 1970년대 남성정장을 모방한 복식이 출현하였다. 이브 생 로랑, 1975 F/W

5-14 **유니섹스 스타일의 확산** 켈빈 클라인 남녀공용 향수 CK one 광고모델의 유니섹스 스타일

5-15 **중성화된 이미지의 확산** 남성과 여성의 중성적 이미지에 대한 조사 내용

미스터 뷰티(Mr. Beauty)			미즈 스트롱(Ms. Strong)
슬픈 영화를 보면서 눈물 흘리는 것이 창피한 일은 아니다.	67.3%	64.7%	가냘픈 몸매보다 운동으로 다져진 몸매를 선호한다.
남성도 메이크업을 할 수 있다.	62.7%	53.3%	여자도 가급적 힘이 센 것이 좋다.
여성 대통령을 받아 들일 수 있다.	68.7%	63.3%	여성이 큰 차량을 운전하는 것이 멋져 보인다.
남성도 귀걸이 등 액세서리를 할 수 있다.	69.3%	58.7%	일부러 강해 보이려 노력한 적 있다.
경제적으로 능력 있는 여자친구가 자랑스럽다.	75.3%	72.7%	결혼비용은 남녀공동 부담해야 한다.
시사문제를 나보다 더 많이 아는 여성이 매력 있다.	90.7%	64.7%	남녀 구분 없이 데이트비용은 돈 있는 사람이 낸다.
여성이 경제적 능력이 된다면 남성이 가정 일을 할 수도 있다.	62.0%	58.7%	남자친구나 남편에게 스킨십을 요구할 수 있다.

복식과 사회환경 145

5-16 **중성화된 이미지의 확산**
남성의 상징이었던 근육을 강화
시킨 여성의 중성적 이미지

5-17 **남성 머리스타일의 여성화**
남성들이 여성의 상징이었던 긴
머리 스타일을 하게 되었다.

적으로 색채와 무늬 등에 국한되어 나타났다. 그러나 최근에는 남성들의 화장, 치마의 착용 등과 같이 여성복을 착용하면서 강화되고 있다. 복식뿐만 아니라 전 반적인 이미지도 중성화되어가고 있다. 이러한 유니섹스 모드는 젊은 층, 대학생 층, 전문직 여성 등과 같이 성에 따른 역할 구분이 덜 뚜렷한 집단에서 특히 강하 게 나타난다.

5-18 **남성복의 여성화** 여성복
에 주로 사용되던 화려한 색채와
무늬 디테일이 반영된 셔츠를 남
성들이 입기 시작하였다.

5-19 **남성의 중성화된 이미지**
남성의 화장이 증가함에 따라 남성
화장품의 구매가 증가하고 있다.

국내 남성 화장품 시장 규모 (단위 : 원)

5,300억 (예상)

4,900억

4,500억

3,500억

3,200억

2003 2004 2005 2005 2007 (연도)

5-20 **복식에서의 유머** 외의, 내의, 액세서리와 양말 등에 유머러스한 디자인이 등장한다.

(3) 유머와 오락성

현대사회가 복잡해지고 스트레스가 많아지면서 사람들은 유머나 오락성을 중요시하기 시작하였다. 일상생활의 스트레스나 복잡성, 업무의 중압감에서부터 탈피할 수 있는 문화가 필요하게 되었으며, 사람들의 가치관도 심각하거나 무거운 문제보다는 가볍고 즐길 수 있는 것을 중요시하는 것으로 변화하였다. 따라서 최근에는 재미있고 유머러스한 문화가 등장하는데, 광고나 쇼핑문화, 이성 간의 매력도, 복식디자인 등에서도 유머나 오락성이 중요시되고 있다.

5-21 **군복의 유행** 베트남 전쟁의 영향으로 군복스타일이 유행하였다.

5) 사건과 인물

국제적 사건, 사회적 문제, 영향력 있는 인물의 등장 등은 사람들의 관심을 그 지역, 그 문화, 그 사건 또는 그 인물에게 쏠리게 함으로써 이들의 영향이 복식형태에 나타나게 된다.

파나마 운하의 개통과 파나마모자의 세계적인 유행, 미국의 하와이 합방과 하와이 남방셔츠의 유행, 미국의 알래스카 합방과 에스키모 복식인 파카의 유행, 1970년대 초 미국과 중국의 수교, 월남전의 종식, 일본의 경제적 진출 등으로 인한 아시아 복식의 세계적 영향 등이 그러한 예이다. 또한 1973년 첫 번째 석유파동 이후 세계의 관심이 중동지역으로 몰리게 됨에 따라 그 지역의 민속복식이 세계 유행에 나타났으며, 1991년 걸프전쟁은 군복풍의 유행을 가져오기도 하였다.

복식과 사회환경

5-22 **아프로 헤어 스타일의 유
행** 흑인민권운동이 일어나면서 아
프로 헤어 스타일이 등장하였다.

5-23 **우주복 스타일의 등장**
유인 우주선이 최초로 달에 착륙
하면서 우주복 스타일이 등장하
였다.

　사회적인 문제는 사람들의 판단을 요구하며, 이에 작용한 가치 체계는 복식으로 표현된다. 가장 대표적인 예로 1960년대의 커다란 사회문제였던 흑인민권운동을 들 수 있다. 흑인민권운동은 사회적인 불평등에 대한 반발뿐 아니라, 흑인 스스로에 대한 재발견의 운동이기도 하였다. 그들은 이러한 생각을 외모로 표현하여 백인의 미에 접근해서 아름다움을 추구하던 종래의 방법을 버리고, 흑인 고유의 아름다움을 찾아 이를 강조하였다. 꼬불꼬불한 머리카락을 펴서 백인과 같은 머리 모양을 하려고 노력하던 과거와 달리 그들의 특징을 살린 아프로(Afro) 헤어스타일 또는 머리 전체를 여러 줄로 땋아 붙이는 스타일로 머리를 장식하였다. 복식에 있어서도 아프리카 원주민의 복식을 모방한 스타일을 입어 자신의 재발견과 이에 대한 긍지를 표현하였다. 또한 인간의 달 착륙이라는 획기적인 사건이 1960년대 나타났던 우주복 스타일의 복식이 등장하였다.

　1990년대에 들어서는 환경문제에 대한 사람들의 인식이 높아지면서 자연에 대한 관심과 동경이 에콜로지(ecology)풍의 복식으로 나타나게 되었다. 꽃과 같이 자연의 대상을 모티프로 하는 무늬, 자연의 색채, 천연소재, 부드러운 선 등이 유행의 주제로 등장하였다.

또한 건강에 대한 관심의 증가, 스포츠의 대중화 등
은 스포츠웨어가 일상복에 영향을 미쳐 캐주얼 스포츠
시장의 확대를 가져오는 원인이 되기도 하였다. 우리나
라의 경우 1980년대 교복자율화, 올림픽 개최, 문민정
부의 등장, 2002년 월드컵 개최와 같은 스포츠 행사 등
의 사회적 사건들이 서로 상호 작용을 일으키며 복식의
개성화, 다양화, 스포츠웨어 부상 등 많은 변화를 가져
왔다.

사회에 영향력 있는 특정한 사회집단(social group)
또는 영향력 있는 특정한 인물이 복식형태에 영향을 미
치기도 한다. 영향력 있는 인물은 사회나 시대에 따라
다양한 계층에서 모두 존재할 수 있다. 연예계의 인물
이 유행선도자로 등장할 수 있고, 정치인이나 정치인의
배우자, 사회 저명인사 등 사람들의 관심의 대상이 되는 사람은 모두 복식 유행의
선도자로서 영향력을 미칠 수 있다.

1960년대 초 미국 재클린 케네디의 미니스커트 착용은 1960년대를 완전히 젊
은 층 주도의 문화로 만드는 데 기여하였다. 2000년대에는 미국 최초의 흑인 대
통령 부인인 미셸 오바마가 사람들의 관심을 받으며 복식에 영향을 주고 있다.
그 밖에 젊은이의 우상이던 영국의 비틀스(Beatles)는 당시로는 상당히 획기적이
라 할 수 있는 장발로 기성세대의 거센 비판을 받았으나, 젊은 층에서는 이를 모

5-24 **스포츠웨어의 일상복화**
건강과 스포츠에 대한 관심은 스
포츠웨어의 일상복화를 가져왔다.

5-25 **월드컵과 태극기** 2002년
한일 월드컵으로 확산된 애국심
은 태극기를 이용한 옷으로 표현
되었다.

5-26 **정치인의 영향력** 젊은 케
네디 대통령 부부와 오바마 부부
는 1960년대와 2000년대에 세계
적인 유행선도자 역할을 하였다.
(상좌) 재클린 케네디 오나시스,
(상우) 미셸 오바마

5-27 **연예인의 영향력** 영국의
비틀스는 당시의 획기적인 장발
을 세계적으로 유행시켰다.

방하여 세계적으로 장발의 유행을 가져왔다. 비틀스의 모습은 현재의 기준으로는 조금도 이상할 것이 없으나 당시로는 커다란 충격을 주었던 것으로 사회적 규범과 일탈행위(deviant behavior)의 시대적 상대성을 보여 준다.

우리 사회에서 연예인의 영향력이 과거에 비하여 훨씬 커진 것을 볼 수 있는데, 이는 연예인을 접할 수 있는 다양한 매체의 보급이 이루어졌을 뿐 아니라 연예인에 대한 사회적 지위가 변화하여 젊은 층의 우상이 되면서 나타난 현상으로 볼 수 있다.

2. 경제적 요인과 복식

1) 전반적 경제 발전단계

한 사회가 경제적으로 발전되고 개인의 소득이 증가하게 되면 복식의 유행 변화속도가 빨라진다. 경제적으로 발전된 사회에서는 교육이 증가하게 되고, 교육의 증가는 변화에 대한 욕구를 증진시킨다. 또한 새로운 상품의 생산도 증가하기 때문에 변화에 대한 욕구, 이를 충족시켜 줄 수 있는 상품, 상품구매 수단인 소득의 세 가지가 모두 증가하여 결과적으로 유행의 확산이 빨라지게 된다.

소득의 증가는 욕구수준의 상승을 가져와 사람들은 복식에 대한 기대도 신체보호 수준이 아닌 자기표현 수준으로 상승되며, 따라서 유행에 대한 관심도 높아지게 된다.

경제 발전단계와 관련된 복식의 또다른 특징은 민속복식이 사라지는 것이다. 경제적으로 발전된 사회는 경제적으로 후진된 사회보다 앞서서 그들의 민속복식을 일상복으로 입지 않기 시작한다. 즉, 산업사회의 생활양식에 맞는 간편하고 기

5-28 복식을 통한 자기표현
경제가 발전되면서 복식에 대한 욕구 수준도 높아져서 복식을 통한 자기표현이 더욱 강조된다.

능적인 현대복식을 착용하기 시작한다. 현대복식은 산업혁명이 시작된 영국에서 비롯되었으며, 이후 산업화하는 많은 문화권으로 확산되었으며, 이제는 세계 공통의 복식으로 착용되고 있다. 이 과정에서 산업화 이전까지 착용되던 각 민족의 전통복식이 일상복에서 사라지는 현상이 나타나게 된다.

일상복의 현대복식화는 농촌보다 도시에서, 여성복보다 남성복에서, 가정보다 직장에서 그리고 노년층보다 젊은 층에서 먼저 나타나며, 결국 사회 전반적으로 민속복식이 일상복에서 사라지게 된다.

서구 산업화의 선구 역할을 한 영국이 그들의 민속복식을 일상복에서 포기한 첫 번째 국가였으며, 그 다음에 독일, 벨기에, 덴마크 등이 그들의 민속복식을 일상복에서 포기하였고, 같은 시

기에 경제적으로 뒤떨어졌던 그리스, 러시아, 스페인, 이란 등은 그들의 민속복식을 계속 착용하였다. 우리나라의 경우도 급격한 산업화와 경제적인 도약기였던 1960~1970년대 사이에 한복이 일상복에서 완전히 사라진 것을 볼 수 있다.

일상복에서 사라진 민속복식은 자신의 문화를 지키려는 노력으로 대부분의 문화권에서 특별한 의식을 위한 예복으로 변화하였으며, 특히 전통적인 의식에서 많이 착용된다. 그러나 산업화가 이루어지지 않은 경제적으로 낙후한 지역, 종교 등의 영향으로 전통적인 생활양식이 고수되는 지역 그리고 전통적인 신분격차가 심한 지역 등에서는 현재에도 민속복식이 일상복으로 착용되고 있다.

5-29 세계 공통의 현대복식
주요 8개국(G8) 정상회담에 참가한 각국 정상들의 복식이 다양한 문화적 배경에도 불구하고 동일하다.

5-30 산업화 이전의 30대 주부들 산업화 이전에는 한복이 일상복으로 착용되었다(1950년대).

2) 부의 확산

복식의 변화는 그 사회의 부를 중심으로 일어난다. 따라서 사회 안의 경제적 계

농경사회   초기 공업화단계   과도기 · 초기 성숙기   고도산업사회

급구조는 그 사회의 복식에 중요한 영향을 미친다.

복식의 변화는 그 사회 안에서 여유소득(discretionary income)이 가장 많은 계층을 중심으로 일어난다. 여유소득은 실질소득에서 생활필수품을 구입한 후에 남는 돈, 다시 말하면 원하는 용도에 임의로 지출할 수 있는 소득의 양을 말한다. 여유소득이 많은 계층의 사람들은 복식을 꼭 필요해서보다는 사회 · 심리적 만족을 위하여 구매하며, 따라서 이들이 원하는 형태로 복식이 형성된다.

역사적으로 복식의 형태가 지배계층이나 귀족계층을 중심으로 변화되어 온 이유도 봉건사회에서는 이들만이 여유소득을 갖고 있었기 때문이다. 그러나 사회가 산업화됨에 따라 생산과 경제활동으로 부를 축적한 신흥 경제상류계층이 형성되었고, 이들을 중심으로 복식의 형태가 이루어지게 되었다.

20세기 후반 고도 산업사회의 진전과 더불어 사회적 부가 넓게 배분되면서 다이아몬드형의 경제계급구조로 변화하게 되었고 경제적 여유를 갖는 중류층이 증가하면서 패션의 중심이 상류계급에서 중류로 이동하게 되었다. 고급 주문생산을 하던 세계적 디자이너인 이브 생 로랑이 처음으로 1960년대 대중을 위한 기성복을 출시한 것은 이러한 변화를 반영한 것이라 할 수 있다. 그 이후로 모든 디자이너들이 중류계층을 표적으로 하는 다양한 기성복을 생산하고 있다. 이와 같이 복식의 중심이 부의 확산에 따라 귀족계층에서 신흥 경제상류계층으로, 이어서 중류계층으로 옮아왔다고 할 수 있다.

3. 정치적 요인과 복식

1) 정치적 이념

한 사회의 복식형태는 정치적 이념과 밀접한 관련을 가지므로 복식은 그 사회의 정치적 이념을 표현한다. 복식을 통한 정치적 이념의 표현은 크게 두 가지 방향에서 이루어진다. 하나는 복식이 정치적 목적으로 이용되어 정치적 이념의 표현수단이 되는 경우이고, 또 하나는 정치적 이념의 변화가 결과적으로 복식의 변화로 나타나는 경우이다. 전자의 예로는 18세기 영국에서 스코틀랜드인의 정치적 야망을 봉쇄하기 위하여 스코틀랜드 민속복식 착용 금지를 입법화시켰던 것과 이에 대한 저항의 표시로 스코틀랜드인들이 민속복식을 착용하였던 것을 들 수 있다. 그 외에 전제주의 국가에서 제복을 착용하는 것도 같은 예이다. 스탈린의 러시아, 카스트로의 쿠바, 모택동의 중국, 나치 독일 등 많은 전제주의 국가에서 최소한 초기에는 제복을 착용하였다. 이것은 제복을 통하여 일체감, 소속감, 유대감 등을 강화시키고 그들이 주장하는 소위 무계급(無階級, classless)을 과시하기 위한 것으로 복식이 정치적 이념 표현의 수단으로 사용된 것이다.

정치적 이념의 변화가 복식의 변화로 나타나는 것은 보다 일반적인 경우이다. 가장 극단적이 예로는 프랑스혁명을 전후한 정치적 이념의 변화가 복식의 변화로 나타난 것을 들 수 있다. 프랑스혁명에서는 수병(水兵)의 복식인 헐렁하고 긴 바지인 상퀼로트(sans-culottes)를 자유와 평등의 상징으로 착용하였으며, 혁명이

5-32 **복식에 나타난 정치적 이념** 북한과 중국의 사회주의 이념이 반영된 동일한 형태의 복식

5-33 **복식에 나타난 정치적 이 념** 프랑스 혁명 당시 귀족의 바 지 퀼로트

5-34 **질의 미묘한 차이** 자유 민주주의 사회의 이념에 따라 계 층별 복식형태의 차이는 없으나 옷감이나 바느질 등의 질에 있어 서는 차이가 있다.

성공한 후 과거의 장식적이고 화려한 복식이 사라지고 혁명 이념에 맞는 복식이 크게 보급되어 정치적 이념의 변화를 대변하였다. 그 밖에도 중국 등소평의 실용 주의 노선 채택 이후 서구 복식이 등장한 것이나 동구권의 개방화 이후 나타난 복 식의 서구화 등도 같은 맥락으로 풀이할 수 있다.

　우리가 살고 있는 자유민주주의 사회의 정치이념도 복식으로 표현되고 있다. 과거 봉건사회와 같은 제도적 계급이 없고 공산 사회와 같은 평등의 과시도 없으 며, 개인이 존중된다. 따라서 누구나 스스로 원하고 능력에 맞으면 어떤 복식이 든 착용할 수 있다.

2) 법 령

정치적 이유에서 비롯된 여러 가지 법령이 직접적 또는 간접적으로 복식에 영향 을 미친다.

　직접적인 영향을 미치는 법령으로는 복식금제령, 미국의 L-85, 영국의 CC41 등을 들 수 있다. 복식금제령은 계급이나 계층에 따라 복식의 색채, 형태 등을 규 정하던 것이며, L-85는 제2차 세계대전 중 미국에 있던 법령으로 전쟁 중 물자 부 족 때문에 옷감의 소비를 줄이기 위하여 스타일을 규제하였던 것이다. 스커트의 폭과 길이, 단의 넓이, 블라우스의 포켓과 커프스 등에 대하여 불필요한 옷감 소비가 없도록 한 규제를 내용으로 하고 있다. CC41은 역시 전쟁 중 영국에 있었던 법령으로 복식의 형태보다는 소비를 규제하였던 것이다. 14개월에 60장의 쿠폰을 배급하고, 수트 한 벌에 쿠폰 스물여섯 장, 내복 한 벌에 열 장, 셔츠 한 벌에 다섯 장, 신발 한 켤레에 일곱 장의 쿠폰을 내도록 하여 복식 소비량을 제한하였다.

그 밖에 미국이나 호주 등의 선진국에서는 복식에 불이 붙어 발생하는 인명피해를 줄이기 위하여 어린이 잠옷 등 위험률이 높은 복식에 대하여 방염가공을 의무화하고 스타일을 규제하고 있다.

반면에 사회적 · 경제적 · 기술적 문제를 해결하기 위하여 제정된 법령이 간접적으로 복식에 영향을 미치기도 한다. 최근 우리 사회에서 수입자유화에 따른 외제 수입 복식의 판매가 소비자의 복식 구매형태에 미치는 영향도 법령의 간접적인 효과로 들 수 있다.

4. 기술적 요인과 복식

1) 복식재료의 발달

역사적으로 한 시대의 복식을 보고 그 시대에 관하여 알아낼 수 있는 사항들이 많이 있으나, 그 중에서도 그 사회가 기술적으로 얼마나 진보된 사회이었나 하는 것을 쉽게 알 수 있다. 특히 복식재료의 발달 정도는 그 사회의 기술적 발달 정도를 나타내는 중요한 척도가 된다.

합성섬유의 개발이라는 획기적인 기술적 진보는 대량 생산(mass production)과 대량 소비(mass consumption)를 위한 밑거름이 되었다.

섬유와 직물의 발달은 직접적으로 영향을 미쳐 새로운 소재가 유행에 영향을 미친 예도 역사적으로 많이 찾아볼 수 있다. 나일론, 인조피혁, 인조모피 등의 개발은 모두 이러한 재료를 이용한 복식의 유행을 가져왔다. 최근 수년간 지속되는 몸에 꼭 끼는 실루엣의 작은 사이즈 유행도 신축성 높은 스판덱스나 라텍스 소재의 개발이 없이는 불가능한 것이다. 현재에도 섬유, 직조, 가공기술의 지속적인

5-35 **소재의 개발과 유행** 신축성 있는 라이크라 소재의 개발로 몸에 꼭 끼는 작은 사이즈가 유행하였다.

5-36 **기술적 발달을 활용한 디자인** 합성섬유의 열가소성을 이용한 주름이 중심이 된 이세이 미야케의 디자인

발달로 복식재료용 신소재가 계속 개발되고 있기 때문에 이들이 복식에 영향을 미칠 것으로 기대된다.

그 밖에 가공기술도 계속 발달되어 수지가공, 방수가공, 방추가공, 방오가공, 엠보싱가공 등을 통하여 직물의 물성과 외관을 더욱 좋게 한다.

2) 생산기술의 발달

생산기술 발달의 가장 큰 분수령은 대량 생산기술의 발달이다. 복식의 대량 생산

5-37 **재봉틀의 발명** 초기의 재봉틀과 싱거에 의한 개량화. (좌) 초기의 재봉틀은 1분에 250 스티치를 할 수 있어 대량생산을 가능하게 한 기술적 배경이 되었다. (우) 1846년 하우가 발명한 재봉틀은 그 후 싱거에 의하여 개량됨으로써 사용이 확산되었다.

은 산업혁명에 의한 직조기술의 발달, 재봉틀의 발명, 합성섬유의 개발이라는 세 가지 획기적인 기술적 진보에 의하여 가능하게 되었다.

복식이 기계를 이용하여 대량으로 생산되면서 의생활 전반에 획기적인 변화가 나타났다. 복식의 기성복화는 복식의 형태 면에서 단순성(simplicity)과 획일성 (uniformity)을 크게 하였고, 복식의 소비 측면에서 대량소비를 가져와 복식을 통한 자기표현 욕구를 증가시키고 유행변화속도를 빠르게 하였다.

(1) 디자인의 단순화

복식디자인의 단순화는 생산과정을 간소화시킴으로써 생산성을 높이기 위한 목적과 개인별 체형에 꼭 맞는 디자인의 생산이 불가능한 대량 생산의 특징에서 비롯된 것이다. 서양의 여성복이 20세기에 들어서면서 여러 가지 장식적인 부분이 줄어들고 단순화된 데에는 여성들의 의식과 역할의 변화가 큰 원인이었으나, 대량 생산의 발달도 중요한 원인으로 작용하였다. 최근에는 섬유산업이 고도로 발달함에 따라 직물의 종류, 색채, 무늬, 재질 등이 다양하게 생산되어 디자인의 단순성을 보완하고 개성 추구의 욕구를 만족시켜 준다.

(2) 디자인의 획일화

복식디자인의 획일화도 역시 대량 생산의 큰 특징이다. 유명 디자이너는 다양한 디자인을 제시하나, 그 중 대중에게 적합한 일부가 고급기성복 생산업체에 의해서 생산되고, 보다 저렴한 가격의 복식을 생산하는 산업체에서는 다시 몇 개의 디자인만을 선택하여 생산하기 때문이다. 디자인의 다양성은 제품의 가격이 내려감에 따라 점차 줄어들게 되고, 일반에게 전달되는 대량 생산 제품은 형태에 있어서 상당히 획일화되게 된다. 이러한 현상은 사회 전반적으로 유행에의 동조를 높게 하는 요인이 되기도 한다.

5-38 **디자인의 획일화** 대량 생산은 획일적인 상품을 시장에 공급한다.

그러나 최근에는 컴퓨터를 이용한 생산기술이 발전하여 소량 다품종 생산을 가능하게 하고 있으며, 사람들의 개성화·차별화 욕구 또한 심화되기 때문에 디자인의 획일화 현상은 많이 감소하고 있다.

(3) 유행변화속도의 촉진

복식을 통한 자기표현욕구의 증가나 유행변화속도의 촉진은 모두 대량 생산에 의한 대량 소비에서 나타나는 현상들이다. 합성섬유의 개발에 의한 섬유 생산량의 증가와 대량 생산기술의 발달에 의한 생산량의 증가는, 한 사람이 소유하는 복식의 수를 과거에 비하여 엄청나게 증가하게 하였다. 따라서 복식의 기능도 신체보호나 신분표시의 기능을 넘어서 미의 표현이나 개성의 표현을 보다 중요시하게 되었다.

이와 같이 소유하는 복식 수의 증가와 자기표현욕구의 증가는 유행에의 동조와 개성 추구를 모두 강하게 하여 유행변화속도를 촉진시킨다. 현대인에게 있어서 복식을 폐기하는 이유로 헤지거나 작아지는 등 물리적 효용의 상실보다는 유행이 지나거나 싫증 등 사회·심리적 효용의 상실이 더 많다는 연구결과가 이를 뒷받침해 준다. 현재의 유행변화속도가 과거에 비해서 현저하게 빠른 것은 이와 같

5-39 **액세서리의 활용** 대량 생산에 의한 복식의 몰개성화는 개성표현의 수단으로 액세서리 사용을 강화시켰다.

이 기술의 발달로부터 비롯된 현상이다.

(4) 액세서리의 활용

대량 생산되는 단순화 · 획일화된 상품은 소비자의 자기표현욕구를 충족시키기 어렵다. 따라서 사람들은 상품을 자신의 취향에 따라 조합하여 새로운 스타일을 창조해 내거나 또는 액세서리 등을 이용하여 개성을 표현하고자 한다.

(5) 역문화 현상

대량 생산을 통한 획일적 모습에 대하여 반발하는 역문화 현상(counter-culture)이 나타난다. 사회 내에는 획일화된 대중의 하나이기를 거부하며 파격적이고 때로는 괴이하게조차 보이는 외모로 자아를 과장되게 표현하는 하위문화집단이 등장하게 된다. 대량 생산이 이루어지기 시작한 이래로 히피, 펑크 등 역문화 현상을 보이는 하위문화집단의 등장이 끊임없이 이어져 왔다.

　복식 생산기술의 지속적 발달은 컴퓨터를 생산에 도입함으로써 또 한 번의 도약을 맞이한다. 컴퓨터는 직물과 복식디자인에서부터 생산 공정의 자동화를 가능하게 함으로써 생산성을 높일 뿐 아니라 컴퓨터를 이용한 개별화된 생산 공정의 발달로 소품종 대량생산체제에서 다품종 소량생산체제로의 이동이 가능하게 되었다. 또한 생산과정에 사람들의 요구를 반영하는 대량 맞춤생산(mass customization)도 가능하게 되었다.

　컴퓨터를 이용한 IT기술의 발달, 인터넷의 보급은 여러 측면에서 영향을 미친다. 우선 생산시스템에 영향을 미쳐 생산기간의 단축, 소량다품종 생산, 패스트 패션(fast fashion) 등을 가져왔고, 판매체계에 영향을 미쳐 각종

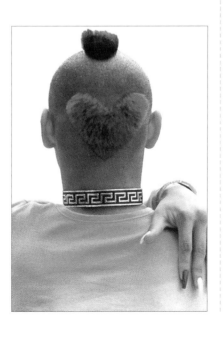

5-40 획일성을 기피하는 역문화 현상 1980년대 뉴 웨이브 헤어스타일은 기성문화에 대한 반발이며 자아의 과장된 표현이다.

5-41 아이재킷 재킷과 아이팟과 블루투스의 기능이 첨가되었다.

5-42 POS(Point of Sale) 시스템 실시간 판매정보를 활용한 물류정보관리 및 마켓팅 관리시스템

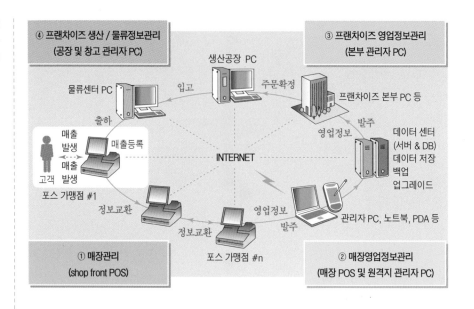

실시간 판매정보를 활용한 마케팅, 전자상거래의 활성화 등을 가져왔다. 또한 생산 IT기술을 옷에 직접 연관시킨 스마트웨어(smart wear), 웨어러블 컴퓨터(wearable computer) 등도 앞으로 큰 영향을 미칠 것으로 기대된다.

3) 대중매체의 발달

대중매체(mass communication media)란 신문, 잡지, 텔레비전, 영화, 비디오, 인터넷 등과 같이 대중에게 어떤 사상을 전달하는 매개체를 말한다. 대중매체의 발달과 보급은 문화적 접촉과 교류를 통하여 복식형태의 교류를 가져오며, 또한 복식의 유행 확산을 촉진시킨다.

대중매체의 교류는 복식형태의 교류를 가져오기 때문에 대중매체가 서로 교류되는 사회끼리는 지리적으로 멀리 떨어져 있어도 복식형태가 유사하고, 대중매체가 서로 교류되지 않는 사회끼리는 지리적으로 인접해 있어도 복식형태가 다르다. 중국과 서방국가와의 수교로 문화교류가 이루어지면서 중국에 서방의 복식이 나타나고, 중국의 제복을 모방한 디자인이 서방에 나타났으며, 1990년대 동구권의 민주화와 함께 교류가 이루어지면서 청바지를 비롯한 서구복식이 동구권

5-43 인터넷의 영향과 복식 검은색 미니 드레스는 모델 케이트 모스 등 할리우드의 유행을 주도하는 연예인들이 즐겨입는 것으로 인터넷을 통해 알려지면서 등장하게 되었다.

국가들에서 유행한 것도 같은 예이다.

다른 한편으로, 대중매체는 복식의 확산속도를 빠르게 하며, 복식의 지역차를 줄인다. 새로운 복식형태가 등장하였을 때 사람들은 대중매체를 통해 새로운 복식 스타일에 대하여 알게 되어 구매하게 된다. 결과적으로 복식의 확산속도를 빠르게 하는 것이다. 각 지역의 문화적 특성보다는 세계화된 복식이 동시에 나타나는 것도 인터넷 등 다양한 매체의 영향으로 볼 수 있다.

Chapter 6 | 복식의 유행현상

1. 유행 변화

복식의 형태는 정체되어 있는 것이 아니라 계속 변화한다. 이것은 사람들의 복식에 대한 요구나 기호가 항상 새로운 것을 향하여 변화하기 때문이다. 따라서 사회 환경요인과 더불어 패션의 변화속성이 합쳐져 그 당시 최적이라고 생각되는 복식 스타일이 결정되게 된다.

1) 변화의 원인

왜 유행은 하나의 스타일로 정지되지 못하고 지속적으로 변화하는가? 이에 대한

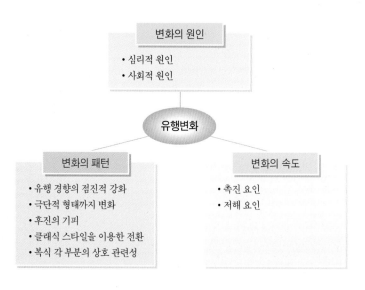

해답은 심리적 원인과 사회적 원인으로 나누어 구해 볼 수 있으며, 이 두 가지가 합쳐질 때 유행의 변화 원인을 효과적으로 설명할 수 있다.

(1) 심리적 원인

새로운 유행으로의 변화를 추구하게 만드는 심리적 원인 중 가장 빈번하게 지적되는 것으로 싫증, 호기심, 전통에 대한 반발심, 자기표현욕구 등을 들 수 있다.

기존 사물이나 연속적인 자극으로부터 느끼는 싫증(boredom)은 정도의 차이는 있으나 누구나 갖는 감정이다. 싫증은 매슬로(Maslow)가 제시한 욕구 수준에서 볼 때 낮은 수준의 욕구가 어느 정도 충족된 상태에서 나타나기 때문에 생활에 여유가 있는 유한계급이나 또는 유행과 외모에 관심이 많은 사람에게서 더욱 강하다. 싫증은 불만으로 이어지며, 싫증에서 오는 불만족감에서 벗어나기 위하여 사람들은 새로운 자극인 변화를 시도하게 된다. 유행하는 디자인도 지속적으로 착용하면 싫증을 느끼고 변화를 원하게 된다.

호기심, 모험심, 탐구심 등 새로운 것에 대한 욕망은 변화를 위한 변화의 추구라는 점에서 싫증과 유사하다. 그러나 호기심이 강한 사람들은 기존의 것이 주는 자극이나 흥분에 관계없이 새로운 것에 대한 열망으로 변화를 추구하게 된다. 젊은 층이 유행변화에 민감하고 새로운 유행을 쉽게 받아들이는 이유가 이들이 호기심이 더 강하기 때문이다.

전통에 대한 반발은 새로운 것을 추구하는 데 있어서 기존의 사물에 대한 적극적인 거부 감정으로, 싫증이나 호기심보다 강하게 작용한다. 전통에 대한 반발은 일반적으로 청년기에 가장 강하고 성인이 되면 약화된다. 젊은 이들이 전통적인 가치관과 질서에 강하게 반발했던 1920년대와 1960년대 이후의 복식이 전통적인 복식의 형태와 현격하게 달랐던 사실을 보면 전통에 대한 반발이 변화의 추구에 미친 영향을 알 수 있다.

6-2 **전통에 대한 반발** 젊은 층의 전통적 사회규범에 대한 반발은 파격적인 외모로 표현된다. (상) 1960년대 히피, (중) 1970년대 펑크, (하) 1990년대 힙합

이상과 같은 여러 가지 심리적 욕구로 인하여 사람들은 끊임없이 유행변화를 추구한다. 그러나 이러한 감정이 보편적인 감정임에도 불구하고 어떤 사회에서는 유행변화가 매우 빠른 반면에 어떤 사회에서는 유행변화가 거의 정체되어 있는 현상을 보거나, 또는 많은 생활영역 중에서 유난히 복식에서 유행이 심하게 나타나는 것을 보면 심리적 원인만으로는 유행변화를 충분히 설명할 수 없음을 알 수 있다. 이에 대한 보완으로 사회적 원인에 대한 설명이 함께 이루어져야 한다.

(2) 사회적 원인

사람들이 의복에 대하여 싫증을 느끼거나 새로운 복식에 대한 욕구를 갖게 되는데에는 다른 사람들이 나와 같은 것을 입기 때문에 싫어진다거나, 또는 남들은 모두 같은 것을 입었는데, 나만 다르게 입는 것에 대한 소외감 등과 같은 사회적 상호 작용이 중요한 요인으로 작용한다. 새로운 유행이 창조되고, 많은 사람들이 이에 동조함으로써 사회 내 유행을 형성하게 되는 유행현상은 사회 구성원들이 갖고 있는 사회적 구별(social differentiation)욕구와 사회적 동조(social conformity)욕구라는 두 가지 서로 상반되는 힘에 의하여 이루어진다. 따라서 유행변화가 왜 일어나는가를 사회적 맥락에서 규명하고자 하면 우선 사회적 구별욕구를 강하게 갖는 구별추구집단과 사회적 동조욕구를 강하게 갖는 동조추구집단을 구분하여야 한다.

구별추구집단은 남들과 다른 외모를 갖고자 하는 욕구가 강한 사람들로 개성추구집단이라고도 할 수 있다. 이들은 많은 사람들이 착용하는 현재의 유행과는 다른 새로운 스타일을 착용함으로써 구별욕구를 충족시키려고 한다. 구별추구집단

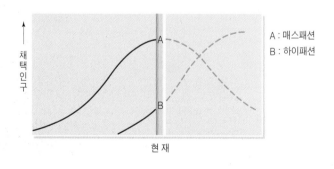

6-3 유행의 연속적 창조와 확산
유행 A가 사회 내 확산되어 더 이상 구별력을 갖지 못하면 유행 B가 새롭게 등장하여 유행 스타일은 지속적으로 창조되고 확산된다.

6-4 **동조와 구별의 추구** 대중의 동조추구에 따라 대중유행(mass-fashion)이 형성되며, 유행 선도자의 구별추구에 따라 새로운 유행(high-fashion)이 소개된다.

이 시도한 새로운 유행 스타일은 동조욕구가 강한 동조집단에 의하여 차츰 모방되어 드디어는 대다수의 사람들이 새로운 유행을 따르게 된다. 이것은 많은 사람들이 착용하는 지배적인 유행 스타일이 되며 이것을 매스패션(mass fashion)이라고 한다. 동조 인구가 증가하게 되면 새로운 유행이 더 이상 새롭게 보이거나 구별되어 보이지 않기 때문에 구별추구집단은 또다시 새로운 스타일을 추구하게 된다. 이렇게 소수의 사람들이 추구하는 새로운 유행 스타일을 하이패션(high fashion)이라고 한다.

사회적 차원에서 볼 때에는 구별추구와 모방추구의 두 집단을 구분할 수 있으나, 개인적 차원에서 볼 때에는 사람들은 누구나 구별의 욕구와 모방의 욕구를 동시에 갖고 있다. 즉, 남들과 구별되는 유일성을 추구하면서도 동시에 아무도 안 입는 지나치게 다른 스타일은 원하지 않는 서로 상반되는 욕구를 동시에 갖고 있다. 따라서 사람들은 남들과 다르면서도 유사한, 유사하면서도 똑같지 않은 스타일을 원한다. 사람들의 이러한 이율배반적인 욕구 때문에 유사성이 있는 유행스타일은 존재하면서, 유행 안에서 다양한 디자인이 필요하게 된다.

구별욕구와 동조욕구의 어느 것이 더 강한가에 따라 원하는 구별력의 정도가

6-5 하이패션과 매스패션의 비교

달라 구별욕구가 강한 소비자는 남들과 뚜렷이 차이나는 튀는 디자인을 원하고, 반면 동조욕구가 강한 소비자는 규범에 맞는 디자인을 원한다. 그러나 이때 주의할 것은 구별과 동조의 대상을 명확히 파악하는 것이다. 청소년들은 기존의 전통적인 스타일과는 구별되기 원하지만 그들의 문화집단에는 적극적으로 동조하기를 원한다. 개성을 추구하는 10대의 외모가 사회 전체로 보았을 때에는 매우 유사하게 보이는 것이 이러한 이유 때문이다. 따라서 기성복 디자이너는 자사의 표적 집단이 어떤 욕구를 강하게 갖는지, 또 구별이나 동조의 대상이 누구인지를 명확히 파악하고 디자인하여야 한다.

2) 변화의 속도

심리적 요인과 사회적 요인에 의하여 유행은 지속적으로 변화된다. 그러나 변화의 속도는 각 시대나 사회가 갖는 특성에 따라 차이가 있다.

사회 안에는 유행변화를 촉진시키는 요인과 반대로 이를 저지하는 요인이 있다. 이 두 종류의 요인이 각각 어느 정도로 강하게 그 사회 안에서 작용하는가에 따라 촉진요인이 강할 때에는 보다 빠르게, 저지요인이 강할 때에는 보다 느리게 유행이 변화하게 된다. 즉, 유행변화속도는 변화의 촉진요인과 저지요인의 역학관계에서 결정된다.

과거의 사회에는 저지요인이 강하게 작용하고 촉진요인이 약했기 때문에 변화속도가 아주 느렸으며, 르네상스 이전까지는 한 개인의 일생을 통하여 유행이 변화한다는 사실을 느끼지 못할 만큼 느렸다. 그러나 현대사회에서는 촉진요인이 강하고 저지요인이 약하기 때문에 유행변화속도가 빠르며, 최근에는 거의 매 시즌 새로운 유행이 등장하고 소멸될 만큼 그 속도가 빨라졌다.

유행변화속도에 영향을 미치는 요인으로 관습이나 전통에 대한 집착의 정도, 문화적 접촉의 정도, 사회적 변화의 정도, 계층구조, 교육수준, 사회적 가치관, 경제 발전에 따른 물질적 풍요의 정도, 부의 확산 정도, 이에 따른 여가 생활의 정도 등이 있다. 정부의 규제 정도와 정부의 형태도 유행변화속도에 영향을 미치는 요인이 된다. 복식 재료의 발달, 생산기술의 발달, 대중매체의 발달 등은 모두 복식의 생산과 소비를 촉진시키며, 따라서 새로운 유행의 수용, 기존 유행의 폐기를 모두 빠르게 하여 변화를 촉진시킨다.

3) 변화의 패턴

20세기에 들어서서 많은 학자들이 유행 변화의 신비를 밝히기 위하여 유행 변화의 패턴을 연구하였다. 현재의 유행 스타일이 다음 유행 스타일에 어떤 영향을 미치는가 예컨대, 현재 역삼각형 실루엣이 유행하고 있다면, 역삼각형 실루엣에 싫증이 난 소비자들은 다음에는 어떤 실루엣을 원하겠는가 하는 것이다. 그 동안 유행의 역사적 연속성을 토대로 추출된 스타일 변화의 일반적 패턴을 몇 가지로 요약하면 다음과 같다.

(1) 유행 경향의 점진적 강화

유행의 변화에는 관성(inertia)이 작용한다. 관성이란 진행하는 방향으로 지속적으로 가고자 하는 힘을 말한다. 새로운 유행 스타일은 한 방향으로 경향이 결정되면 그 방향을 따라 지속적으로 변화하여 점진적으로 강화시키게 된다. 예를 들면, 1964년 영국의 디자이너 메리 퀀트(Mary Quant)가 미니스커트를 처음 소개한 후 미니스커트는 새로운 유행 경향으로 등장하였으며, 이 유행 경향은 계절이 지나면서 점진적으로 강화되어 1970년대에는 초미니스커트에까지 이르렀다. 1970년대 판탈롱이 유행하면서 판탈롱의 바지폭은 매 계절 점점 더 넓어졌고, 1980년대 중반 역삼각형 실루엣이 유행하면서 어깨의 크기는 1990년대 후반까지 지속적으로 점점 더 커졌다. 2000년대의 청바지도 밑위길이가 짧은 것이 유행하면서 해마다 점진적으로 더 짧아지고 있다. 이와 같이 매년 새로운 유행이 등장

6-7 유행 스타일의 점진적 강화의 예 1960년대는 미니스커트의 길이가 점진적으로 짧아졌고 1970년대는 바지의 통이 점진적으로 넓어졌다. 또 2000년대는 청바지의 밑위길이가 점진적으로 짧아졌다.

하지만 장기적으로 보면 큰
경향을 따라 점진적으로 특성
이 강화되는 특징을 보인다.

유행 스타일이 점진적으로
변화하므로 유행의 사회 내
확산, 즉 착용인구 수가 증가
하면서 유행 스타일 특성의
강화도 함께 나타난다. 그림

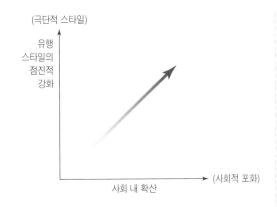

6-8 패션 스타일의 변화 경향
패션 스타일은 유행이 확산됨에
따라 극단에 이르도록 점진적으
로 계속 변화한다.

6-8의 수직적 변화는 확산 없이 형태만 변화되어 극단에 이르는 것이고, 수평적
변화는 형태 변화 없이 확산만 이루어져 사회적 포화가 되는 것을 의미할 때, 유
행경향은 이 두 가지가 합쳐진 사선의 방향으로 나타나게 된다. 즉, 유행의 변화
는 형태가 극단에 이르고, 확산이 포화에 이르도록 함께 이루어진다. 예컨대, 미
니스커트가 사회 내에 확산되어 착용인구가 점점 더 많아지면서 미니스커트의
길이도 지속적으로 더 짧아져 초미니에 이르렀다.

유행이 점진적으로 변화하지 않고 급격히 변화했던 예로는 1947년 크리스티앙
디오르(Christian Dior)가 발표한 뉴룩(New Look)을 들 수 있다. 이것은 제2차 세
계대전으로 오랫동안 유행 변화가 억제되었기 때문에 변화에 대한 욕구가 강했
고, 무엇보다도 전쟁 후의 사회분위기가 전쟁 중과 판이하게 달라졌기 때문으로

6-9 뉴룩 제2차 세계대전 중
억제되었던 변화의 욕구는 뉴룩
과 같은 급진적 변화의 원인으로
작용했다. 제2차 세계대전 중의
직선적인 밀리터리룩과 크리스
티앙 디오르의 뉴룩

풀이된다. 이렇게 예외적인 경우를 제외하고는 유행 형태의 변화는 점진적이다.

유행의 변화가 점진적인 이유는 경제적 이유와 심리적 이유의 두 가지로 설명될 수 있다.

우선 경제적 측면에서 보면, 급격한 유행의 변화는 비록 사람들이 이를 받아들인다 하여도 현재 가지고 있는 복식을 모두 폐기하고 새 유행을 구입하는 것이 경제적으로 불가능하기 때문에 성공하기 어렵다. 반면에 점진적으로 변화하는 것은 현재 가지고 있는 복식과 병행하여 착용할 수 있기 때문에 사람들이 경제적 압박을 덜 받으면서 수용할 수 있다. 1970년대 후반에 스커트 길이가 길어질 때에도 매 시즌 조금씩 길어져서 1~2년 전에 구입한 스커트는 계속 입으면서 새 스커트는 좀 더 긴 것을 구매하며, 2~3년 지난 것은 너무 짧아 폐기하는 점진적 과정을 통하여 변화가 이루어졌다. 디오르의 뉴룩이 대단한 성공을 거둔 유행 경향의 제시였으나, 일반 대중이 모두 이 스타일을 따르게 되기까지는 무려 10년이란 긴 시간이 걸렸던 것도 바로 이러한 경제적 이유가 작용하였기 때문이라 하겠다.

심리적 측면에서 유행이 점진적으로 변화하는 이유는 사람들이 누구나 갖고 있는 변화의 추구와 안정의 추구라는 두 가지 상반되는 욕구 때문이다. 사람들은 끊임없이 새로운 것을 추구하나 반면에 기존의 것으로부터 얻는 안정감도 중요시하기 때문에 복식을 선택할 때에는 '현재 입는 것과 유사하면서 약간 다른 것'을 찾는 경향이 있다.

따라서 유행 형태에 있어서 급격한 변화보다는 점진적 변화가 사람들의 호응을 쉽게 얻어 새로운 유행으로 성공할 가능성이 크다.

(2) 극단적 형태까지 변화

모든 유행은 극단에 이르러서 끝이 난다. 이 뜻은 유행경향에 맞추어 점진적으로 지속되는 변화는 결국 극단에 이르도록 계속되며 더 이상의 진전이 불가능한 상태에서 끝이 난다는 것을 의미한다. 즉, 스커트 길이가 짧아질 때에는 스커트로서 더 짧아질 수 없는 초미니에서, 역삼각형 실루엣은 어깨의 패드를 더 이상 넣을 수 없을 만큼까지 커진 상태에서, 허리를 조이는 유행에서는 더 이상 조일 수 없는 상태에서, 스커트 폭이 넓어질 때에는 더 이상 넓힐 수 없는 상태에서, 바지

6-10 **극단적 형태까지 변화**
(좌·중) 1980년대 어깨 너비가 극
단까지 넓어지도록 변화하였다.
(우) 1990년대 초기에 시작된 미
니스커트의 유행은 극단에 이르
도록 지속적으로 변화하였다.

통이 좁아질 때에는 더 이상 좁힐 수 없을 만큼 좁아진 상태에서 유행은 끝이 나
게 되는 것이다. 유행 경향이 극단에 이르기 전에 중간에서 이와 다른 형태를 시
도할 때에는 유행으로 실패하기 쉽다.

(3) 후진의 기피

유행 스타일이 유행 경향을 따라 점진적으로 변화하여 극단까지 이른 후에는 유
행의 전환점을 맞게 된다. 즉, 한 방향으로 점진적으로 변화한 유행이 극단에 이
르러 새로운 변화를 시도할 때, 지금까지 변화한 경향의 반대방향으로 후진하지
않는다. 예를 들어 설명하면, 스커트의 길이가 점차 짧아져 극단에 이르러 초미
니가 된 후에, 새로운 유행의 경향이 초미니에서 시작하여 점차 길어지는 방향으
로 후진하지 않는다는 것이다. 그 이유는 두 가지 측면에서 설명할 수 있다. 첫 번
째 이유는, 만일 반대 방향으로 후진한다면 2~3년 전에 유행하던 스타일이 새로
운 유행으로 등장하게 되는데, 이것은 변화에 대한 욕구를 충족시킬 만큼 충분히
새롭게 지각되지 않는다는 것이다. 두 번째 이유는, 유행의 확산과정에서 유행을
초기에 수용하는 집단과 후기에 수용하는 집단이 있는데, 2~3년 전의 유행이 되
돌아오면 이 두 집단이 거의 같은 옷을 입게 되어 초기 수용집단이 원하는 구별력
을 충족시키지 못하기 때문이다.

6-11 클래식 스타일을 이용한 전환 팬츠 수트가 미니스커트가 극단에 이른 후에 새로운 유행경향으로 등장한 실루엣이다. 그 후 다시 스커트가 등장하면서 클래식인 무릎길이의 샤넬라인이 등장하였다.

(4) 클래식 스타일을 이용한 전환

새로운 유행 경향을 찾아야 하는 전환점에서 새로운 경향이 결정되기까지의 과도기로 또는 새로운 경향의 출발점으로 클래식 스타일이 나타나는 경우가 많다. 클래식 스타일은 인체의 선을 지나치게 드러내거나 감추지 않으면서 인체구조에 가장 충실한 스타일로 유행에 관계없이 항상 받아들여질 수 있는 스타일이다.

전환기에 클래식 스타일이 나타나는 것은 인체의 한 부분을 강조하던 유행이 다른 부분을 강조하는 유행으로 바뀌는 과정에서 가장 순수한 아름다움에 근거한 클래식이 선택되기 때문이다. 1970년을 전후로 미니스커트가 극단에 이른 후 새로운 유행 경향을 찾아 미니, 맥시, 미디가 혼란스럽게 등장하였으나, 어느 하나도 대중의 호응을 받지 못하고 팬츠 수트(pants suit)로 유행의 자리를 넘겨주었다. 몇 년 후 스커트가 다시 등장하면서 스커트 길이의 클래식인 무릎 바로 밑의 샤넬 라인이 유행의 출발점으로 제시되어 대중의 호응을 받았으며, 그 후 점진적으로 길어졌다.

(5) 복식 각 부분의 상호 관련성

복식의 각 부분들이 상호 유기적인 관련성을 가지고 변화한다. 유행의 기본은 복식의 여러 부분이 합쳐져 이루어지며, 조화로운 실루엣을 위해서는 각 부분이 서

6-12 유행 변화의 패턴

6-13 **남성복 각 부분의 상호 연관성** 상의의 실루엣에 따라 라펠의 형태, 셔츠 칼라의 크기, 넥타이의 폭, 바지의 폭 등이 상호 연관성을 갖고 변화한다. (좌) 상의의 넓은 라펠과 넓은 바지의 폭, (우) 상의의 좁은 라펠과 좁은 바지의 폭

로 연관성을 가지고 결정되어야 한다. 예컨대, 스커트의 폭은 상의의 폭과 조화를 이루도록 결정되어야 하며, 상의의 길이는 스커트 길이와 조화를 이루며 동시에 상의의 폭에 영향을 미친다. 실루엣 안의 디테일을 보아도 실루엣에 따라 적합한 칼라의 크기가 있고, 칼라의 크기에 따라 적합한 포켓의 크기가 있다. 이와 같이 복식의 각 부분은 선, 형, 면, 여백 모두에서 상호 연관성을 갖고 조화를 이루어야 한다. 따라서 유행의 변화는 복식의 어느 한 부분만 따로 변화할 수 없고 각 부분이 서로 연관되어 변화하게 된다. 간혹 전체의 조화를 무시한 복식의 일부분이 유행의 중심이 되는 일이 있으나 유행주기가 짧고 패드로 끝나는 경우가 많다.

2. 유행 확산

유행은 새로운 스타일이 사회 안에 확산되어 많은 사람들이 이를 착용하게 됨으로써 형성된다. 즉, 지속적으로 새로운 스타일이 등장하고, 이것이 사회 안에 다

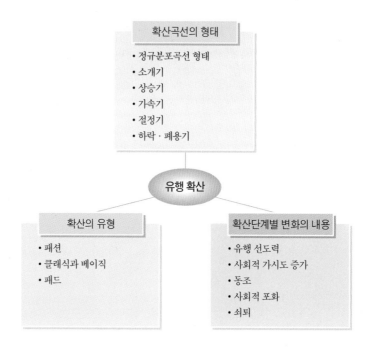

수에 의해 입혀져 확산됨으로써 유행이 형성되는 것이다.

1) 확산곡선의 형태

유행이 변화한다고 사회 안의 모든 사람들이 동시에 새로운 스타일을 착용하게되는 것은 아니다. 새로운 것을 추구하는 사람들로부터 유행에 민감한 사람들에게 확산되고, 대중에게 확산됨으로써 유행의 절정에 이르게 되는 것이다. 이와같이 사회 안에 새로운 유행 스타일이 확산되어가는 과정을 보여 주는 것이 유행확산곡선(fashion diffusion curve)이다.

유행확산곡선은 정규분포곡선의 형태를 가지며, 유행곡선(fashion cycle) 또는제품수명주기곡선(PLC : Product Life Cycle)이라고도 부른다. 유행확산곡선의가로축은 시간을 나타내는데, 빠른 유행의 경우에는 1~2주 단위로 짧게, 긴 유행의 경우에는 수년간에 걸친 긴 시간으로 표시한다. 세로축은 새로운 유행 스타일을 구매하거나 착용하는 사람들의 수를 나타내며, 실제로는 판매량이나 생산량으로 표시하는 경우가 많다.

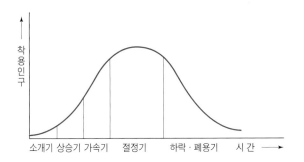

6-15 **유행확산곡선의 형태** 서서히 시작해서 절정을 이룬 후 서서히 사라지는 정규분포 형태를 갖는다.

유행확산곡선의 대상은 유행이 변화하는 내용이면 어떤 것이든 가능하다. 실루엣, 재질, 색채, 디테일, 아이템 등 다양한 내용을 대상으로 확산곡선을 구성할 수 있다. 가령, 더플코트와 같은 특정한 아이템을 대상으로 유행확산곡선을 그려보면, 더플코트가 어떤 속도로, 얼마나 폭넓게 유행하고 있는지를 알 수 있으며, 더 나아가 앞으로 유행상품으로서의 수명이 얼마나 더 지속될 것인가에 대한 판단에도 도움이 된다.

유행확산곡선은 확산 정도에 따라 소개기, 상승기, 가속기, 절정기, 하락 · 폐용기의 단계로 나눌 수 있는데, 수요가 많은 전반부가 중요하므로 전반부는 상세히 나누고, 수요가 적은 하락기는 세분하지 않는다.

2) 확산단계별 변화의 내용

유행확산단계별로 나누어 보면, 각 단계마다 그 단계에 새로운 유행을 채택하는 사람들에 차이가 있다.

(1) 소개기 : 유행 선도력 단계

소개기는 새로운 유행 스타일이 생산자에 의해 처음 사회에 소개되는 단계이다. 당시의 유행하는 스타일과는 차별화된 새로운 실루엣, 소재, 디테일 등의 상품을 소개한다. 상품이 독특하고 희귀한 반면 가격대가 높다. 이를 구매하는 사람들은 변화에 대한 욕구가 강하고, 혁신적인 것을 좋아하며, 개성표현욕구가 강한 유행 선도집단(fashion leader)이다.

6-16 **소개기의 유행 스타일** 패션쇼를 통해서 새로운 스타일이 처음 사회에 소개된다.

(2) 상승기 : 사회적 가시도 증가단계

상승기는 새로운 유행 스타일을 착용하는 사람들이 점차 증가하여 사회적 가시도가 증가하는 시기이다. 새로운 유행으로 자리 잡기 시작하는 시기이므로 생산자는 광고나 디스플레이 등을 통하여 집중적으로 홍보한다. 일반 소비자도 새로운 유행 스타일에 관심과 흥미를 갖기 시작하고, 새롭다는 느낌이 강점으로 작용한다. 유사한 스타일을 생산하는 생산자들이 증가하기 시작한다.

6-17 **상승기에 있는 유행 스타일** 유행 스타일에 대한 사람들의 인지와 흥미를 높임으로써 구매를 유도할 수 있기 때문에 상승기에 있는 유행 스타일은 디스플레이의 주요 아이템이 된다.

(3) 가속기 : 동조단계

가속기는 흥미를 가졌던 일반 사람들이 구매하기 시작하면서 수요가 급격히 증가하며, 새롭다기보다는 적합하다는 느낌을 준다. 생산량이 증가하며 중저가 가격대에서도 다량 생산된다. 처음 새로운 유행 스타일을 시도했던 유행선도자들은 더 이상 개성적으로 보이지 않게 됨에 따라 또다시 새로운 유행을 시도하게 된다.

(4) 절정기 : 사회적 포화단계

절정기는 구매력 있는 사람들이 거의 다 구매하는 시기이다. 새롭다는 느낌을 주지는 못하나 당시에 가장 적합한 스타일로 인식된다. 그러나 더 이상 그 스타일을 구매하는 사람들이 없어지고, 감소하기 때문에 생산업자들은 할인을 한다.

(5) 하락 · 폐용기 : 쇠퇴단계

하락기는 사람들이 그 스타일에 대하여 싫증과 지루함을 느낀다. 새 옷을 사는 사람들은 더 이상 그 스타일을 찾지 않기 때문에 수요가 급감한다. 생산자는 가격을 크게 할인하여 재고를 소진하고자 하며, 싼 가격을 중요시하는 사람들이 주로 구매한다.

이와 같이 새로운 유행 스타일은 사회로 확산되어 유행의 절정을 맞은 후 하락하여 사회에서 사라지게 된다.

3) 확산의 유형

패션과 함께 정의되어야 할 중요한 용어로서 클래식(classic), 베이직(basic), 패드

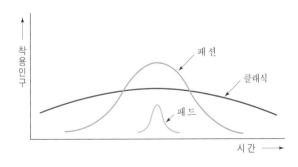

6-18 **클래식과 패드의 확산곡선** 유행 지속시간, 확산속도, 착용인구 분포 등에 차이가 있다.

(fad)가 있다. 클래식과 패드는 확산과정이 특이한 패션의 유형이며, 베이직은 클래식 스타일을 유행 경향에 맞추어 생산한 상품을 말한다. 따라서 소비자 유형에 따라서 베이직 스타일을 더 선호하는 집단이 있고, 반대로 패드를 더 따르는 집단이 있다. 그림 6-18은 클래식과 패드의 확산곡선 형태를 비교한 것이다.

(1) 클래식과 베이직

클래식은 '오랫동안 지속적으로 사람들의 선택을 받는 것'을 의미한다. 클래식의 확산형태를 일반적인 패션과 비교하면 유행지속기간이 매우 길고, 반면에 정점은 낮은 특징을 갖는다. 즉, 오랫동안 많은 사람들이 지속적으로 구매하고 착용하지만, 특별히 그것이 현재 유행한다고 느껴질 만큼 판매의 정상을 지키지는 않는다.

클래식 디자인의 특징은 많은 사람들이 미적으로 우수하다고 평가하는 보편적인 디자인으로, 디자인 요소인 선·색채·재질별로 모두 클래식이 있다. 선의 측면에서 클래식은 우선 인체형태를 존중하여 복식 각 부분의 크기와 위치가 인체와 일치한다. 가령, 복식의 허리선(waistline) 위치가 인체의 허리선 위치와 일치하며, 어깨의 크기도 인체의 어깨 크기와 일치한다. 인체를 벗어나는 로웨이스트

6-19 **클래식 아이템의 예** 클래식 아이템은 시간이 지나도 지속적인 수요를 갖는다. 1960년대 남성 트렌치코트와 2005년 여성 트렌치코트

라인(low waistline)이나 역삼각형 실루엣 등은 클래식 선이 되지 못한다. 또한 클래식은 보편적인 미를 표현하므로 디자인 원리에 충실하게 디자인된다. 색채의 측면에서 클래식은 꾸준히 사용되는 기본 색채들로 흰색, 검은색, 베이지색, 갈색, 감색 등이 이에 속한다. 재질 역시 무난하고 평범한 것이 클래식으로 평가된다.

복식 아이템 중에도 클래식이 있는데, 대표적인 예로서 카디건 스웨터, 터틀넥 니트, 트렌치코트, 더플코트, 일자 청바지, 블레이저 재킷, 점퍼, 셔츠블라우스 등을 들 수 있다. 그러나 클래식 스타일이라고 디자인이 항상 동일한 것은 아니며, 유행에 따라 약간씩 변화한다. 예를 들어 블레이저 재킷이라도 1950년대에는 아워글라스 실루엣, 1960년대와 1970년대에는 스트레이트 실루엣, 1980년대에는 역삼각형 실루엣, 2000년대에는 어깨가 좁고 길이가 짧아진 아워글라스 실루엣으로 변화하였다.

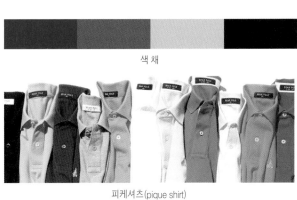

색채

피케셔츠(pique shirt)

블레이저 재킷(blazer)

6-20 **클래식 아이템**

트렌치 코트(trench coat)

더플 코트(duffle coat)

피코트(pea coat)

테일러드수트(tailored suit)

경우에 따라서는 클래식 스타일이 최고의 유행 아이템으로 등장하기도 하는데, 이럴 때에는 확산곡선이 길 뿐 아니라 정점도 높아서 사회 내에 많은 사람들이 착용하게 된다.

(2) 패 드

패드(fad)는 클래식과 여러 가지 면에서 반대되는 성격을 갖는다. 우선 확산곡선으로 보았을 때 지속기간이 매우 짧다. 패드는 사회에 소개된 후 급격히 유행하면서 채택인구가 빠르게 상승하여 절정을 이루고, 역시 빠른 속도로 하락한다. 따라서 패드는 수명주기가 짧다는 특징을 갖는다.

패드는 새로운 것에 대한 욕구가 강하고, 동조욕구도 강한 집단에서 쉽게 형성되므로 사회 전반보다는 사회 안의 일부 하위집단, 특히 청소년 집단에서 흔히 나타난다. 이들은 자신만의 문화를 형성하고 이를 상징하는 스타일을 패드로 받아들인다. 따라서 청소년층과 청년층처럼 변화에 대한 욕구가 강한 사람들은 패드에 관심을 갖는다.

스타일 측면에서 패드는 대부분의 경우에 패션의 전반적인 경향과는 별 관련없이 복식 디자인의 일부나 장식품류 등 작은 것에서 나타나며, 가시성이 높아 눈에 쉽게 띈다. 패드는 디자인의 우수성보다는 특이함과 새로움이 특징이며, 일단 유행하기 시작하면 값싼 유사상품이 많이 등장한다. 빠른 확산으로 처음에 갖던 특이성이나 새로움을 잃게 되므로 곧 싫증을 내게 된다. 패드의 예로서는 레이스 스타킹, 워커, 젤리구두와 백, 어그부츠, 선글라스, 핸드폰 장식품, 특정 연예인이 착용했던 액세서리 등을 들 수 있다. 그 밖에 청바지 끝단을 걷어 입는다거나, 여러 겹 겹쳐 입는 것, 바지를 흘러내리듯이 걸쳐 입는 것 등과 같이 착용방법에도 패드가 있다. 청바지를 아주 길게 입거나, 칠부나 구부로 짧게 입는 것, 사이즈를 크게 입거나 아주 작게 입는 것, 소매길이를 길

6-21 **패드** 유사상품이 많고 제품 수명주기가 짧다. 한 예로 젤리슈즈가 있다.

6-22 착용방법에 의한 패드
청바지의 끝단을 접어입거나, 힙
합 청바지를 팬티가 보이게 흘러
내리게 입는 착용방법이 패드로
등장하였다.

6-23 소재에 의한 패드 켈리
백과 같은 모양이나 가격이 저렴
한 인공 소재의 젤리백이 유행하
였다.

게 입거나 짧게 입는 것 등과 같은 사이즈와 관련된 패드도 있다.

패드로 시작하여 패션을 거쳐 클래식으로까지 이어지는 경우도 간혹 있다. 청년층에서 처음 시작한 배낭식 백팩가방은 편리함과 유용성이 높아 지속적 사용은 물론 다른 계층에도 확산되어 고급상표에서도 등에 메는 스타일의 백이 생산되었다. 고도 산업사회에서 유행의 수명주기가 점점 더 짧아지고, 또한 시장이 더욱 세분화되는 추세를 보이는데, 이는 패션이 패드로서의 특성을 점차 강하게 갖게 되는 현상이므로 주목할 필요가 있다.

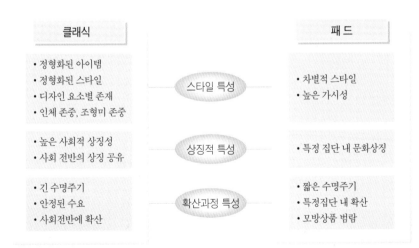

클래식		패드
• 정형화된 아이템 • 정형화된 스타일 • 디자인 요소별 존재 • 인체 존중, 조형미 존중	스타일 특성	• 차별적 스타일 • 높은 가시성
• 높은 사회적 상징성 • 사회 전반의 상징 공유	상징적 특성	• 특정 집단 내 문화상징
• 긴 수명주기 • 안정된 수요 • 사회전반에 확산	확산과정 특성	• 짧은 수명주기 • 특정집단 내 확산 • 모방상품 범람

6-24 클래식과 패드의 특성 비교

Chapter 7 | 복식과 개인

1. 복식과 이미지 형성

복식은 인간의 제2의 피부라고 불릴 만큼 복식과 착용자는 밀접한 관련을 갖는다. 우선 복식과 자신과의 관계를 생각해 보면, 사람들은 복식을 자신과 동일시하기 때문에 복식을 통해서 자신을 표현하고, 자신의 사회적 정체감을 만족시킨다.

한걸음 더 나아가 개인과 개인이 상호 작용하는 집단에서의 복식은 이미지 형성과정을 거치면서 서로를 판단하는 데 영향을 미침으로써 상호 커뮤니케이션을 촉진시키는 기능을 한다.

1) 복식과 이미지 형성

이미지는 어떤 단서에 의해 지각되거나 인지되는 대인지각의 모든 내용에 대한 해석이다. 그 대인 지각의 내용에는 단편적인 특성뿐 아니라 스테레오 타입과 같은 고정관념에 의한 여러 가지 특성이 합하여 이루어지는 복합적인 특성도 포함된다.

대학 캠퍼스에서 정장차림의 젊은 남자가 검은 안경을 끼고, 모자를 쓰고, 커다란 서류가방을 들고 나타났다고 가정해 보자. 이 사람을 본 학생들은 무언가 이상하다는 느낌을 갖고, 그 사람에 대한 부정적인 이미지를 형성하게 된다. 이러한 특별한 상황이 아니더라도 사람들은 매일 모르는 사람들을 접하면서 순간적으로 그 사람의 여러 가지 외모 단서로부터 의식적 또는 무의식적으로 많은 사항을 추측하며 스스로 판단한 바에 따라 그 사람에 대한 이미지를 형성하고, 그것에 적합하게 대응한다.

(1) 이미지 형성의 단서

이미지를 형성하는 지각(perception)이란 환경으로부터의 자극을 조직화하고 해석하는 것을 말한다. 예컨대, 큰 건물과 많은 사람들을 보면 '도시' 라는 것을 지각하고, 학생들과 건물들을 보면 '학교' 라는 것을 지각하며, 꽃이나 잎의 모양을 보면 어떤 꽃이라는 것을 지각하게 된다. 이러한 지각의 대상이 사람일 때 '대인지각' 이라 하며, 대인지각은 사물지각에 비하여 몇 가지 특징을 갖는다.

대인지각 과정에서는 주어진 외모단서로부터 지각 대상이 되는 사람의 외적 특성뿐만 아니라 내적 상태도 함께 판단한다. 또한 이 과정에서 지각자 자신의 특성이 지각에 영향을 미친다. 앞에 묘사한 캠퍼스의 남자에 대하여 학생들은 그 사람의 내적 특성까지도 짐작하여 이미지를 형성하며, 이 과정에서 각자 자신의 판단에 따라 다른 이미지를 받을 수 있다는 것이다.

7-1 **외모 단서와 이미지 형성**
수녀복, 의사와 간호사의 가운, 모피, 머리 스타일과 장신구 등은 대인지각과정에서 중요한 단서로 작용한다.

이미지 형성의 단서는 크게 신체적 외모와 비언어적 의사전달의 두 가지로 나눌 수 있다. 신체적 외모는 체격, 체형, 건강상태, 얼굴 모습 등 신체적 특성과 의복, 화장, 장신구, 안경 등의 복식이 포함된다.

비언어적 의사전달로는 음성의 높낮이, 강도, 억양 등의 의사언어(疑似言語, paralanguage)와 제스처, 표정, 행동 등의 신체언어(body language)가 포함된다. 각 단서들을 종합적으로 해석하여 그 사람의 이미지를 형성하게 되며, 단서의 해석은 문화적 배경, 지각자의 경험, 개인적 해석능력 등 여러 요인의 영향을 받아 이루어진다.

(2) 이미지 형성의 영향요인

대인지각을 통해 이미지를 형성하는 데 있어서 단서를 해석할 때 단서 해석에 차이를 가져오는 요인에는 다음과 같은 것이 있다.

첫째, 후광효과가 나타난다. 대인지각을 형성할 때 특정한 특질에 대한 판단이 처음에 이루어지면, 다른 특질에 대한 평가는 처음의 판단 내용의 영향을 받아 이루어진다. 이것을 처음 판단에 의한 후광효과(後光效果, halo effect)라 한다. 앞에 예를 든 사람의 경우, 검은 안경의 착용이 무엇인가 숨기려 한다는 이미지를 주었다면, 다른 단서들도 이의 영향으로 수상하게 보이게 하는 후광효과를 받게 된다. 또한 값비싼 복식을 보고 착용자의 다른 특성들도 상류계층의 특성으로 지각된다면 값비싼 복식의 후광효과를 받은 것이다.

둘째, 유사성을 가정한다. 사람들은 타인을 판단할 때 판단의 대상이 자신과 유사하다고 가정하고 판단하는 경향이 있다. 즉, 자신을 타인에게 투영하여 판단하는 것이다. 예를 들어 자신이 검은 안경을 멋으로 끼는 사람은 남들도 멋으로 낀다고 생각한다. 따라서 성, 연령, 역할, 생활방식 등이 자신과 비슷한 대상에 대하

여 좀 더 정확한 판단을 내리게 된다.

셋째, 평가자 속성의 영향을 받는다. 사람의 외모는 많은 부분으로 구성된다. 그 중에서 과연 어떤 단서를 이미지 형성의 중요한 기준으로 사용하는가 하는 것은 보는 사람의 속성에 따른다. 즉, 평가대상의 특성보다 평가자의 특성에 따라 판단의 기준이 결정되는 것이다. 또한 단서에 대한 해석도 그 단서에 대하여 평가자가 가지고 있는 생각에 따라 결정된다. 예컨대, 밍크코트를 입은 사람을 보았을 때, 밍크에 대한 안목이 없는 사람은 그것이 밍크인지조차도 몰라 단서로 사용하지 않으며, 밍크를 아는 사람이라도 그것을 부의 상징으로 평가할 수도 있고 또는 반대로 환경문제에 무관심한 졸부로 평가할 수도 있다.

넷째, 고정관념의 영향을 받는다. 특정집단에 대하여 사람들이 갖고 있는 정형화된 이미지를 고정관념(stereotype)이라 하며, 일반적으로 매우 단순화되어 있다. 사람들은 모르는 사람을 보았을 때, 그 사람의 외모단서에 따라 자신이 가지고 있는 고정관념에 비추어 그 사람을 특정집단에 할당하여 판단한다. 예를 들어 머리를 길게 기른 남자를 보면 연예인이라고 생각한다. 일단 특정집단으로 할당

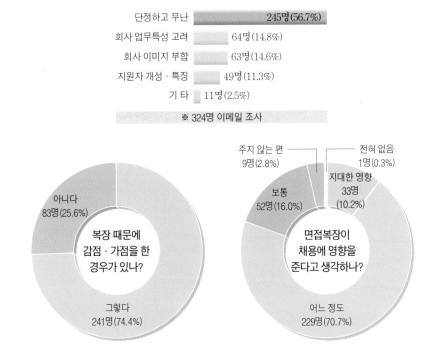

7-3 **기업 인사 담당자가 생각하는 면접 복장** 외모에 대한 고정관념을 보여 주는 예로 면접 시 복장이 착용자의 능력평가에 영향을 준다.

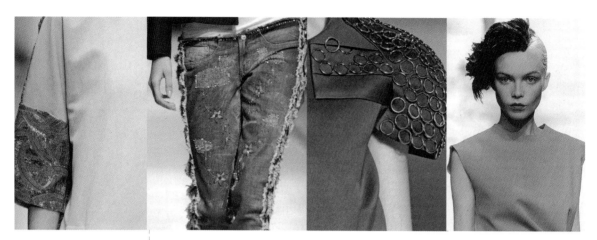

하고 나면 그 사람의 나머지 속성을 그 사람의 다른 단서들로부터 파악하려 하지
않고 그 집단의 속성으로 파악하려 하는 경향이 있다. 따라서 긴 머리는 비단 머
리가 길다는 평가뿐만 아니라 자유로운 생활태도 등과 같은 연예인의 다른 특성
도 그 사람의 이미지에 포함되는 것이다. 취직을 위해서 면접을 볼 때 대학생의
모습을 벗고 말쑥한 정장을 하는 것은 현재의 직장인들과 같은 사고를 갖고 있으
며, 기존 질서를 존중하고 이에 편입하고자 하는 태도가 있음을 보여 주는 효과를
낸다.

　다섯째, 두드러진 단서의 효과가 강하게 작용한다. 이미지 형성은 매우 빠른 순
간에 이루어지므로 모든 단서들이 함께 지각되는 것이 아니고, 또한 모든 단서를
사용하여 이미지를 형성하는 것이 아니다. 여러 단서들 중 두드러진 것, 분명한
것, 눈에 띄는 것이 단서로 지각되고, 이들을 중심으로 이미지가 형성된다. 일단
두드러진 단서(cue salience)가 지각되면 고정관념이 작용하여 개인의 특성보다
집단의 특성으로 이미지가 형성된다. 두드러진 단서로 작용하는 것들은 주로 평
범하지 않은 것, 새로운 것, 움직이는 것, 전후 맥락으로 보아 의외인 것, 통계적
으로 매우 드문 것 등이다. 예를 들면, 푸른색으로 염색한 머리, 젊은이의 콧수염,
아주 작거나 큰 키, 독특한 복식, 흔히 쓰이지 않는 색채 등이 이에 속한다. 또한
남성정장에 긴 머리와 같이 서로 일치되지 않는 단서가 함께 있을 때에도 두드러
진 단서로 작용한다.

(3) 복식 단서

복식의 일부가 이미지 형성의 단서로 사용될 때, 복식의 특성에 따라 상징적으로 전달하는 내용이 다르다. 특정한 스타일, 색채, 재질 등이 각각 다른 내용을 관찰자에게 전달하며, 그런 이유 때문에 복식을 무성의 언어라고 부른다. 복식의 특성에 따라 상징적으로 전달되는 내용은 항상 동일한 것이 아니라 문화적 배경, 사회 환경, 시대, 상황 그리고 지각자에 따라 차이가 있으나 일반적으로 성, 연령, 역할, 지위, 성격 등과 같은 내용이 복식단서를 통하여 전달된다.

성별은 낯선 사람을 처음 보았을 때 가장 먼저 이루어지는 판단이며, 동시에 가장 정확하게 이루어지는 내용이다. 외모특성에서 남성적으로 보이게 하는 요인과 여성적으로 보이게 하는 요인이 있으며, 한 사람에게서 서로 일치하지 않는 단서가 함께 있으면 두드러진 단서로 작용하기도 한다.

사람들은 연령에 따라 생각이 다르고 취향이 변화하기 때문에 착용하는 복식형태도 다르다. 따라서 복식은 착용자의 연령을 표현하게 된다. 현대사회에서 젊음에 대한 가치가 높고 청년문화가 사회 전체에 영향을 미치기 때문에 과거에 비하여 전반적으로 젊은 표현이 강하나, 젊은 층에서 성인층과의 구별을 원하기 때문에 복식의 연령차는 계속된다. 외모를 통한 연령의 지각 역시 신체단서와 복식단서를 통하여 이루어지는데, 이들 사이에 불일치가 있을 때, 예를 들어 중년부인이 대학생 같은 옷차림을 했을 때에는 단서들이 주는 이미지의 불일치로 인하여 긍정적인 이미지를 주지 못하는 경우도 있다.

성별에 대한 특성은 과거에는 명확한 단서들이 있었으나 여성복의 남성화와 남성복의 여성화에 의해 단서의 상징성이 모호해지고 있다. 특히 남성복과 여성복의 유니섹스화, 스포츠웨어와 캐주얼화, 여권의 신장에 의한 여성복의 간편화, 남성들의 유행에 대한 관심의 고조, 미적 욕구의 상승 등은 더욱더 성별에 대한 상징성을 모호화시켰

7-5 **복식을 통한 연령 이미지의 표현** 복식의 연령 표현이 착용자와 불일치할 때는 긍정적인 이미지를 주지 못하는 경우도 있다.

다. 문화적 차이가 있긴 하지만 지금까지 명확한 성별의 상징으로 남아 있는 것은 여성의 치마와 화장이다. 그러나 최근 들어 소수의 남성들이 화장과 치마 착용을 시도하기도 하며 디자이너들도 남성복에 치마를 등장시키고 있다. 연령에 대한 단서의 상징성도 가치관의 변화에 따라 변화한다. 즉, 사람들의 복식 착용에 대한 연령이 물리적 연령과 일치하지 않으며, 연령을 상징하는 단서의 구분도 점점 더 분명해지지 않고 있다. 단지 유행성을 따르는 정도나 출산으로 인한 체형에서의 약간의 변화 정도 등이다.

역할과 지위에 대한 직접적인 표현은 제복이나 배지(badge) 등을 통하여 이루어진다. 그 밖에는 사회 안에서 통용되는 고정관념에 따라 역할과 지위를 간접적으로 표현하게 된다. 연극이나 영화에서 특정한 역할이나 지위의 인물을 표현할 때, 그 사회 안에 사는 사람들이 갖고 있는 고정관념에 따라 육체노동자는 작업복으로, 정신노동자는 정장으로, 상류계층은 상표나 스타일로, 교육 수준은 심미성의 차이로 표현한다.

복식 단서는 착용자의 성격도 표현하는데, 이것은 대인지각이 사물지각에 비하여 갖는 특징 중 하나이다. 외모를 통하여 개인에 대한 이미지를 형성할 때 그 사

7-6 복식에 표현되는 성격특성
복식은 자유주의-보수주의 등
착용자의 성격특성을 표현한다.

람의 성격특성에 대한 평가도 함께 이루어진다는 것이다. 성격특성 중에서도 자유주의-보수주의 성향의 정도가 복식 단서를 통하여 표현된다. 보수적인 단정한 차림새의 청년은 생각에 있어서도 기존질서나 기성사회의 가치를 승인할 것 같은 이미지를 주고, 자유분방한 차림새의 청년은 창조적이고 혁신적 욕구가 높으나 기존질서에 대해서는 비판적일 것 같다는 이미지를 준다.

내향적-외향적인 성격특성, 즉 개인의 근본적인 사고와 행동방향이 자신의 내부로 향했는가, 또는 외부로 향했는가 하는 것도 복식을 통하여 나타나는 이미지이다. 주관적으로 생각하고 느끼고 행동하는 사람들은 주관이 강하고 자신의 느낌이 중요하므로 다른 사람들의 복식이나 유행보다는 자신의 심미안이나 미적 판단에 따른다. 반면에 객관적 원칙을 존중하고 현실에 잘 적응하는 사람들은 동조성이 높고, 사교적이며, 사람들 사이의 합의된 미를 따른다.

그 밖에도 경직성, 여성성(femininity) 등의 성격특성의 이미지가 복식을 통하여 나타나며, 따라서 복식단서로부터 이러한 성격특성에 대한 이미지를 형성하게 된다.

(4) 이미지 관리

이미지 관리는 자신이 원하는 이미지로 다른 사람들에게 보이기 위하여 자신의 행동과 외모를 선택하고 통제하는 것을 말한다. 이것은 위장이라기보다는 자신의 이미지를 좀 더 바람직한 방향으로 개선함으로써 사회 내 대인관계에서 좋은 이미지를 주고자 하는 노력으로 성공적 삶을 위하여 적극적으로 권장된다. 최근에는 이런 이미지 관리의 필요성이 대두되면서 패션 코디네이션(fashion coordination)이 중요해지고 있다. 이미지 관리를 위해서는 다음과 같은 내용이 고려되어야 한다.

첫째, 착용상황과 복식이 조화되도록 한다. 착용자가 처한 상황과 착용한 복식의 조화 여부에 따라 착용자의 심미안, 규범인식 등 내적 상태에 대한 평가가 이루어진다. 이때 상황과 복식단서가 일치되지 않으면 좋은 이미지를 주기 어렵다. 아름다운 드레스를 직장에서 착용하였을 때, 화려한 옷을 입고 문상을 갔을 때 등은 상황과 복식과의 부조화로 인하여 오히려 낮은 평가를 받게 되며, 이때 낮은

7-7 **착용상황과 복식의 조화**
작업환경에서는 능률적 작업에
적합한 복식이 상황과 조화를 이
룬다.

평가를 받는 대상은 복식이 아니라 착용자가 된다.

둘째, 착용자의 역할과 복식이 조화되도록 한다. 이미지 형성에서는 복식단서
와 착용자 단서가 함께 평가되며, 이들이 일치되지 않을 때에는 복식 자체는 좋아
도 호의적 단서로 작용하지 못한다. 예를 들어 대학생이 고가품의 의복을 입었을
때 이것은 호의적 단서가 되지 못한다.

셋째, 연령과 복식이 조화되도록 한다. 각 연령층은 나름대로의 특성을 가지며,
이러한 특성과 복식특성이 조화를 이룰 때 호의적인 이미지를 주게 된다.

젊은 층에서는 가격보다는 미적 표현이나 새로운 감각이 연령특성과 조화를 이
룬다. 그 이유는 젊은이의 경제력 과시는 본인의 장점이 아니므로 의미가 없으

7-8 **착용상황에 따른 복식** 착
용상황에 적합한 패션 코디네이
션에 의해 효과적인 이미지를 형
성할 수 있다. (좌) 근무복, (중)일
상복, (우) 스포츠와 여가활동복

며, 오히려 비교적 사회규범으로부터 자유롭고, 역할의 경직성이 낮은 젊은이의 특성이 표현되는 복식이 조화를 이룬다. 반면에 중년층에서는 젊음보다 중년의 넉넉함이나 품위를 표현하는 것이 조화롭다. 너무 지나친 젊음의 강조는 자아정체감의 혼돈을 느끼게 하며, 중년의 품위도 잃게 하는 경우도 있다.

넷째, 착용자 자신이 가지고 있는 이미지와 복식이 조화되도록 한다. 사람들은 자신이 가지고 있는 신체적 외모와 성격, 행동특성에 따라 자신만의 이미지를 가지고 있다. 이런 사람마다 다른 이미지 유형에 맞추어 복식을 착용했을 때 효과적인 이미지 관리가 된다. 즉, 복식은 착용자의 역할, 연령, 착용상황 등과 조화되어야 할 뿐만 아니라 착용자 자신이 가지고 있는 이미지 유형과도 조화되어야 한다.

다섯째, 두드러진 단서를 활용한다. 이미지 형성과정에서 두드러진 단서의 영향이 크기 때문에 이의 적절한 활용은 이미지 관리의 효과적인 방법이 될 수 있다. 자신에게 단점이 있을 때 이것이 두드러진 단서로 작용하지 않도록 하거나 또는 장점이 있을 때 이것을 적극적으로 부각시켜 이것이 두드러진 단서로서의 기능을 갖도록 한다.

이상과 같은 방법을 적절히 사용하여 자신이 원하는 이미지에 좀 더 가까운 특성을 갖춤으로써 대인관계에서 자신이 원하는 이미지로 남들에게 보일 수 있다. 이러한 이미지 관리는 모르는 사람들끼리의 접촉이 많은 현대사회에서 더욱 중요시되고 있다.

2) 이미지 유형과 패션 코디네이션

사람들의 이미지 유형은 노스럽(Northrup, 1936)과 맥짐지(McJimsey, 1973)가 제시한 양-음 특성을 기준으로 신체적 특성과 행동특성에 따라 나누어 세분화할 수 있다. 신체적 특성을 중심으로 양-음 정도를 평가하여 양, 중간, 음의 세 집단으로 구분하고, 각 집단을 다시 행동특성에 따라 양-음으로 다시 구분하여 여섯 개의 유형으로 나눌 수 있다. 각 유형별로 이미지 특성과 각 이미지 유형에 따라 어울리는 패션 코디네이션을 보면 다음과 같다.

7-9 **음양 특성에 따른 이미지 유형**

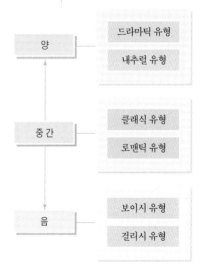

(1) 드라마틱 유형

신체적 특성이나 행동특성에서 모두 양의 성격을 강하게 갖는 유형을 '드라마틱 (dramatic)'으로 분류하였다. 드라마틱 유형은 큰 키, 완벽한 몸매, 바른 자세, 강한 인상 등의 신체적 특성뿐 아니라 턱을 치켜든 약간 거만한 자세와 행동으로 쉽게 근접하기 어려운 유형이다.

보통사람들에게는 잘 어울리지 않는 극단적인 하이패션(high fashion)을 소화할 수 있다. 긴 실루엣, 극단적인 실루엣, 유행 특성을 강조한 실루엣 등이 어울린다. 네크라인은 높은 하이네크, 터틀네크, 또는 깊게 파인 브이네크(plunging neckline) 등이 어울린다. 색채는 강한 느낌의 검은색, 고채도의 순색, 저명도·저채도의 깊은 색, 보라색 등이 양의 느낌을 강화시켜 어울리며, 베이지색이나 파스텔 톤의 밝은 색채는 덜 어울린다. 크고 강렬한 액세서리가 어울린다.

(2) 내추럴 유형

신체적 특성은 양의 특성이 강하지만, 행동이 부드럽고 자연스러운 유형은 '내추럴(natural)'로 분류하였다. 내추럴 유형은 드라마틱에 비하여 덜 극단적이고, 편안함을 강조한다. 양의 특성이 강한 사람이라도 연령이 20대 중반 정도이면 드라

7-11 내추럴 유형과 다양한 패
션 코디네이션

마틱의 세련되고 성숙한 성격을 갖기 어렵기 때문에 내추럴 유형에 더 가깝다.

드라마틱 유형처럼 자신의 양 특성을 강조하지 않고, 친밀감을 주며 편안한 느낌을 준다. 머리 모양도 잘 손질된 스타일보다는 자연스러운 생머리 스타일이 어울리고, 옷감도 광택 있는 재질이나 장식적인 재질보다는 홈스펀, 저지, 니트, 평직 등이 어울린다. 하이패션보다 캐주얼한 디자인이 더 잘 어울리는 유형이다. 몸에 꼭 붙는 스타일이나 첨단 실루엣을 피하고, 편안한 스타일이 좋다.

(3) 클래식 유형

체격이 보통이고 신체적 특성으로는 양과 음의 중간 정도인 유형이다. 그러나 행동 특성으로는 약간 남성적이고 힘과 위엄이 있는 유형을 '클래식(classic)'으로 분류하였다. 체격이 크지 않기 때문에 드라마틱과 같은 카리스마는 없지만, 여성적인 위엄과 품격이 있는 유형이다.

클래식 유형은 양과 음을 동시에 갖고 있으면서, 양의 특성이 약간 강하기 때문에 품위 있는 전형적인 클래식 스타일의 복식이 잘 어울린다.

유행을 따르더라도 극단적인 스타일보다는 약간 완화시켜 클래식에 가깝게 조절한 스타일이 좋다.

7-12 **클래식 유형과 다양한 패션 코디네이션**

(4) 로맨틱 유형

체격이 보통이고 신체적 특성으로는 클래식 유형과 마찬가지로 양과 음의 중간 정도이지만, 행동특성이 부드럽고 여성적인 아름다움을 갖는 유형을 '로맨틱 (romantic)'으로 분류하였다. 여성적인 아름다움이 가장 강한 유형이다. 부드럽

7-13 **로맨틱 유형과 다양한 패션 코디네이션**

고, 섬세한 특성이 있기 때문에 복식에서도 이런 특성이 나타나는 곡석적이고 섬세한 디자인이 잘 어울린다. 색채도 선명한 순색보다는 약간 고명도의 밝은 색이 좋고, 재질도 거칠고 특성이 강한 재질보다는 부드러운 재질이 좋다. 장식적 디테일이 잘 어울린다.

(5) 보이시 유형

체격이 작고 신체적으로 음의 특성이 강한 사람 중에서, 행동특성은 남성적인 유형을 '보이시(boyish)'로 분류하였다. 체격이 작기 때문에 남성적이라 하여도 귀여운 개구쟁이 소년 같은 분위기이다. 직선적 디자인, 저채도의 색채 등 남성적 디자인이 잘 어울리면서도 규모가 작아 오히려 더 귀엽게 보인다.

7-14 보이시 유형과 다양한 패션 코디네이션

(6) 걸리시 유형

체격이 작고 신체적으로 음의 특성이 강할 뿐 아니라 행동특성 역시 여성적이고 섬세한 유형은 '걸리시(girlish)'로 분류하였다. 부드러운 재질, 파스텔 톤의 색채, 곡선적 장식 등으로 표현되는 소녀적 분위기의 디자인이 잘 어울린다.

7-15 **걸리시 유형과 다양한 패션 코디네이션**

7-16 **이미지 유형과 패션 코디네이션** 신체적 외모특성과 행동 특성에 따른 이미지 유형과 패션 코디네이션

이미지 유형	이미지 특성	패션 코디네이션	대표적 인물
드라마틱 유형	큰 키, 완벽한 체형, 바른 자세, 강한 인상, 거만한 행동	극단적 하이패션, 긴 실루엣, 하이네크, 깊이 파인 브이네크, 검은색, 세련된 색, 크고 강렬한 액세서리	김혜수, 줄리아 로버츠
내추럴 유형	양의 특성이 강하지만 부드럽고 자연스러운 행동특성	덜 극단적인 스타일, 편안함 강조, 덜 성숙한 드라마틱 유형	전지현
클래식 유형	보통 체형, 우아한 힘과 품격, 약간 남성적 행동특성	클래식 스타일, 보수적인 품위, 완화된 유행특성	김희애
로맨틱 유형	보통 체형, 여성적 아름다움, 섬세하고 부드러운 행동특성	여성적이고 섬세한 스타일, 고명도의 밝은색, 부드러운 재질, 장식적 디테일	한예슬, 송혜교
보이시 유형	체형이 작고 음의 특성, 행동은 약간 남성적, 꾸밈없는, 귀여운 개구쟁이	직선적 디자인, 저채도의 색채, 남성적이며 귀여운	송은이, 윤하
걸리시 유형	체격이 작고 선이 가는, 여성적 행동, 섬세한	곡선적이고 섬세한 디자인, 파스텔 톤, 곡선적 장식	소녀시대, 카라

2. 자기 이미지와 복식선택

자기 이미지(self-image)는 개인이 자신에 대하여 스스로 갖는 하나의 심상(心像)이다. 즉, 스스로를 머릿속에 떠올릴 때 남들과 구별되어 특징적으로 나타나는 형상과 느낌을 말한다. 사람들은 자기 이미지를 보다 좋은 방향으로 고양시키고자 하며, 일단 형성된 자기 이미지를 유지하려는 성향이 있다.

1) 자기 이미지의 종류

자기 이미지의 종류는 분류기준에 따라 다양하지만, 복식 선택의 관점에서 중요한 자기 이미지 종류에는 다음과 같은 것이 있다.

(1) 실제적 자기 이미지

실제적 자기 이미지(actual self-image)는 스스로 현재의 자신에 대하여 갖고 있는 이미지를 말한다. '내가 어떤 사람인가'에 대한 스스로의 이미지는 여러 가지가 있는데, 신체적 자기 이미지는 '내 몸이 어떤가?', 사회적 자기 이미지는 '내가 사회적으로 어떤 사람인가?' 등에 대하여 스스로 떠올리는 이미지이다. 실제적 자기 이미지는 개인의 객관적인 실체나 남들이 보는 개인과 다를 수도 있다.

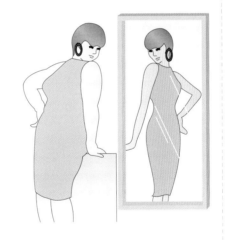

7-17 **실제적 자기 이미지** 개인의 실제적 자기 이미지는 객관적 실체와 다를 수 있다.

(2) 이상적 자기 이미지

이상적 자기 이미지(ideal self-image)는 스스로가 되고자 추구하는 자신의 모습을 말한다. 사람들은 이상적 자기 이미지를 머릿속에 떠올리며 이를 이룰 수 있는 복식을 선택한다. 예를 들면, 스스로 품위 있는 이미지의 사람이고 싶으면 품위 있는 분위기의 복식을 선택하고, 스스로 발랄하고 귀여운 이미지의 사람이고 싶으면 이런 분위기의 복식을 선택하게 된다.

(3) 면경 자기 이미지

면경 자기 이미지(looking-glass self-image)는 타인에게 보여지는 모습으로서의 자기, 또는 타인에게 보여지고자 하는 자기 이미지를 말한다. 자신을 객관적인 입장에서 이해하고자 하는 것으로 타자기(他自己)라고도 한다.

(4) 상품 표현적 자기 이미지

상품 표현적 자기 이미지(product expressive self-image)는 상품을 통하여 표현되는 자기 이미지를 말한다. '내가 이런 상품(혹은 상표)을 입으면 스스로 어떤 사람이라는 생각이 들겠는가?' 라는 질문에 대한 반응으로 상품 표현적 실제적 자기 이미지를 평가할 수 있으며, '내가 이런 상품(혹은 상표)을 입으면 남들이 나를 어떻다고 생각하겠는가?' 라는 질문에 대한 반응으로 상품 표현적 면경 자기 이미지를 평가할 수 있다. 일반적으로 고급상품이나 유명상표의 복식은 사람들의 상품 표현적 자기 이미지를 높여 주고, 값싼 복식은 이를 낮추기 때문에 사람들은 자신의 이미지를 높이기 위해서 값비싼 복식을 구매하는 경향이 있다.

7-18 상품 표현적 자기 이미지
유명상표의 착용은 상품 표현적
자기 이미지를 높여 준다.

7-19 **상황적 자기 이미지** 개인적 생활영역에서는 사회적 자기 이미지보다 개인적 자기 이미지가 더 강하게 작용한다.

(5) 상황적 자기 이미지

상황적 자기 이미지(situational self-image)는 특정한 상황에서 타인이 자신에 대해 가져주기 바라는 자기 이미지이다. 사람들은 다양한 자기 이미지를 동시에 갖고 있으며, 상황에 따라 적절한 자기 이미지를 갖고자 한다. 가령, 취업면접 상황에서는 신뢰가 가는 이미지를 표현하고 싶지만, 미팅 상황에서는 발랄한 이미지로 보이기 원한다. 또한 사무직 근무복이나 결혼식과 같이 사회적 규범이 강한 상황에서는 규범에 맞는 이미지를 표현하고자 하고, 미팅이나 여행과 같이 개인적인 취향이 표현될 수 있는 상황에서는 자기 이미지를 자유롭게 표현한다.

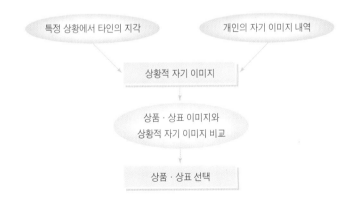

7-20 **자기 이미지와 상품·상표 선택** 사람들은 시장에 존재하는 많은 상표와 디자인 중에서 자기 이미지를 고양시킬 수 있는 상표 또는 상품을 선택한다.

2) 자기 이미지와 복식구매행동

사람들은 확고한 자기 이미지를 갖고 있으며, 이를 안정적으로 유지하려는 성향이 있다. 따라서 복식 구매과정, 즉 문제인식단계, 정보탐색단계, 대안평가단계, 구매 후 단계에서도 이러한 성향은 영향을 미친다.

(1) 문제인식단계

문제인식단계에서 자기 이미지는 구매 동기를 활성화시킨다. 사람들은 이상적 자기이미지와 실제적 자기 이미지 사이에 괴리가 있을 때, 즉 현재 소유한 복식을 입은 실제적 자기가 이상적 자기를 표현하기에 많이 부족하다고 생각할수록 새 복식을 구매하고자 하는 동기가 활성화된다.

(2) 정보탐색단계

사람들은 새로운 유행 스타일에 흥미가 생기거나 새 복식을 구매하고자 하는 동기가 활성화되면 여러 가지 정보를 탐색한다. 디스플레이 된 상품도 유심히 살펴보고, 다른 사람들의 착용한 모습도 관심 있게 본다. 이 과정에서 이상적 자기를 머릿속에 상상하기 때문에 자기 이미지에 맞는 정보들을 선택적으로 받아들인다. 자기 이미지와 동떨어진 정보에는 관심을 갖지 않으며, 광고에서도 이상적

7-21 광고를 통한 이상적 자기 이미지의 표현

7-22 **확고한 자기 이미지** 고정된 자기 이미지를 갖는 사람들은 새로운 유행의 수용이 낮고 유사한 스타일을 반복 구매한다. (좌) 흰색 스타일의 고정된 자기 이미지를 가진 디자이너 앙드레김, (우) 정장 스타일의 고정된 자기 이미지를 가진 중년남성

자기 이미지를 적극적으로 표현한 정보에 관심을 갖는다.

(3) 대안평가단계

몇 개의 대안들을 평가하고, 최종적으로 구매할 복식을 결정하는 단계에서도 자기 이미지는 중요하게 작용한다. 상품을 입어보고 자신에게 어울리는지 평가할 때에 자신이 갖고 있는 자기 이미지가 평가의 기준으로 작용한다. 아무리 복식 자체는 아름다워도 자기 이미지에 맞지 않을 때에는 어색하게 느껴진다.

(4) 구매 후 단계

새 복식을 구매하면 그 복식은 개인의 옷장(wardrobe)에 추가되며, 사람들은 매일 자신의 일정에 맞추어 그 중에서 특정한 복식을 선택하여 착용한다. 착용 시에도 자기 이미지에 맞는 복식에 대하여 만족이 높고, 결과적으로 자기 이미지는 재강화된다. 자기 이미지가 아직 확고하지 않은 청소년층은 유행에 따라 다양한 스타일을 쉽게 선택하지만, 오랫동안 자기 이미지가 재강화된 중년층은 새로운 이미지로의 변신을 쉽게 수용하지 못하고 제한된 스타일을 반복 구매하는 현상을 볼 수 있다.

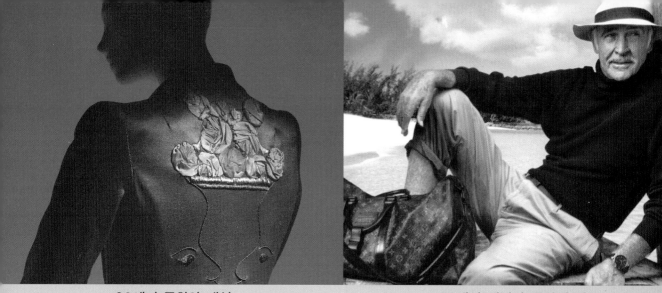

20세기 문화와 패션 　　　　　　　　20세기 패션과 문화적 범주

하위문화와 반유행

PART Ⅲ

20세기 패션

Chapter 8 | 20세기 문화와 패션

1. 20세기의 문화

복식은 그 시대를 반영하는 표현문화이므로, 20세기 패션을 연구하는 데 있어 이 시기의 문화를 이해하는 것이 중요하다. 20세기 문화는 그 문화적 현상에 따라 모더니즘(modernism)과 포스트모더니즘(postmodernism)으로 구분된다. 모더니즘과 포스트모더니즘을 구분하는 데 있어 만델(Mandel, 1978)과 제임슨(Jameson, 1991)은 문화적 현상을 사회·경제적 조건의 반영으로 간주하였다. 그들은 서구 자본주의의 발전단계를 3단계(시장 자본주의-독점 자본주의-후기 자본주의)로 나누고 그 단계마다의 가장 핵심적인 문화현상으로 리얼리즘-모더니즘-포스트모더니즘을 각각 연결짓고 있다. 그러나 이러한 문화적 현상과 사회·경제적 현상 간의 관계를 도식적이고 기계적으로 설명하는 데에는 한계가 있기 때문에 문화현상은 오히려 '시대정신'이나 '세계관'이라는 말로 표현되는 지적인 정신적 현상과 밀접한 관련을 맺을 수 있다. 이렇듯 사회·경제적 조건과 정신적 현상의 절충 속에서 대별한 모더니즘과 포스트모더니즘의 특징은 그림 8-1에서 보는 바와 같이 문화유형, 복식유형과의 관련 속에서 크게 파악될 수 있다. 다만 패션은 스타일 변화를 가져오는 시대적 흐름 외에도 사건이나 인물 등의 여러 가지 유동적인 가외 요소들이 포함되어 문화적 현상과 같이 이분법적인 구분이 사실상은 어렵고, 또한 복식을 연구하는 관점도 그 차이가 많아서 통일된 견해를 갖기가 어렵다. 그러나 그 시대의 문화적 현상과 복식문화는 항상 상호간에 영향을 주기 때문에 20세기 역시 문화적 현상이 복식에 특징적으로 반영되고

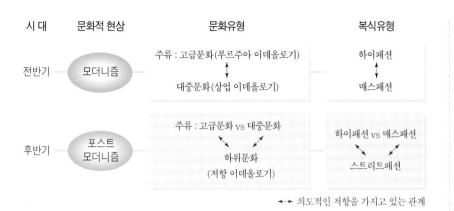

시 대	문화적 현상	문화유형	복식유형
전반기	모더니즘	주류 : 고급문화(부르주아 이데올로기) ↕ 대중문화(상업 이데올로기)	하이패션 ↕ 매스패션
후반기	포스트 모더니즘	주류 : 고급문화 vs 대중문화 ↘ ↙ 하위문화 (저항 이데올로기)	하이패션 vs 매스패션 ↕ 스트리트패션

←→ 의도적인 저항을 가지고 있는 관계

있음을 알 수 있다.

1) 모더니즘

모더니즘은 19세기 말엽에 시작되어 제1차 세계대전을 전후로 전성기를 맞이하고, 제2차 세계대전이 끝난 후 차츰 쇠퇴하기 시작했던 전위적이고 실험적인 예술운동을 가리키는 표현으로서, 과거의 전통이나 인습과의 단절을 통해 주관성과 개인주의를 중시한다. 또한 의미 전달이든 계몽이든 오락제공이든 어떤 뚜렷한 목적성을 거부하고 있다. 이와 같이 예술의 순수성이라는 절대 가치를 전제로 하는 모더니즘은 미술, 음악, 문학과 같은 예술 분야에서 처음 시작되어 이후 건축, 댄스, 영화, 복식 등의 영역에서 다소 뒤늦게 대두되었다. 현대음악에 있어서는 스트라빈스키, 쇤베르크의 12음 기법, 라벨 등을 통해 전통적인 기법과는 전혀 다른 새로운 기법을 사용하는 새로운 기원을 이룩하였으며, 회화나 조각에 있어서는 후기 인상주의, 추상주의, 입체파 등이 전통적인 원근법과 명암법을 해체하는 새로움을 수립하였으며, 아르데코 양식은 모더니즘의 대변자로 해석된다. 건축에 있어서는 이른바 '인터내셔널 스타일'로서 유리, 강철 등의 현대적 재료를 사용하여 기능적인 면에서 불필요한 요소는 모두 배제한 순수한 기능주의로 특징지을 수 있다(김욱동, 1995).

모더니즘은 모순점을 안고 있는데, 그것은 전통에 대한 도전이라는 대항문화의 위치에서 어느 사이에 전통문화로 굳어졌다는 점이다. 즉, 그들은 박물관이나 도서관이 문화유산을 전수하기보다는 오히려 예술창조를 속박한다고 생각하였으며 이러한 문화적 제도를 타파할 것을 주장하였다. 이것은 19세기 부르주아 사회가 신봉하던 전통과 인습에 대한 거부의 표현이었다. 그러나 아이러니컬하게도 이러한 모더니즘 작품들이 시간이 흐르면서 박물관이나 도서관에서 관조의 대상으로 소장되는 등의 전통으로 굳어졌다.

이러한 모더니즘에 가해지는 비판은 크게 다음과 같이 요약된다. 첫째, 전위적 실험성을 강조함으로써 모더니즘은 불가피하게 난해한 특성을 지니는데, 이로 인해 일반 대중들은 도외시되고 고도의 예술적 심미안을 지닌 일부 특권층의 독자나 청중을 대상으로 삼는 엘리트주의적인 예술이라는 점이다. 즉, 고급문화와 대중문화의 구분이 명백했다. 둘째, 모더니즘이 역사적 시간과 사회적 공간 속에서 벌어지는 구체적인 현실의 삶과 유리된 채 지나치게 형식과 기교에만 탐닉함으로써 비정치적이고 비역사적이라는 점이다. 셋째, 형식적 측면에서는 혁신적 특성을 지녔으나 주체적 측면에서는 여전히 가부장제도적인 권위에 의존하고 있다.

모더니즘이 발현하기 시작한 즈음의 서구사회는 산업혁명으로 봉건제도가 무너지고 19세기 후반 이후 산업화가 급속히 전개됨으로써 경제, 기술, 교통의 변화와 더불어 도시로 몰려든 새로운 중산층이 형성되었고 이들의 문화적 욕구가 급증하였다. 그리하여 서구 역사상, '대표문화'로서 사회적으로 드러났던 상류문화 외에 대중매체를 통해 대중들의 문화적 접촉이 가능해진 새로운 대중문화 형태가 등장하였다(강현두, 1994). 그러나 20세기 전반기까지의 모더니즘 시대에는 고급문화와 대중문화가 구분되어 공존하였고, 고급문화만이 가치 있는 문화로서 인식되는 가운데 그 두 문화 간에는 큰 간격이 있었다.

문화에 있어서의 고급문화와 대중문화의 대별, 그리고 고급문화에 대한 가치의 우위 등의 특징은 패션을 통해서도 드러난다. 산업혁명 당시 영국의 디자이너 찰스 워스(Charles F. Worth)를 통해 패션 디자인의 영역이 상업적인 고유영역으로 부상하면서 상류지향의 오트쿠튀르, 즉 하이패션이 주류패션으로서의 영향력을 지니게 되었다. 이미 이 당시에도 대량생산의 매스패션이 존재했지만 경제적으로 사치함과 빠른 폐기가 가능했던 상류지향적인 하이패션이 주류패션으로서, 또한 디자인적 가치우위를 지니는 것으로서 영향력을 가졌다. 따라서 상류층의 스타일을 하류층이 모방하는 하향전파가 존재하였고, 하이패션과 매스패션 간의 소비 패턴은 현격히 차이가 났다.

20세기 전반기를 특징짓는 모더니즘 패션의 스타일적 특성은 크게 기하학적 추상, 기능성, 단순성으로 대별된다. 패션에 있어서도 역사적이고 전통적인 패션 요소를 버리고 기본적인 조형요소를 사용함으로써 실루엣이나 모티프 등에서 기하학적 특성과 명료함을 보여 주고 있다. 또한 현대적인 의복재료를 사용하고 기능적인 면에서 불필요하다고 생각되는 모든 요소를 배제하는 순수미가 단순한 기계미로서 표현되고 있다(박명희, 1991).

2) 포스트모더니즘

포스트모던이란 말은 제2차 세계대전 이후 미국에서 대두되어 건축 분야에서 먼저 이론적으로 정립되면서 국제적인 용어가 되었다(강명구, 1994). 앞에서 살펴본 모더니즘과 포스트모더니즘과의 관계를 보는 관점은, 모더니즘과 포스트모더니즘을 연속선상에서의 계승 또는 발전적 관계로 보는 관점과 포스트모더니즘을 모더니즘과의 의식적 단절이나 비판적 반작용으로 파악하고자 하는 관점 등으로 다양하다. 포스트모더니즘이 지니고 있는 역동성은 이러한 다양한 측면들을 모두 내재하고 있는 데서 비롯된다고 할 수 있다(김욱동, 1995).

포스트모더니즘의 출현을 사회 · 경제적 현상의 반영으로 본 제임슨(Jameson, 1983)은 포스트모더니즘 시대인 20세기 후반부를 이루는 후기 자본주의사회는 소비가 생산보다 더 중요한 위치에 있으므로, 본질적인 것에 대한 관심으로부터 비본질적인 것에 대한 것으로 관심이 바뀌는데, 대개의 경우 비본질적인 것은 감성적인 것을 의미하며, 교환가치가 사용가치를 앞지른다.

이러한 경제적 현상과의 관련 외에도 포스트모던 문화는 미국문화로 대변되는데, 미국문화는 오랫동안 절충논리를 소유해 왔다. 미국문화는 한 마디로 용광로(melting pot ; 여러 인종이나 문화가 융합된 장소나 상황)라 하였으나, 최근에는 샐러드 볼(salad bowl ; 여러 문화가 섞이되 고유의 특성은 지닌 채로 공존하는 장소나 상황)로 보는 관점도 있다. 이러한 문화는 1960년대 이후의 미국의 역사적 맥락에도 뿌리를 두는데, 그 당시는 베트남 참전, 신좌파, 히피, 워터게이트 사건 등으로 기술될 수 있다. 전쟁의 여파, 박탈감, 무력감의 경험으로 인해 문화는 재순환(재생) 과정, 즉 아무것도 상관이 없기 때문에 모든 것은 어떤 다른 것으로도 병렬할 수 있다는 사고에 몰두했다. 역사적 기호들(signs)의 재생에도 불구하고 과거에 대한 역사적 의식이 결여된 태도가 포스트모더니즘을 특징짓는다(Gitlin, 1989).

포스트모던 문화의 특성들을 종합해 보면 다음과 같다. 우선 대중주의에 입각하여 고급문화와 대중문화의 벽 허물기를 들 수 있다. 이것은 싸구려 물건(schlock), 속물주의(kitsch)의 범람 등 미학적 대중주의의 만연으로 드러나고, 또한 정전(正典)에 반대되는 탈정전의 경향, 문화산물의 깊이 없음, 현실을 구경거리나 환영으로 생각하고 과거를 망각해 버림에 의해 생겨난 역사성의 빈곤으로 이어지게 된다(강명구, 1994).

헵디지는 이러한 포스트모던 문화의 특성에는 다음과 같은 영역이 포함된다고 말한다(Jenks, 1993). 디자인과 장식 그리고 대중매체 등에서 보이는 컬트적인 시도, 베이비붐 세대가 중년이 되면서 겪는 집단적 허탈감, 깊이 없음의 만연, 이미지에 대한 집착, 정치·문화·실존의 파편화, 주체의 탈중심화, 문화에서의 위계파괴 등이다.

또한 이러한 현상들 속에서 포스트모던 문화는 근본적으로 모방의 문화라는 것을 보여 준다. 이러한 모방은 패러디(parody)와 패스티시(pastiche)의 양산을 초래한다. 현대의 패러디에서 현저하게 드러나는 것은 그 의도의 범주로서, 아이러닉하고 장난스러운 것으로부터 경멸적이고 조롱적인 모방까지를 모두 포함한다. 패러디는 텍스트의 광범위한 범주에 걸쳐 작용한다. 전체 장르의 관계에 관한 패러디, 한 시대나 조류의 문체에 관한 패러디, 작품의 일부분에 관한 패러디, 예술가의 전체 작품의 심미적 양식상의 특징에 관한 패러디 등 그 범주가 방대할 수도 또는 글자 한 자나 단어 하나일 수도 있다.

이에 반해 패스티시는 아예 원본의 고유성을 염두에 두지 않고 중성적인 모방만을 하며 유사성을 강조한다. 따라서 풍자적 충돌도 없고 정상적 현실로부터 코믹한 현실을 구분할 때 생겨나는 유머도 상실했다. 자아의 정체감 소멸 속에서 패러디와는 달리 모방의 대상을 그저 모방할 뿐이다. 패스티시는 그러므로 공허한 패러디이며, 유머 감각을 상실한 패러디이다(이정호, 1995). 이와 같이 작품의 양식으로서 패스티시는 어떠한 새로운 양식의 가능성도 부정하고 모든 새로운 것을 부정함으로써 필연적인 예술의 실패, 미학의 실패를 의미한다.

포스트모던 문화에서는 대중문화가 더욱 새롭게 존재 이유를 부여받아 본격적으로 대두되었고, 고급문화와 대중문화의 벽 허물기가 실행되었다. 가치우열의 측면에서 고급문화에 비해 저급의 문화로 존재했었던 대중문화가 이제는 '고급문화보다 못한'이 아닌 '고급문화와 다른' 문화로 존재하게 되었고, 주류를 이루는 고급문화와 대중문화 외에 자신들의 정체성을 드러내고자 하는 다양한 하위문화가 등장하였다.

패션에 있어서도 주류패션으로서 하이패션과 매스패션이 공존하며, 여기에 다양한 하위문화의 스트리트 패션이 등장하여 주류패션과 상호 영향을 주고 있다. 하이패션과 매스패션의 벽 허물기는 제2차 세계대전 이후부터 가시화되었고, 스트리트 패션이 정체성의 표현수단으로서 등장한 것도 1940년대부터지만, 그것들이 포스트모더니즘적인 특징을 두드러지게 나타내는 것은 1980년대부터이다. 구체적으로 그 특징들을 살펴보면 다음과 같다.

첫째, 패러디와 패스티시가 두드러진다. 포스트모더니즘 시대의 패션은 영화, 전통복, 민속복, 패션 자체, 역사 등에 준한 패러디를 위한 장이 되었다. 1980년대 후반에서 1990년대 초반 동안 모스키노(Moschino)가 1930년대 초현실주의 양식의 패션을 패러디한 경우, 과거 1870~1879년을 특징짓는 버슬 스타일을 1990년대 비비안 웨스트우드(Vivienne Westwood)가 현대패션으로 패러디한 경우 등이 그 예이다. 패러디는 하이패션과 매스패션, 스트리트 패션 모두에서 다양하게 이용되며, 그들 상호간에 패러디 기법을 이용하는 사례도 있다. 또한 패스티시로서는 1980년대 이후 하위문화에 있어서 스타일의 슈퍼마켓화를 들 수 있다. 새로운 양식의 부정, 기표들의 상호 관계가 무너짐으로써 관련이 없는 기표 더미들의 형태 등으로 복식이 집단적 유행에서 개인적 스타일화로 실행되는 현상 등이 그 대표적 사례이다.

둘째, 절충주의를 들 수 있다. 하이패션의 전유물로 여겨지던 복식의 아이템들

이 또는 매스패션의 전유물로 여겨지던 아이템들이 경계 구분 없이 절충되어 이용되는 경우가 있다. 일부 하위문화(특히 펑크)에서 보이던 절충주의는 이제 일상화되어, 가능한 모든 아이템이 누구에게나 어디에서든 이용되고 있다. 이것은 부조화의 조화, 즉 서로 다른 이질적인 요소가 무작위적으로 조합되는 경우로, 고정관념화되어 있던 스타일의 경계가 무너지고 있음을 보여 준다. 절충주의는 이와 같이 스타일 간에, 시대 간(예 : 1930년대, 1940년대, 1950년대, 1960년대풍)에 그리고 지역 간(제3세계 국가와 민속풍들)에 걸쳐 있는 모든 요소들이 부분적으로 이용되고 재현되고 있다.

셋째, 브리콜라주(bricolage)를 들 수 있다. 인류학자인 레비-스트로스(Levi-Strauss, 1966)가 사용한 개념인 브리콜라주는 포스트모더니즘과 관련되는 용어로서 'do-it-yourself'의 개념인데, 최초의 의도와는 다른 방식으로 문화적 기호(signs)를 시험하고, 사용하고 조합함으로써 문제들에 대한 해결책을 찾는 것을 말한다. 이는 스스로를 표현하고자 하는 사람들의 목표를 달성할 수 있게 해주는 방법인 것이다. 1970년대 이후의 하위문화에서 두드러졌던 이 현상은 외모 요소가 아니었던 일반적인 모든 물체들이 스타일 반란의 수단으로써 외모 안에 통합된 형태로 표현되었다(예 : 펑크의 안전핀, 변기 체인 등). 브리콜라주를 수행하는 브리콜뢰(bricoleur)는 이와 같이 다소 비관습적인 방식을 통해 개인적 또는 집단적으로 브리콜라주를 행한다. 이들은 독특한 외모의 창조를 통해 전통적 규칙으로부터 벗어나서 새로운 표현형태를 창출한다. 대중적 스타일 또는 전통적 스타일에 대한 반응(反應)으로서 브리콜라주의 속성은 개인적 또는 전문적 소비를 통해 가까이에 있는 도구들을 사용하여 옛 맥락과는 전혀 다른 새로운 의미를 만들고 결합하는 것이다.

2. 20세기 패션

모더니즘과 포스트모더니즘으로 대별되는 20세기는 두 차례의 세계대전을 거치면서 산업화, 과학화, 대중화되었고 이러한 사회제반 현상들은 패션산업에 커다란 영향을 미쳤다. 또한 대량생산에 따른 기성복산업의 활성화, 여성들의 의식변화 그리고 음악, 미술을 비롯한 각종 예술사조와 대중문화도 복식에 많은 영향을 주었다.

20세기 전반부의 패션경향은 모더니즘 사조의 등장과 함께 단순성과 기능성이 강조된 스타일이 엘리트층의 주류 패션으로 유행하였고 대중적 패션이 이들과 공존하며 서서히 독자적인 분야를 구축하였다.

한편 20세기 후반부의 패션경향은 대중문화가 급속히 성장하여 패션에 있어서도 젊은이 패션과 스트리트 패션(street fashion)이 주목받게 되었으며 주류 패션과의 구분이 사라지고 전위적인 시도와 여러 가지 절충된 스타일이 복합적으로 등장하여 개성을 강조한 의상들이 다양하게 받아들여지고 있다.

이 장에서는 패션의 현대화로 이행되는 과도기적 특성을 보이는 1900년대를 전후한 세기 전환기에서부터 전 세계 패션현상의 동질화와 개별화를 동시에 가능하게 한 세계화(globalization) 시대인 2000년대를 전후한 현재에 이르기까지의 패션을 살펴보고자 한다.

1) 패션 현대화로의 이행기 : ∼1910년대

(1) 사회적 배경

패션의 현대화 과정은 19세기 중·후반 이후 본격화된 미국과 유럽 중심의 산업혁명과 함께 시작되었으며 이는 제1차 세계대전(1914∼1918년) 직후의 1910년대까지 진행되었다.

이 시기 유럽 각국의 경제적 발전과 정치적 영토확장을 위한 제국주의 경향은 더욱 심화되었고 이에 따른 식민지 정책은 경제적 침투까지 가져왔다. 또한 1901년 미국은 진취적인 루즈벨트 대통령이 취임했으며 영국은 빅토리아 여왕 사망 후 에드워드 7세가 왕위를 계승하면서 새롭고 의욕적인 정책을 추진하였다. 한편, 19세기 후반부터 여성의 교육과 스포츠 참여의 기회가 확대되고 여성의 권리와 사회적 참여도 크게 신장되어 '신여성(new woman)'의 등장을 가져왔다. 더욱이 제1차 세계대전 중에 남성들의 공백을 메우기 위해 사회로 진출한 여성들의 생활양식의 변화로 여성들은 자유와 권리, 그리고 직업에 대해 점점 관심을 갖게 되었다. 따라서 1918년 이후 많은 나라에서 헌법에 남성과 여성의 동등권을 인정하였고 여성들도 점차 전문적인 직업을 갖게 되었다. 한편, 1917년에는 레닌이 볼셰비키혁명으로 러시아 정권을 장악하여 20세기 자본주의와 사회주의의 이념 대립을 예고하였다.

20세기 초는 과학적 진보가 활발히 이루어진 시기로 톰슨의 원자설과 아인슈타인의 상대성 이론을 비롯한 각종 과학이론의 기초가 마련되었다. 자전거를 비롯한 지하철, 자동차의 등장과 전화의 개량, 비행기 발명 등이 이루어져 국제교류의 기틀이 마련되었고 신문과 잡지 등 인쇄업의 전동화 및 활동 카메라의 출현은 20세기 대중문화시대의 도래를 예고하게 되었다. 19세기 박스(box) 카메라의 계속된 발전으로 활동 카메라의 발명 및 무성영화가 나오게 되었는데, 실제적 스타일보다는 환상적이고 우아한 것에 대한 호기심을 고취시킨 무성영화는 의상과 장식에 새로운 영향을 주었다. 한편, 의류산업 분야에서는 19세기 말에 발명된 레이온이 생산되면서 의류소재가 다양화되었다.

(2) 문화 및 예술사조

19세기 말부터 시작된 예술양식인 아르누보(art nouveau)는 전통적 역사주의의 반복이나 모방을 거부하고 자연의 모든 유기적 생명체 속에 있는 근원적인 조건으로 돌아가려는 경향 속에서 율동적인 섬세함과 유기적인 곡선의 장식패턴을 펼쳐 나갔다. 아르누보는 유럽과 미국의 모든 예술 분야에서 그 영향력을 나타내면서 물질적 풍요와 향락적 · 퇴폐적 분위기를 드러내는 신흥 부르주아를 새로운 지배계급으로 한 부유층의 문화적이고 도회적인 양식이었다.

대표적인 작가로 회화에 있어서는 구스타프 클림트(Gustav Klimpt), 알퐁스 뮈샤(Alfons Mucha) 등이 있으며, 건축에서는 안토니오 가우디(Antonio Gaudi) 등이 있다.

이후 1900년대를 거쳐 1910년대로 들어서면서 곡선적인 추상성의 아르누보로부터 기계적이고 기하학적 형태의 전환이 서서히 일어나 새로운 아르데코(art-deco)의 영향권에 포함되기 시작하였다. 아르데코 양식은 모더니즘으로 대표되며 단순성 추구와 직선적이고 구조적인 특징은 대상의 형태를 단순한 기하학적인 형태로 환원시키는 큐비즘(cubism ; 입체파−피카소, 브라크), 현실의 대상을 재현시키는 데 써 온 조형 요소들, 즉 점, 선, 면, 색, 형으로만 표현한 칸딘스키로 대표되는 추상주의(abstract), 일체의 대상을 수평선과 수직선으로 환원하고 모든 대칭은 배제하면서 색채는 삼원색과 무채색을 사용한 기하학적 구성으로서 주관적 관계를 초월한 몬드리안으로 대표되는 신조형주의(neo-modernism) 등과 밀접한 관계를 갖고 있다.

8-4 아르누보 건축물 아르누보의 유기적인 곡선이 잘 나타나 있는 가우디의 건축물이다.

8-5 아르데코 건축물 기하학적 특성으로 기능성과 단순성을 강조한 아르데코풍의 건축물이다.

색채에 있어서는 흑색, 원색에서 아르데코 양식의 특징이 현저하게 나타났으며, 색채의 특성 중 흑색의 미가 정착된 배경에는 흑인예술의 도입(예 : 피카소의 〈무회〉, 1907)과 장식의 절제 속에서 절제된 부분을 강조하는 정확한 흑색을 도입하게 된 기능주의의 영향을 들 수 있다. 원색은 이미 마티스(H. Matisse), 뒤피(R. Dufy) 등과 같은 야수파 화가들에 의한 색채혁명으로서 새로이 각광받기 시작하였다. 그들은 자연 그대로의 재현에서 탈피하여 주관적이고 자유로운 색의 사용을 통해 색채 자체의 강도에 의한 표현을 강조하고자 시도하였다.

(3) 패션 경향

20세기 전환기의 패션은 아르누보의 영향을 받아 유연한 신체의 곡선을 강조하는 S-커브(S-curve) 실루엣으로 나타났다. 즉, 종래의 과장된 형태에서 불필요한 장식을 줄이고 패션에 생명감을 줄 수 있는 자연주의의 디자인을 형체상의 실용적이고 미적인 가능성으로 창조하였다.

아르누보 스타일은 크게 벨 에포크(Belle Epoch)의 영향을 받은 에드워디안 복식기(1901~1906)와 제1차 세계대전 전(前) 복식기(1907~1910)로 나누어 볼 수 있다.

첫번째 시기인 1900년 초반(1901~1906)까지는 복식을 자신의 부와 지위를 나타내는 지표로 사용하였으며, 여성복의 기본 실루엣은 코르셋(corset)의 사용으로 가슴은 앞으로 나오게 하고, 힙부분은 뒤로 나오게 한 S-커브로 당시의 아르누보라인과 같은 형태로서 과거의 세기말적 스타일을 반영하고 있다. 이 당시 영국태생의 디자이너 워스(Charles Frederick Worth, 1825~1895)는 오트쿠튀르의 원조로서 최상류층 여성들의 화려한 S-커브 스타일의 드레스를 디자인하였고 그의 디자인은 영국이나 미국에서 복제되어 판매되기도 하였다.

S-커브의 형태는 앞가슴은 프릴이나 심 있는 캐미솔, 짧은 상의로 보완하고 스커트는 힙까지는 타이트하게, 밑단으로 내려갈수록 땅에 닿을 정도로 플레어지도록 하거나 트레인을 달아 클립 등으로 고정한 종 모양(bell-shape) 형태였다. 그러나 이 시기에는 빅토리아 여왕시대보다 여성적인 기호가 우세하여 시폰이나 레이스와 같은 부드러운 직물과 부드러운 느낌을 주는 색상을 사용함으로써 패

8-6 20세기 초 전반부 (1901~1906)의 아르누보 영향을 받은 S-커브 드레스 레이스 등으로 가슴과 힙이 강조된 S-커브 형태의 대표적 벨에포크 시대의 드레스이다.

8-7 20세기 초 후반부 (1907~1910)의 아르데코 영향을 받은 여성복 아르데코 영향을 받은 직선적 실루엣으로 아르누보시대에 비해 치마길이도 짧아졌다.

선에 있어서의 여성적 취향이 강조되었다.

후반기(1907~1910)부터는 경제적·과학적 발전을 배경으로 제국주의가 최고 상태에 있던 시기로 신여성이 늘면서 남성 스타일의 수수한 수트, 풀먹인 흰 칼라 셔츠와 유사한 셔츠 웨이스트와 스커트를 입기 시작하였다. 실루엣은 전반기의 여성스런 곡선 스타일이 점차 변화하여 장식적인 화려한 요소의 배제로 인해 전반적으로 직선적인 느낌이긴 하지만 여전히 S-커브 실루엣으로 남아 있다. 여배우 카밀 클리포드(Camille Clifford)로 대표되는 깁슨 걸(Gibson Girl) 스타일이 후반기 스타일의 전형이라 할 수 있다(정흥숙, 1989).

1910년대 들어서는 아르누보의 S-커브 실루엣이 사라지고 아르데코의 영향으로 로 웨이스트(low-waist)의 직선형인 실루엣이 유행했는데, 이는 여성스러움보다는 단순함을 강조한 디자인이었다. 즉, 벨 에포크 시기의 코르셋, 비치는 직물, 레이스, 바닥까지 오는 길이의 가운과 거대한 모자로 과도한 장식을 한 여성복은 1912년에 이르러서는 여성의 사회진출로 기능주의적 성향으로 변화되기 시작하였다. 특히, 1914년 제1차 세계대전의 영향으로 패션계는 침체되었지만 오히려 이를 계기로 여성복의 본격적인 현대화로 이행되면서 이전 시기에 비해 치마 길이는 짧아지고 실질적이면서 기능적으로 변하였다.

1910년경 폴 푸아레(Paul Poiret, 1879~1944)는 이러한 직선형 실루엣의 시도로써 코르셋과 페티코트를 벗고 밑단으로 갈수록 폭이 좁아지는 호블 스커트(hobble skirt)를 등장시켰다. 스커트 밑단이 너무 좁아 보행이 불편했던 이 호블 스커트는 보행을 위해 트임(slit)을 넣어 발목이 드러나게 되었고 이로 인하여 스타킹과 구두가 중요한 유행 품목이 되었다. 1914년 전쟁의 시작으로 경제성과 단순성이 의복의 더욱 절실한 필수적 요소가 되었으며, 1917년에는 돌먼슬리브에 칼라와 소매끝을 털로 장식한, 몸통과 허리가 둥글고 위·아래가 날씬한 통(barrel)형 스타일의 코트가 유행하였다. 반면 1918년에 샤넬은 슈미즈 프록(chemise frock)을 그 당시 사용하지 않던 소재인 저지(jersey)로 처음 만들어 발표하였다. 직물과 재질, 색상에 있어서도 변화를 가져왔는데, 검은색, 갈색, 회색 계열의 레이온, 셀로판과 같은 인조섬유와 혼방직물이 사용되었다.

스포츠웨어로는 19세기 말에 등장한 자전거의 영향으로 여성복에 사이클링복과 수영복이 착용되었고 남성복에서만 착용되었던 스웨터가 캐주얼웨어로 등장하였다. 머리스타일은 랫(rats ; 뒷머리를 틀어 올려서 빗에 의해 고정) 형태로 그 위에 앞으로 기울여 쓴 모자가 유행하였고, 낮은 모자에 깃털 장식이나 스톨(stole)도 유행하였다. 1910년대로 오면서 중절모자(fedora), 밀짚으로 된 파나마 모자를 많이 썼고 베일도 유행하였으며, 털로 된 토시와 가죽이나 헝겊으로 된 핸드백, 흰 장갑이 액세서리로 사용되었다.

신발은 단추나 끈으로 채우는 목이 긴 부츠와 앞이 뾰족하고 굽이 높은 구두가 유행하였다.

세기 전환기의 코르셋과 페티코트로 특징지을 수 있는 S-커브 스타일의 드레스에서 폴 푸아레의 직선형 실루엣으로의 변화, 짧아지고 있는 스커트 길이, 기능적 소재의 사용 등으로의 변화는 패션이 현대화되어가고 있는 과도기적 특성을 보여 준다 하겠다.

남자복식은 19세기 기본형이 그대로 지속되면서 기능별로 더욱 세분화되고 편안한 스타일로 변화되었다. 어깨에 패드를 넣은, 품이 넉넉한 색 수트(sack suits)를 입었는데, 여밈의 형태는 싱글 또는 더블이었다. 셔츠는 칼라의 스탠드분이

8-8 **남성복** 1910년대 격식을 갖춘 남성복 사진으로 프록코트와 베스트 바지로 이루어진 당시의 기본적 남성복을 보여 주고 있다.

8-9 **테일러드 수트를 입고 있는 여성** 1920년대 대표적인 여성복 스타일인 플래퍼룩으로 무릎 길이의 짧은 치마와 깊숙히 눌러 쓰는 모자형태인 클로슈를 착용하고 있다.

높아서 불편할 정도였으며 앞끝이 접힌 윙(wing) 칼라나 현대의 셔츠 칼라와 같은 것이었다.

1910년에 접어들며 빅토리아시대 규범의 약화와 스포츠의 영향으로 격식이 완화되어 패드를 넣은 각진 어깨와 위는 풍성하고 바짓부리는 점차 자연스러운 형으로 변화되었다. 자연스러운 어깨형의 신사복은 허리가 들어가고 허리선이 약간 높은 재킷과 커프스가 있는 좁은 바지를 발목뼈 위로 짧게 입어 양말과 구두가 드러났다. 이러한 스타일은 1900년대 코르셋을 입어 부자연스러운 S-커브 실루엣에서 푸아레의 허리선이 올라간 날씬한 스타일로 변화된 여성복과 매우 닮은 점을 알 수 있다.

2) 패션의 현대화 및 획일주의 : 1920~1950년대

(1) 사회적 배경

1920년대에서 1950년대에 이르는 시기는 10년 주기로 경제호황, 경제불황, 제2차 세계대전, 전후복구기로 이어지는 격동의 시기로 특징지을 수 있다. 제1차 세계대전에 이어 제2차 세계대전을 겪으면서 미국은 승전과 군수산업의 확장으로 세계 경제에서 영향력이 커지면서 초강대국으로 부상하였고 미국인들의 생활양식은 전 세계에 보급되었다.

1920년대는 물질적 번영을 배경으로 한 소비와 쾌락추구의 시기였다. 사회·문화적 활동이 활성화되어 20세기 현대사회의 가장 큰 특징으로 꼽을 수 있는 대중문화가 태동하게 되었으며, 젊은이들은 재즈와 스포츠에 열광하였다. 이 시대는 광란의 파티, 나이트클럽, 술, 립스틱, 말아올린 스타킹과 프로이트의 정신분석과 같은 단어로 대별된다.

1920년에는 국제연맹이 창설되었으며, 1922년에는 이집트의 투탕카멘 분묘가 발굴되어 이국풍이 세계의 주목을 끌었고, 인디언 미술, 멕시코, 마야문명에 대한 관심도 높아졌다.

1922년에는 가정에 라디오가 처음으로 보급되었고 1927년에는 최초의 유성영화가 등장하였으며, 린드버그(Lindbergh)가 대서양을 비행하고 자동차의 보급이 이루어지기 시작했다.

그러나 1929년에 미국 뉴욕 월 스트리트(Wall Street)의 증권시장 붕괴로 시작된 경제불황은 전 세계의 생산침체, 은행파산, 상거래의 불경기로 이어지면서 세계 경제 대공황으로 번져나갔다. 그리하여 1920년대의 번영과 낙관주의적 경향이 사라지고 실업자가 늘어나 현실 세계로부터의 도피처로 영화가 각광을 받았으며, 가르보(Garbo), 디트리히(Dietrich), 크로퍼드(Crawford)와 같은 화려한 영화배우가 대표적인 우상이 되었다.

1939년 9월 1일, 독일이 폴란드를 침공함으로써 제2차 세계대전(1939~1945)이 일어났다. 제2차 세계대전은 제1차 세계대전에 비해 더 가공할 무기가 사용되었고 역사상 거의 유례가 없는 전 세계적인 전면 전쟁이었다. 전쟁 중에는 물자도 귀하고 가격은 폭등하여 경제는 침체상태에 빠졌으며 모든 것을 아끼고 절약하여 재생시키려는 풍조가 생겨났다.

제2차 세계대전 이후 여성들은 다시 가정으로 돌아와 가족을 돌보는 것에서 기쁨을 찾기 시작하였고 전쟁 중에 가질 수 없었던 자동차, 냉장고, 자녀, 결혼, 주택 그리고 유행에 대한 열망 등의 욕구들이 분출되었다. 또한 자본주의 생산의 본성인 대량생산에 따른 대량소비 경향이 표출되었고, 버리는 것을 당연하게 생각하는 소비주의 풍조로 1회용품의 사용이 증가하였다. 이 시기부터 젊은이들은 패션에 대한 관심을 추구할 수 있는 재정적 능력을 소유하게 되었고 가정 내에서는 아이들이 중심이 되었다. 따라서 이들을 대상으로 한 레코드, 화장품, 잡지 그리고 주니어 패션이 등장하였고, 영화의 영향으로 영화배우 스타일이 10대들 사이에서 인기를 끌었다. 남성과 여성에게 새로운 역할 능력이 부여되었고, 새로운 직업, 발명, 매체, 인구변동, 연예인, 스포츠에 대한 관심도 증가하였다.

한편, 과학에 있어서는 1957년 구소련이 최초로 인공위성의 발사 실험을 하였고, 경제적으로는 대량 마케팅과 유통경제의 영향력이 증가하였으며 사회ㆍ기술적인 변화의 속도가 점점 빨라졌다.

(2) 문화 및 예술사조

1920년대는 아르데코(art-deco)의 예술사조와 독일의 바우하우스에 의한 기능주의 추구가 더욱 성숙단계에 이르렀으며 이러한 아르데코는 입체주의와 이국적 정취(exoticism)의 러시아 발레단의 형상과 색채에 많은 영향을 받았다.

1924년 제1차 세계대전과 세계 경제 대공황으로 인한 전통적 가치관의 붕괴와 인간성의 상실은 사물의 본질을 추구하는 예술사조인 초현실주의를 형성하였다. 1930년대를 대표하는 조형양식인 초현실주의는 표현기법으로 자동기술법(오토마티즘, auto-matism), 위치전환법(데페이즈망, depaysment), 오브제의 도입 등이 있으며, 여기에 심리학적 요소인 성, 꿈, 무의식 개념을 도입하였다. 이러한 것들은 이성이나 미학적 규제, 도덕적 관념에 의해 통제받지 않는 직접적인 사고와 표현방식을 통하여 능동적으로 표현되었다. 대표적인 작가로는 달리(Salvador Dali), 에른스트(Max Ernst), 마그리트(Rene Magritte) 등이 있다.

초현실주의 양식은 패션, 패션광고, 윈도 디스플레이 등에 적용되어 복식과 밀접한 관계가 있었다. 물론 초현실주의의 세속성을 부인한 일부 예술가도 있었지만, 대부분은 그러한 활동에 참여했다. 당시의 초현실주의자들과 밀접한 상호 관계를 유지했던 디자이너 스키아파렐리(Elsa Schiaparelli, 1890~1973)는 달리에게서 영감을 받은 서랍 수트(desk suit, 1936)와 찢어진 드레스(tear-dress, 1937),

신발모자(shoe-hat, 1937) 등으로 오브제의 전위와 착시를 통해 기괴함과 대담함의 조화를 보여 주고 있다(Martin, 1987).

1940년대에는 세계대전의 영향으로 예술과 문화 분야가 뚜렷한 활동을 보이지 못하였다. 그런 가운데, 전 시대에 이어 영화, 특히 할리우드(Hollywood) 영화의 영향이 커지면서 영화배우들이 패션모델로 등장하였으며, 전쟁 중 군인들의 사기 진작을 위한 핀업 걸(pinup girls) 산업이 활성화되었다.

전쟁의 공포는 예술가들로 하여금 현실의 세계와 자연적인 사물에서 벗어나게 하여 1950년 중반에는 액션 페인팅(Action Painting)과 추상 표현주의(Abstract Expressionism)가 절정에 달했다(Russel, 1983).

대표적으로 잭슨 폴록(Jackson Pollock)은 주관적이고 객관적인 세계에서 완전히 벗어나 캔버스에 흩뿌려진 색조와 함께 물리적 관계를 맺음으로써 현실세계의 문제보다는 개인의 내적 세계를 추구하였다. 이러한 실험적 시도는 1960년대 초에 현실세계의 사물이나 형체를 삽입하면서 팝아트(pop art)로 발전되어 갔다.

(3) 패션 경향

이 시기는 패션의 현대화가 완전히 이루어짐과 동시에 하이패션 중심의 획일화된 패션이 주류를 이루었다.

제1차 세계대전 이후 1920년대를 거치면서 2차원의 큐비즘과 기능주의의 영향으로 여성들의 의상은 직선형 실루엣의 기능적이며 현대적인 형태로 표현되었다. 이는 당시 사회의 개방적인 무드와 효율성을 강조한 모더니즘이 복식에 반영된 것으로 스커트 길이는 짧고 가슴은 납작하여 마치 소년과 같다고 하여 보이시 스타일(boyish style) 또는 가르손느 스타일(gar onne sytle)이라 하였다. 허리선은 로 웨이스트로 헐렁한 점퍼형과 짧은 스커트와 짧은 머리의 조화가 1920년대를 특징지었다. 짧은 머리에는 앞이마를 덮고 눈까지 내려오는 클로슈(cloche) 모자를 썼으며, 짧은 스커트에는 스타킹과 구두에 더욱 주의를 기울이게 되면서 T자 형태의 브로케이드나 새틴 소재의 구두, 검정 스타킹 대신 베이지, 갈색 스타킹이 착용되었다. 특히, 디자이너 샤넬(C. G. Chanel, 1883~1971)은 위와 같은 이 시기의 혁신적인 특징과 함께 리틀 블랙 드레스, 저지 소재, 인조보석, 투톤 펌프스, 무릎길이의 샤넬라인 스커트 등을 통해 모더니즘 패션의 정수를 표현하였다.

　이후 1930년대의 경제 불황은 의상에도 영향을 미쳐 유행을 따르기보다는 개인적인 기호를 따랐으며 모든 불필요한 디테일이 사라진 보수적 성향이 나타났다. 1920년대 유행이 젊은이들을 위한 것이었다면 1930년대는 성인들을 위한 것이었다. 그리고 의복을 때와 장소에 따라 구별하여 입는 것이 더욱 철저해져서 의복이 기능별로 세분화되었다.

　여성의복은 대공황을 계기로 직장여성을 가정으로 되돌려 보내려고 하는 사회적 분위기 속에서 다시금 비활동적이고 우아한 여성적인 것이 중시되었다. 따라서 헐렁하고 직선적이며 낮은 허리선의 보이시 스타일이 사라진 대신 허리선은 제자리로 돌아오고 스커트의 길이가 길어지면서 몸에 꼭 맞고 어깨는 넓고 네모로 각이 진, 전체적으로 홀쭉하고 긴 롱 앤드 슬림(long and slim)의 여성적인 실루엣이 나타났다. 따라서 옷감의 바이어스 재단이나 고어 스커트가 유행했고, 비오네(M. Vionnet)가 이 분야에서 탁월한 솜씨를 보였다. 이 시기에는 유행의 초점이 등(back)에 있어서 비오네와 같은 디자이너는 카울 네크(cowl neck)나 홀터 네크(halter neck)를 사용하여 등을 깊게 판 이브닝드레스 등을 제작하였다. 1933년 스키아파렐리는 어깨를 넓게 강조한 재킷과 스커트를 발표하였고, 테일러드

8-12 **비오네의 입체재단 드레스** 비오네는 바이어스 재단과 다양한 입체재단을 통해 부드러운 여성성을 잘 표현하였다.

8-13 **1930년대의 롱 앤 슬림 드레스** 대공황시기인 1930년대에는 전반적으로 길고 가는 실루엣과 함께 유행의 초점이 등(back)으로 옮겨졌다.

칼라의 슈트는 롱스커트와 블라우스와 함께 정장의 역할을 하였다.

외모에 있어서 선명한 립스틱으로 뚜렷한 입술 표현을 하였고 눈썹은 뽑은 자리에 펜슬로 그렸다. 머리 모양은 유려하고 정돈된 퍼머로 외모에 변화를 주었는데, 특별히 영화배우의 헤어스타일이 젊은이들 사이에서 더욱 유행하였다. 베레모가 인기였으며 모자와 함께 베일을 썼는데, 이 시기에는 노즈 베일(nose veil)이라 하여 코까지 내려오는 것이 유행하였다. 신발은 플랫폼은 사라지고 르네상스 시대의 쇼핀느(chopine)형이 새롭게 유행하였다.

경제대공황에 이어 발발한 전쟁 기간 동안 물자부족 및 사회 제반 여건은 파리 패션을 거의 침체시키고 결과적으로 파리로부터 디자인 정보가 차단된 미국 내에서 미국의 디자이너들이 부상하는 계기가 되었다. 영국·미국·독일 등에서는 의류산업에 정부의 규제가 가해졌다. 한편, 전쟁 중 여성들의 사회진출이 있었고, 이러한 영향으로 패션에 있어서는 실루엣이 남성화된 밀리터리룩(millitary look)으로 변하였다.

밀리터리룩은 작은 모자, 굽이 있는 구두, 각진 어깨, 무릎 길이의 짧은 스커트 등 테일러드 스타일로서 실용적인 기능복으로 유행하였다. 전쟁 중에는 여자들이 바지를 많이 입었으며 이는 1945년 제2차 세계대전이 끝난 후 얼마 동안 계속되었다. 그리고 종전 후 평화가 오자 상대적으로 위엄 있고 거대해 보여 볼드룩(bold look)이라 불렸다. 그러나 전쟁 후의 볼드룩은 전쟁 중의 실루엣에 비하면 허리가 좁아졌으며 넓은 어깨와 상의, 포켓으로 그 효과를 강조하여 여성적인 변화가 이루어졌음을 알 수 있다. 또한 체스터필드 코트(chesterfield coat)나 레인코트를 입었고 터틀 네크 스웨터나 카디건이 인기가 있었다.

반면에 전쟁 후에는 급격하게 실루엣이 변화하며 유행의 혁신적인 변화가 일어나 여성스러운 뉴룩(new look)이 등장하여 유행하게 되었다. 1947년 봄, 디오르(C. Dior, 1905~1957)는 전쟁 기간 동안의 밀리터리룩과는 전혀 다른 새로운 욕구를 반영한 여성적인 스타일의 뉴룩을 선보였다. 여성스러운 미를 나타낸 드롭숄더(drop shoulder)의 둥근 어깨, 가는 허리와 둥근 힙, 밑단 쪽으로 길고 풍부하게 퍼지는 플레어스커트의 뉴룩은 귀족적 취향의 부르주아적 패션의 재생이라고 할 수 있으며 또한 현대여성의 착장미가 정착된 스타일이라고 할 수 있다.

디오르의 디자이너로서의 위력과 함께 파리의 고급 맞춤복 시장은 세계 모드의 중심 역할을 되찾게 되었다. 디오르는 뉴룩의 새로운 시도 이후 연속적으로 1950

8-14 **밀리터리룩** 각진 어깨, 무릎길이의 스커트 등 기능적이고 실용적인 H-실루엣의 여성복이 제2차 세계대전 중에 유행하였다.

8-15 **뉴룩** 가는 허리와 길고 풍부한 플레어스커트는 전쟁이전의 H-실루엣에서 X-실루엣으로 급격히 변했음을 보여 준다.

년대 후반 수많은 라인('수직(vertical)라인', '타원(oval)라인', '파상(wave)라인', '튤립(tulip)라인', 'H, A, Y 등의 알파벳 라인', '화살(arrow)라인', '마그넷(magnet)라인', '방추(spindle)라인' 등)을 발표하면서 1950년대를 특징지었다. 특히, 이 시기 동안의 기본적인 실루엣의 변화는 허리에서 이루어진 것으로 가는 허리, 하이웨이스트, 로웨이스트의 순서로 이루어졌다. 그 후에는 허리선을 완전히 자유롭게 해방시킨 무릎 바로 아래 길이의 색 드레스(sack dress)를 발표해서 유행시켰다. 반면에 미국의 디자이너들은 제2차 세계대전 중 미국 내 패션계에서 보여 준 성공에 힘입어 캐주얼한 고급 기성복을 제작하는 데 주력하였으며, 앤 클라인(Anne Klein), 아딜 심프슨(Adele Simpson), 올레그 카시니(Oleg Cassini) 등이 대표적인 디자이너들이다.

제2차 세계대전 후 여성복에서 두드러진 변화는 바지착용의 일반화이다. 자본

8-16 크리스티앙 디오르의 다양한 실루엣 디오르의 열 번째 컬렉션을 기념하기 위해 참가한 모델들로 디오르의 다양한 라인이 잘 나타나 있다.

주의의 급속한 발전과 더불어 민주주의도 강력해져 남녀의 동등한 지위가 인정되면서 여자도 바지를 일상복으로 착용할 수 있는 사회적 가치관으로 변화되었다. 특히 1951년 리바이스사(Levi's)의 등장은 이러한 경향을 촉진시켰다.

구두는 전쟁 중에는 낮고 뭉뚝한 모양이 유행하였으나, 이후에는 굽이 높아지고 구두코도 다시 뾰족한 형태로 변하였다.

머리 모양은 뒤로 빗어 하나로 묶고 웨이브진 머리를 늘어뜨린 말꼬리형(pony tail style)과 오드리 헵번의 머리 모양이 유행하였다.

한편, 의류산업에 있어서는 1938년 나일론, 아세테이트 등 신소재가 개발되었고 지퍼(zipper)가 발명되어 단추와 훅을 대신하여 여밈에 사용되었으며, 새로운 합성섬유가 생산되어 의류소재의 다양성을 가져왔다. 전쟁 중에 개발된 인조섬유와 천연섬유가 교직되어 인기를 끌었으며, 특히 나일론, 데이크론, 올론 등의 질기고 손질하기 쉬운 옷감이 더욱 인기가 있었는데, 나일론의 출현은 나일론 스타킹을 유행시켰다. 많은 디자이너들은 천연섬유의 성능과 유사하게 가공처리된 합성섬유들을 이용하여 다양한 의상을 제작해 냈다.

남자복식은 1920년대 들어 여성복의 실루엣과 같이 전반적으로 날씬해졌고 윈저공(Windsor公)이 유행의 선도자가 되었다. 또한 20인치 폭의 밑단 넓이에 커프스를 댄 바지 스타일인 옥스퍼드 백(oxford bags)과 여유가 많으면서 무릎 아래를 매는 니커즈가 유행하였다. 외투로는 부드러운 셔츠와 더블로 여미는 박스(box) 형태의 오버 코트 형태가 유행하였고 레인코트가 등장하였다. 머리는 앞가리마나 옆가리마를 타고 윤이 나는 머릿기름을 발라 올백형으로 머리카락이 달라붙게 빗어 에나멜 가죽처럼 보이는 형이 유행하였다. 신발은 다양한 옥스퍼드 신발이 유행하였다.

1930년대 남자복식의 셔츠 칼라는 떼었다 붙였다 하는 형태가 사라지고 현대의 셔츠 칼라 모양이 되었다. 외투는 컨버터블 칼라에 래글런 소매가 달린 코트나 낙타털로 된 더블여밈에 벨트가 달린 폴로 코트(polo coat) 등이 유행하였다.

전쟁 이후의 남성복은 기본적으로 효율적이고 단순한 이미지로서 회색 플란넬(grey flannel)이 널리 착용되었다. 또한 전쟁 이후 젊은이들의 패션에 대한 관심이 증가되었고, 경제호황과 함께 대량 생산과 이로 인해 파급된 대량 소비 경향은 자기 부모 세대와는 다른 형태의 복식을 취하는 젊은층의 패션을 활성화시켰다. 이들 젊은이들의 긴장에서 벗어나려는 시도는 젊은 층에서는 과장된 실루엣의 주트 수트(zoot suit)와 에드워디안 복식을 모방한 테디보이즈 스타일로서 나타나며 미국과 영국의 젊은 청소년층을 중심으로 널리 퍼졌다.

3) 패션의 다양화와 소비주의 : 1960~1980년대

(1) 사회적 배경

1960년대의 경제호황은 1970, 80년대의 뒤이은 경기침체에도 불구하고 문화의 다원화와 함께 패션의 다양화 및 소비주의를 가능하게 하였다.

　미국은 아이젠하워 대통령의 보수주의와 냉전체제에서 벗어나 케네디 대통령의 젊고 활력 있는 새로운 진보 체제로의 첫발을 내딛었다. 하지만 1963년 케네디의 암살과 베트남전은 격렬한 학생 시위를 가져왔고 이러한 경향은 서유럽과 일본에서도 나타났다.

　1960년대 초반에 편안한 물질주의를 추구했던 경향이 후반에는 젊은이들이 기성세대에 도전하면서 물질주의에서 탈피하려는 경향을 보였으며, 여성해방운동이 가시화되기 시작하였다. 비틀스(Beatles)와 롤링 스톤스(Rolling Stones)의 음악과 함께 미니스커트가 전 세계로 확산되면서 영국은 그 동안 진부하고 시대에 뒤떨어졌다는 이미지에서 탈피하여 패션에 커다란 영향을 미치게 되었다.

　잡지, TV, 영화 등 대중매체의 발달로 대중문화가 급속히 전파하였으며, 1960년대 중반 이후 3C 시대(Color TV, Car, Cooler)가 되었다. 또한 1968년 영국의 현대미술협회에서 예술과 컴퓨터로 연계할 수 있는 컴퓨터그래픽이, 1969년에는 미국 아폴로 11호가 인류 최초로 달 착륙에 성공했던 과학 혁명의 시기이기도 하였다. 그리고 '작은 것이 아름답다'는 철학으로 버블카, 미니카 같은 기술혁신과 주머니 크기의 소형 레코드 플레이어와 소니의 휴대용 TV의 발명도 이루어졌다.

　1970년대는 세계경제의 인플레이션이 심했고 불황이었다. 따라서 소비가 미덕인 시대에서 절약이 미덕인 시대가 되어 소비자들은 좀 더 실제적이고 합리적인 생활을 추구하였다. 한편, 1975년에는 베트남전쟁이 평화 협정조인으로 일단락

지어졌고, 1977년 중국에서는 등소평이 등장하여 개혁정치를 추진하면서 냉전의 분위기가 서서히 가라앉기 시작하였다. 따라서 1970년대의 젊은이들은 기성사회에 대한 집단적 저항을 하는 대신 개인적인 목적과 독자적인 라이프스타일을 지향하기 시작하여 생활 그 자체를 개성화하였고 개인의 건강과 활동을 중시하였다. 또한, 베이비붐 세대의 많은 여성들이 전문직 등으로 활발한 사회진출을 하였으며 개인주의와 선택의 자유가 존재하여 전 시대에 비하여 결혼과 가족양식이 변화되었다.

1980년에는 이란, 이라크전쟁으로 인한 에너지 파동으로 세계경제는 계속 침체되었다. 이는 사람들의 가치관이나 생활양식을 근본적으로 변화시켜 현명한 소비생활과 절약풍조가 사회 전반은 물론 개인의 생활에서까지 제품의 질적인 추구와 다양화·개성화를 요구하였다. 아울러 현대 여성들의 사회 진출 증대와 생활 영역의 확대는 생활 수준과 소득의 향상을 가져와 여가를 점점 더 중시하게 되었다. 동서 냉전의 분위기 속에서 굳게 닫혀 있던 동구 공산권 국가들이 1987년에 구 소련 고르바초프 대통령의 '글라스노스트'와 '페레스트로이카' 같은 개방과 정치개혁을 서두로 다양한 국제 교류가 진행되었다. 또한, 환경의 중요성을 인식하면서 세계는 '공동 운명체의 지구촌'이라는 자각이 높이 일어나게 되었다.

가정용 컴퓨터(PC), MTV(Music TV), VCR(Video Casette Recorder), CD(Compact Disk)의 등장은 새로운 기술혁신시대의 문을 열었고 산업 공학의 발달로 인하여 산업용 로봇시대가 도래하였으며 오피스 혁명과 산업구조의 변혁이 이루어졌다. 한편, 1958년 듀퐁사(Du Pont 社)에 의해 처음 개발된 후 속옷 재료로 쓰이던 라이크라(Lycra)는 고기능 신축성 직물로서 이후 1970년대에는 수영복, 운동복에 이용되다가 이 시기에 들어서는 일반 하이패션에 도입되는 등 패션계의 유행변화에 큰 영향을 가져왔다.

(2) 문화 및 예술사조
이 시기는 옵아트(op art), 팝아트(pop art), 미니멀리즘(minimalism)과 같은 현대적 감각의 새로운 예술사조가 젊은이들 사이에서 크게 성행하였다.

1950년대 말과 1960년대 초에 걸쳐 전개된 옵아트는 인간의 눈에서 이루어질 수 있는 모든 작용이 조형의 바탕이 된다고 보는 시각적 착시효과의 개념으로부터 출발하였다. 빅터 바사렐리(Victor Vasarely), 브리지드 라일리(Bridget Riley) 등이 대표적인 옵아티스트이다.

1960년대 중반 이후 옵아트의 영향을 받은, 평면상의 굴곡의 느낌을 주는 옵패턴이 복식에 많이 사용되었다. 옵패턴에는 체스 보드 같은 구성과 줄무늬 형태의 무늬로 된 호랑이나 얼룩말무늬 같은 구성 그리고 스트라이프와 물방울무늬를 결합시킨 구성 등이 이용되었다. 더 나아가 운동체의 조형인 키네틱아트는 운동과 움직임이 빛이나 관념적인 것이 아니라, 물질로서 직접 복식에 표현되었다. 이는 피에르 가르댕(Pierre Cardin, 1969), 파코 라반(Paco Rabanne, 1966) 등의 디자인에서 보여지고 있다.

팝아트는 사진적 영상을 적극적으로 활용하는 실크스크린 기법, 패치워크나 프린팅, 우연한 행위와 사건들의 아상블라주(assemblage), 직선적이고 문자 그대로의 사실적 표현(예 : 그라피토와 레터링)과 같은 특징을 지닌 미술양식이다. 사회적인 의미나 상징을 거부하고 일상생활 속에서 대상을 직설적으로 현존시키고, 의식적으로 예술작품의 영원성을 포기한 팝아트의 대표적인 작가로는 리처드 해밀튼(Richard Hamilton), 앤디 워홀(Andy Warhol) 등이 있다.

8-17 옵아트 의상 시각적 착시효과를 이용하여 동물무늬를 표현하고 있다.

8-18 팝아트 앤디 워홀의 골드 마릴린 먼로(1962)로 현존하는 인물들을 묘사함으로써 주목을 끌었다.

1960년대 중반에는 미국을 중심으로 미술, 건축, 문학, 음악, 무용 등 여러 분야에서 단순성·순수성의 추구를 목적으로 하는 미니멀리즘이 등장하였다. 이는 최소의 조형수단과 최소의 제작과정을 거쳐 표현을 최소화함으로써 대상의 단순성과 순수성을 추구하는 것을 목적으로 하는 최소 표현 기법의 예술사조이다. 우주 개척시대의 미래지향적인 스타일로서 젊은이들에게 크게 호응을 얻은 미니스커트와 이브 생 로랑의 단순하고 직선적이면서 검은색의 수직·수평선과 삼원색으로 구성된 몬드리안원피스는 미니멀리즘의 반영으로써, 젊은이들의 취향에 잘 어울리고 복식의 실루엣을 가장 단순하게 표현하고 있다.

1970년대에는 디자인에 있어 반도회지 운동과 같은 전원풍이 등장하였고 반면에 첨단용 기계를 가정에서 사용하는 하이테크 현상도 나타났다. 또한, 초현실주의를 자연스럽게 에어브러시로 표현하는 방식도 등장했다.

1980년대에는 포스트모더니즘의 영향으로 다른 시대, 다른 문화로부터 양식과 이미지를 차용하고 혼합하는 방식이 두드러졌으며 모더니즘적 문화와 사고방식의 틀을 거부하려는 현상이 나타났다. 포스트모더니즘의 특징은 장르 의식이 붕괴되고 혼합되는 양상을 보이며, 순수예술과 상업예술 간의 인위적 형식 구분도 배제하는 것이다. 콜라주(collage) 기법을 통해 상이한 여러 시대의 양식을 절충하고 부분 생략, 과장도치, 중첩 등의 패러디 기법을 사용하고 있으며, 대표적인 작가로는 줄리앙(Jullian), 슈나벨(Schnabel), 롱고(Longo), 무어(Moore) 등이 있다. 또한, 제3국의 문화양식을 현대적으로 제시하려는 경향이 나타났다. 흑인문화의 영향이 두드러지면서 패션계에서는 나오미 캠벨, 음악계에서는 마이클 잭슨이 리더로 등장하였다.

(3) 패션 경향

경제호황은 대중이 빠르게 유행변화를 받아들이고 소비할 수 있게 하는 조건이 되었으며, 이로 인해 가능해진 패션의 다양화는 전 세대, 전 계층을 통해 이루어졌다.

1960년대 초반에 상류층 여성들은 1920년대를 지배했던 보다 활동적이고 단순한 박스 스타일의 샤넬 수트와 플래퍼 스타일의 유행을 따랐다. 또한 이러한 단순함과 실용성을 기본으로 한 유행의 건축적 실루엣이 앙드레 쿠레주(Andre Courreges)에 의해 표현되었고, 재클린 케네디(Jacqueline Kennedy)가 젊음을 지향하는 이러한 유행의 선도자가 되었다.

당시 예술사조의 영향으로 현대적 감각의 새로운 예술을 추구하였던 것과 같이, 패션에 있어서도 대량생산과 일상성을 표현한 팝아트, 색채 면에서 대담한 몬드리안룩 형태와 구성 면에서 단순한 최소표현기법인 미니멀리즘이 반영되었다.

1960년대는 대량 생산과 대량 소비의 시대로 제2차 세계대전 이후 베이비붐 세대가 청소년층으로 등장하여 유행이 소수 유명 디자이너의 영향력에 국한되지 않고, 청소년 특유의 하위문화의 특성을 반영한 반유행적 경향이 등장하였다.

특히, 1965년에는 메리 퀸트(Mary Quant, 1934~현재)가 스피드시대의 추세에 부합하여 선보인 영패션과 무릎 위 10~20cm의 초미니 스커트가 선풍적인 인기였으며 이는 금속사 스타킹과 긴 부츠의 폭발적인 수요를 가져왔다. 영국은 메리 퀸트를 통해 영패션의 세계 중심지로 부상하였다. 1960년대 후반에는 미니의 반

8-19 **앙드레 쿠레주의 우주 패션** 당시 큰 주목을 받았던 우주 개발 열풍의 영향을 받아 단순하고 미래지향적인 디자인의 의상과 미니부츠 등을 선보였다.

8-20 **팬츠룩의 여성복** 1970년대에는 여성의 사회진출이 증가하면서 YSL이 내놓은 팬츠 수트가 매우 유행하였고 이러한 스타일은 21세기에도 지속적으로 나타나고 있다.

동으로 미디와 맥시가 등장했으나 유행으로 확산되지는 못했다. 여성들은 영국의 패션모델 트위기(Twiggy)의 야윈 몸매에 인조 속눈썹을 붙이고 주근깨가 있는 모습을 추종하여 매우 마른 몸매를 선호하였다.

한편, 우주에 대한 관심으로 공상 과학 영화에서 나오는 것 같은 원피스, 안경과 부츠를 신은 모습의 전위적인 쿠레주 패션이 인기를 모았다. 흰색, 은색, 기하학적 패턴이 사용되기도 하였고, 소재에 있어서도 합성섬유, 유리, 금속, 인조가죽 그리고 시스루(see-through) 소재 등으로 다양화되었다.

머리 모양은 전위적인 비달 사순(Vidal Sassoon)의 짧고 단순한 형태가 등장하였고, 미니스커트에 신는 긴 부츠와 앞부리가 뭉뚝한 형태의 구두가 유행하였다.

1960년대 이후로 본격화된 여성운동의 영향으로 남녀평등이라는 민주주의적 사고가 도입되었으며 복식에 있어서는 1969년 판탈롱 수트(pantaloon suits)의 유행을 가져왔고 남녀가 함께 착용할 수 있는 유니섹스 경향의 진(jean)도 등장하였다. 이후 1970년대는 1950년대 라인의 시대와 마찬가지로 다양한 라인의 의상들이 등장했지만, 이 시기를 대표하는 패션은 '팬츠'라고 할 수 있다.

이브 생 로랑(Y. S. Laurent, 1936~2008)은 르 스모킹(le Smoking)이라는 팬츠 수트를 소개하여 여성들의 바지 유행에 초석을 놓았다. 이후에 짧은 퀼로트의 형태부터 앞에 주름이 잡힌 고전적 테일러드 바지와 배기(baggy) 형태 등이 다양하게 등장하였다. 또한, 여성들에게 있어서 어깨가 넓은 역삼각형 실루엣의 정장이 여권신장운동과 여성의 사회 진출과 맞물려 인기를 끌었다. 의복 또한 합리적이며 실질적인 의복으로 저렴한 가격의 의복을 층층이 겹쳐 입어 색상이나 소재 등의 다양한 효과를 낼 수 있는 레이어드룩(layered look)과 전체적으로 헐렁한 이국풍의 빅룩(big look)이 유행하였다. 특히, 심지나 안감이 없는 비구조적이며 캐주얼한 복식형태가 주류를 이루어 캐주얼(casual)화가 가속화되었고, 이로 인해 스웨터, 진 그리고 티셔츠(T-shirt)가 인기가 있었다.

신체와 건강에 대한 관심은 기능복의 도입을 촉진시켰으며 의복 소재도 전에 인기를 끌었던 인조섬유나 화학섬유 대신 천연섬유가 선호되는 경향이었다. 1970년대부터 패션산업의 국제화가 시작되어 많은 유명한 디자이너들이 개발도상국가로 라이선스 시장을 개척하기 시작하였고, 일본의 패션계가 급부상하였다.

1970년대 초 젊은이들은 길고 윤기나는 머리 형태를 좋아했지만, 후반에는 짧게 하여 얼굴을 작아보이게 하는 것이 유행하였다. 대담하고 짙게 하던 눈화장도 부드러워졌고 평평한 플랫폼(platform) 형태의 구두가 유행하였다.

1980년대 이 시기는 세계 각국의 문화의 표출과 새로운 디자이너들이 많이 등장함으로써 패션 경향이 역사적인 요소, 민속적인 요소, 인간과 자연의 상징적인 요소 등을 다원적이면서도 절충적으로 도입하는 특징을 보인다.

포스트모던 패션은 1982년에 패션에서 받아들인 디자인 관념으로서, 입기 쉽거나 손질하기 쉽다는 등의 과학기술에 지배받는 기능성을 초월하고, 치장한다는 일이 생활 속에서 커다란 의미를 지니고 있던 과거의 모드를 현대에 가져와 의복에 새로운 매력을 창조하려는 시도이다. 이것은 클래시시즘, 모더니즘, 아방가르드와 노스탤지어의 융합으로 볼 수 있다. 아르데코의 조형감각을 다시 부활시키고 장식적인 수공예 기법과 현대감각을 절충시키고자 하였으며 동·서양 양식의 상호 절충과 전통적 남성복의 요소를 여성복에 도입함으로써 이미지 변화를 주고자 하였다.

또한 현대적인 액세서리나 착장법에 따른 전통적인 품목의 이미지 변화도 나타났다. 이러한 경향은 1970년대 등장한 펑크룩을 계속 유행시켰고, 1984년 말부터 여성복의 매니시 현상과 1980년대에 들어와 부각되고 있는 짧은 커트 헤어스타일, 록(Rock) 가수들의 여장이나 남자의 메이크업과 자유롭게 남녀 의복을 겹쳐 입는 앤드로 지너스 룩(androgynous look)을 등장시켰다.

달라스(Dallas), 다이내스티(Dynasty)와 같은 TV 프로그램의 인기는 '성공한 사람들을 표현해 주는 의상(Dress for Success)'에 대한 관심과 수요를 높였고 이로 인해 미국의 도나 카란(Donna Karan), 이탈리아의 조르지오 아르마니(Georgio Armani)와 같은 디자이너 상표가 급성장하였다. 또한, 스포츠웨어가 필수품으로 등장하여 다양한 형태의 운동복과 상표인지도가 높은 운동화가 인기가 있었다.

남성복은 1960년대에는 전체적으로 슬림한 수트가 주류를 이루었으나 여성복과 같이 개성이 중시되어 네루재킷이나 화려한 색상의 셔츠가 유행하였다. 젊은

이뿐만 아니라 소수 민족의 영향이 유행에 반영되어 흑인의 '아프로(Afro)' 헤어스타일과 헐렁한 티셔츠, 엉덩이에 걸치는 바지 등이 잠시 유행하기도 하였으며, 넥타이 대신 오픈 칼라(open collar)나 목걸이와 보석 등 남성 액세서리의 착용이 점차 증가하기 시작하였다. 젊은이들에게 한정되었던 패션에 대한 관심이 확산되어 1970년대에는 정장의 사무복 대신 레저웨어와 스포츠웨어가 즐겨 착용되었으며, 1970년대 말에는 모자가 달린 조깅복이 매우 유행하였다. 또한 1980년대에는 포스트모던한 패션현상 속에서도 고급스러움의 표현을 중시하는 경향이 많았고 이는 성공지향적인 여피(Yuppie)와 그들의 룩을 통해 표현되었다.

4) 패션의 세계화와 협업화 : 1990년 이후

(1) 사회적 배경

세기 전환기를 거쳐 새로운 21세기로 이행되어가는 이 시기는 끊임없는 변화와 새로움, 그리고 복제가 넘쳐나는 가운데 산업사회에서 정보화사회로 더 나아가 지식경제사회로, 디지털에 아날로그의 감성을 더한 디지로그의 사회로, 개별의 사회에서 융합의 사회로 급격히 변화하였다.

45년간의 분단 끝에 1990년에 독일이 통합되었고, 구 소련의 11개국이 참여하는 독립국가연합이 1992년에 새롭게 출범하였다. 세계는 정치 이데올로기의 퇴조에 따라 정치적 양극체제에서 경제력에 바탕을 둔 경제적 다극체제로 전환 양상을 보여, 미국을 중심으로 한 북미 무역 지대, 일본 및 아시아의 신흥 공업국, 그리고 통합 유럽 공동체(EC)로 나누어져 갔다. 정점이 분할되어 가고 있다. 더욱이 2008년 베이징 올림픽을 전후하여 중국이 신흥강국으로 급부상하면서 경제적 다극체제는 새로운 편성이 요구되고 있다.

1992년 걸프전쟁은 42일간의 첨단과학 전투로 미국 중심의 다국적군의 승리로 종전되었다. 이로 인해 과학 기술의 진보와 산업공해에 따른 환경문제가 큰 관심의 대상이 되었으며 빈곤, 기아, 문맹의 극복, 후천성 면역결핍증(AIDS), 국가 간의 개발 격차 해소가 세계의 관심사로 등장하였다.

고도로 산업화된 물질문명과 개인주의로 치닫는 가치관의 혼란 속에서 과거의 시대를 그리워하는 경향이 나타났으며, 개인생활의 영역에서는 자신의 행복과 안녕을 위한 웰빙라이프스타일에 더해서 환경과 사회 등 지속가능한 소비에 높은 가치를 두는 LOHAS(Lifestyle of Health and Sustainability), 윤리에 어긋나지 않게 만들어진 제품의 소비 등 개인, 사회, 환경에 대한 건강한 인식을 실천을 통해 보여 주고 있다. 또한, 인간과 자연, 기계와 문화, 물질과 정신에 대해 새로운 인식틀을 제공해 주는 인간 생태학과 인지과학에 대한 관심이 높아졌으며 감성공학에 대한 인식도 늘고 있다.

(2) 문화 및 예술사조

세계화(globalization)와 디지털화가 시공간의 경계를 의미 없게 만들면서 더불어 그동안 고유영역으로 분류되어 왔던 순수예술과 응용예술, 아트와 패션, 산업디자인과 패션디자인, 고급패션과 대중패션 간의 협업(collaboration)이 적극적으로 이루어지고 있다.

포스트모더니즘이 주요 문화현상으로 계속되면서, 정치나 경제의 영역에서 계층 간의 위계와 경계가 무너지고 수평적 관계의 대중으로 이루어진 사회구조로 전환되는 것과 마찬가지로 문화영역에서도 진리나 미를 추구하는 고전적인 가치

8-21 **푸마의 리얼리티 백** 푸마와 현대미술단체 루벨패밀리와 협업한 리얼리티백이다.

체계 대신 다양성과 가변성이 수용되며 각 영역의 독자성을 수호하기보다는 상호 교류하는 현상이 확산되고 있다.

최근의 미술에서 현저하게 드러나는 특징 중의 하나는 영역 간의 수렴현상이다. 즉, 회화에 오브제가 첨가되거나 화면 자체에 입체적인 성격이 부여되고 조각에서는 표면효과의 강조와 색채의 사용 등을 통해 2차원적 요소가 강조되고 있다. 따라서 이 시기의 문화 예술사조는 양식이나 주제가 변화하는 것이 아니라 그것을 대하는 태도, 즉 비평 관점에 초점이 맞추어져 있다.

8-22 **디자이너와의 협업** 스텔라 매커트니와 아디다스의 협업으로 기존 스포츠웨어의 기능성에 디자인성까지 제품에 반영할 수 있었다.

한편, 1990년대를 거치는 동안 예술은 스포츠처럼 여가를 즐기는 주요한 수단으로 부상하고 있다. 이 같은 경향은 이미 공연예술이나 영상예술에 대한 폭발적인 호응으로 나타나고 있다. 이제 예술은 경제와 연관되어 예술 산업화 되어 가고 있으며, 유선 TV나 인터넷 등의 매체를 통한 예술의 향유 기회가 증가하고 있다. 한편, 계속된 기술문명의 발전은 컴퓨터, 인터넷과 미디어를 통해 가상현실에 빠져 기존의 현실을 거부하고 첨단적이고 컬트적 이미지를 동경하는 풍조를 만들기도 한다.

(3) 패션 경향

1990년대 전반부의 패션은 경기침체와 걸프전의 영향으로 절제와 구시대로의 복고적 경향과 함께 새로운 세기를 맞이하는 세기말적 경향과 미래적 영향이 공존하고 있다.

그러므로 산업화와 물질문명의 오염에 대한 반발로 포스트모던의 영향을 받은 이 시기의 대표적인 스타일은 크게 자연주의, 민속주의, 복고주의, 재활용주의, 미래주의로 구분될 수 있을 것이다. 그러나 계속되는 포스트모더니즘 사조의 영향으로 1990년대에는 특별히 어떤 양식이 정해져 있지 않고 잘 어울린다고 느껴지는 것을 규칙에 얽매이지 않고 표현하는 다양한 스타일이 혼합되는 양상으로 발전하고 있다. 즉, 복고풍(retro) 디자인에 재활용(recyclic) 소재를 사용하고 첨단기술의 신소재(techno) 디테일이나 트리밍 등을 결합시키는 형태로 나타난다.

이국적 취향을 지향하는 민속적(ethnic) 스타일은 솔(soul), 재즈(jazz)와 함께 믹싱랩(mixing rap)과 같은 흑인음악의 열풍으로 관심을 갖게 된 아프리카나 문명에서 소외된 오지의 이미지를 표현하기도 하며, 인도, 중국, 일본, 한국 그리고 아시아 일대의 많은 민족적 특성이 동양풍(orientalism)이라는 주제로 등장하기도 하였다. 한편, 디자인의 요소를 완전히 거부하며 극도의 단순한 튜닉형의 의상이 등장하여 손뜨개의 니트류, 담갈색 황마느낌의 소재와 구겨진듯한 소재가 주요 아이템으로 사용된 자연풍 스타일이 등장하였다. 또한 과잉장식이 없는 재생이나 합성섬유로 제작된 기능적인 작업복, 폐품에서 수집된 다양한 천과 의상을 통해 선보인 재활용품은 패치워크나 그런지룩에 표현되었다. 첨단 기술에 대한 매력과 미래지향적인 요소의 테크노풍은 라텍스, 왁스코팅 등의 하이테크가공 소재를 사용하여 테크니컬한 이미지와 아방가르드한 형태로 미니멀리즘에서 초현실주의에 이르는 다양한 이미지를 창출하였다. 최근에는 이미지에서 더 나아가 각종 디지털 기기와 의류를 하나로 통합한 '기술융합'의 대표적 산물인 스마트웨어 개발이 활발히 이루어지고 있다. 따라서 더이상 패션에 있어서 고정된 법칙이 제한되지 않게 되었으며 의복에 대한 표현방법이 다양하게 시도되었고 스트리트 패션은 여전히 유행에 중요한 영향력을 행사하고 있다.

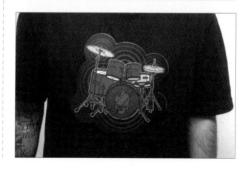

8-23 지아니 베르사체의 이브닝드레스 현대패션에서는 이전의 이브닝드레스에 많이 사용되지 않았던 비닐 등 과격적 소재를 활용한 디자인들이 많이 나오고 있다.

8-24 전자드럼키트 티셔츠 미국업체 싱크긱(Think Geek)이 티셔츠 위에 프린트 된 드럼을 누르면 소리가 나는 스마트 의류를 개발하였다.

8-25 **폴 스미스의 남성복디자인** 남성복에서 잘 사용하지 않았던 화려한 색상을 적극적으로 사용하였다.

8-26 **콤므 데 가르송의 해체주의 디자인** 봉제과정에 의해 만들어지는 의복디테일을 직물 위에 표면처리로 묘사함으로써 의미와 형태의 불확실성을 추구하는 해체주의적 특성을 보여 주고 있다.

　건강과 여가에 관련된 스포츠웨어와 레저웨어의 개념이 더욱 확대되었다. 또한 후세에 대한 환경과 자원의 보존에 대한 관심의 증가는 표백과 염색처리가 안된 면직물과 리넨만을 사용한 그린패션(green fashion)을 유행시켰다.

　패션산업에 있어서는, 1980년대 이후 패션제품의 기능보다 브랜드가 갖는 상업적 가치가 우위에 놓이기 시작하면서 현재에 이르기까지 명품브랜드들의 인수합병이 거듭되고 있고 이로 인해 메가브랜드화 현상이 가속화되었다. 이런 과정 속에서 브랜드 라벨은 옷 자체뿐 아니라 패션 관련 제품인 향수, 화장품, 백, 슈즈 등에서 지위와 취향을 구별해 주는 절대적 기준이 되면서 그 가치가 배가되었다. 한편, 명품 위주의 패션 시장과는 다른 전략으로 전 세계 패스트패션을 주도하는 브랜드인 H & M, Zara, Mango, Uniqlo 등이 가격이 저렴하면서도 유행을 즉각적으로 반영한 패션으로 소비자들의 합리적인 구매를 이끌어 내고 있다.

　남성복에 있어서는 패셔너블함의 영역이 1960년대 이후 남성에게까지 확대된 이후 1994년, 대도시에 거주하면서 여성성의 영역을 적극적으로 수용하는 남성

8-27 후세인 살라얀의 디자인
터키 출신의 후세인 샬라얀은 아방가르드함과 해체주의적인 모습을 아주 잘 융합하여 '개념적인 것'을 잘 보여 준다는 평을 듣고 있다.

을 지칭하는 메트로섹슈얼, 뒤이은 위버섹슈얼, 2004년 꽃무늬 남성셔츠의 인기 등을 통해 패션현상이 남녀를 이분화하는 데 의미 없는 기준이 되고 있음을 보여 주고 있다(김정희, 2006).

이 시기의 세계 패션을 이끄는 디자이너로 뚜렷하게 한 사람을 구체화하기보다는 여러 디자이너들이 각기 그들의 개성을 가지고 각 분야에서 두드러진 활동을 하고 있다.

랄프 로렌(Ralph Lauren), 캘빈 클라인(Calvin Klein), 도나 카란(Donna Karan)과 같은 미국 디자이너들은 그들 특유의 단순하면서 캐주얼한 미국 스타일을 창조하고 있다.

조르지오 아르마니(Georgio Armani), 소니아 리키엘(Sonia Rykiel), 타이 앤 로지타 미소니(Tai & Rosita Missoni) 등과 같은 이탈리아 디자이너들은 편안하면서도 세련된 디자인으로 각광받고 있다.

극단적인 미니멀리즘을 추구하는 헬무트 랑(Helmut Lang), 동화적 소재의 존 갈리아노(John Galliano) 그리고 스트리트 스타일의 영향을 받은 전위적인 경향을 강조한 장 폴 고티에(Jean Paul Gaultier), 돌체·가바나(Dolce & Gabbana) 등이 있다.

이 밖에도 영국의 남성복 디자이너 폴 스미스(Paul Smith), 해체주의 패션의 대가인 벨기에의 마르땡 마르지엘라(MartinMargiela), 드리스 반 노튼(Dris van Noten), 일본 디자이너인 준야 와타나베(Junya Watanabe), 후세인 샬라얀(Hussein Chalayan) 등을 들 수 있다.

Chapter 9

현대패션과 문화적 범주

1. 현대복식과 문화적 범주

우리는 일상생활 속에서 사람들을 만나면 그들의 외모를 통해서 자연스럽게 성별, 인종, 연령 등의 특정범주에 포함시킨다. 즉, 화장을 하고 치마를 입은 사람은 '여성'의 범주로, 값비싼 모피코트에 디자이너 상표의 옷을 입은 사람은 '상류층'의 범주로 분류한다. 이처럼 우리가 가장 단순하고 자발적인 수준에서 상대방의 화장이나 머리길이, 의복 형태 등 문화적으로 규정된 외모의 차이를 기초로 사람들을 분류하고 묶는 것을 문화적 범주(cultural category)라고 한다. 이처럼 우리는 문화적 범주에 의해 그 문화의 가치규범과 그 문화의 구성원을 구별하고 이해한다.

문화적 범주의 구별에 있어서 가장 중요하고도 상징적인 매개물은 복식으로서, 복식에 의해 표현되는 문화적 범주의 유형에는 성, 신체적 매력, 연령, 사회계층, 민족성 등이 있다. 문화적 범주에 부여된 외모에 대한 규정은, 전통사회에서는 여성과 남성, 상류층과 하류층 등과 같이 범주 간의 구별이 뚜렷하였다. 그러나 20세기 중반 하위문화의 등장과 포스트모던 이후, 복식에 의한 문화적 범주의 구분이 모호하게 되었다. 이러한 모호성(ambiguity)은 개인의 정체성이 모호해짐을 의미하며, 문화적 범주에 대한 양면적 감정(ambivalence)으로 인해 생겨난 것이다(Davis, 1988). 그러므로 현대패션[1])이 지니는 모호성의 다양한 의미는 그 복식이 입혀진 문화적 맥락을 고려해야 이해될 수 있을 것이다.

1) 본 장에서 현대패션이란 20세기 이후의 패션을 의미한다.

1) 현대복식 모호성의 발생 배경

현대복식의 모호성은 문화적 범주에 대한 양면적 감정과 관련되며 여기에는 다양한 발생요인들이 있다. 첫째, 급격한 사회 변화에 따른 사회적 정체성의 혼란을 들 수 있다. 사회학자 고프먼(Goffman, 1959)은 복식이 개인의 정체성을 표현하고 또 명확히 하는 도구로 보고 '정체성 도구상자(identity kit)'라고 명명하였다. 또한 외모는 사회적으로 구성되는 정체감의 통합적 요소로서, 개인적 정체감 (who am I?)과 집단적 정체감(who we are?)을 전달한다(stone, 1962). 현대사회에 비해 전통사회에서는 문화적 범주가 고정적이면서도 확실히 구분되어 정체성이 뚜렷하게 외모 스타일로 나타났다. 그러나 20세기 들어 산업화, 도시화, 다양화 등의 전반적인 사회적 변화와 함께 개인의 정체성이 불안정해지면서 문화적 범주에 대한 양면적 감정이 더욱 증가되고 있다. 둘째, 포스트모더니즘 맥락을 들 수 있다. 포스트모더니즘 맥락은 문화적인 양면가치를 증가시킴으로써 개인적인 다양한 외모 스타일의 표현을 통해 상징적인 모호성을 증가시킨다. 셋째, 현대사회의 자본주의적 경제체제의 이윤추구를 들 수 있다. 인간에게는 본성적으로 양면적 감정이 내재하며 심미적 자극과 새로움을 추구하려는 경향이 있는데, 이러한 경향은 패션 디자이너와 의류업체들이 영감을 얻을 수 있는 끊임없는 자원을 제공할 뿐만 아니라 개인적인 창조성에 원동력을 제공한다. 그러나 그 이면 (裏面)에는 패션업계, 대중매체 등의 자본주의 시장이 양면가치를 계속적으로 유발시킴으로써 외모 스타일의 변화를 유도하고 사람들의 구매욕구를 일으켜 이윤을 얻으려는 상업성이 내재해 있다. 즉, 패션 변화는 양면적 감정을 완전히 해결하지는 못하며, 오히려 그것은 계속적으로 표현하고자 하는 욕구를 유도해 낸다.

2) 현대복식의 모호성에 대한 이해

표현문화(expressive culture)의 하나인 복식의 사회적 의미와 변화를 이해하는데는 인지적 관점과 상징적-상호 작용주의 관점이 주로 적용되었다. 인지적 관점은 복식에 대한 사람들의 사고과정이 어떻게 형성되는가 하는 개인적인 심리과정에, 상징적-상호작용주의 관점은 타인과의 사회적 접촉에서 복식의 상징적 의미를 사람들은 어떻게 해석하고 협의하는가 하는 대인적(對人的) 관계에 초점을 맞추고 있다(Kaiser, Nagasawa & Hutton, 1991). 그러나 현대복식의 의미는 상징적 모호성을 지니므로, 복식의 사회적 의미가 생성되고 전달되는 문화적 맥락을 이해하는 기호학적 접근이 유용하다. 기호학적인 접근은 복식을 문화적 맥락 안에서의 기호(sign)로 보기 때문에 기호학(semiotics)은 20세기 패션의 상징적 의미와 문화적 의미의 모호성 이해에 유용한 틀이라 할 것이다.

복식의 상징적 의미는 기호학에서의 약호(code) 개념과 상통한다. 약호는 일반적으로 사람들이 기호를 반복적으로 사용함으로써 관습화된 기호 사용의 패턴들이며, 이러한 패턴들은 그 문화의 구성원들에게 일정한 의미를 갖는다. 따라서 우리는 문화적 약호에 의해 짜여진대로 행동하고 살아나간다고 할 수 있다. 예를 들면, 문법 규칙에 따른 언어체계, 나이프와 포크의 사용방식이 정해져 있는 음식체계, 남성 정장에 있어 비즈니스 수트와 셔츠와 넥타이의 조합이 기본인 복식체계 등과 같은 모든 것들이 하나하나의 문화적 약호들이다.

기호학적 접근을 통해서 살펴본 복식 기호와 약호의 특징, 그리고 현대복식에서 두드러지고 있는 점은 다음과 같다.

첫째, 현대복식 기호의 기표-기의 관계는 매우 불안정적이다. 모든 기호는 물질적 측면의 기표(signifier)와 내용적 측면의 기의(signified)로 구성되는데, 복식이라는 기호의 기표-기의 관계는 사회적 집단에 따라 다르게 나타난다. 일례로 귀고리가 하나의 기호라면, 보석이나 금속으로 구성된 물질로서의 귀고리 자체는 기표이고, 여성의 장신구라는 내용적인 측면은 기의라고 할 수 있다. 이러한 귀고리는 기표라는 물질적인 측면에서는 모든 사람에게 똑같이 생각될 수 있다. 그러나 기의 측면의 경우, 과거에는 거의 고정된 의미를 지녀 기표-기의 관계가 1:1로 연결(귀고리, 보석이나 금속으로 된 물질, 여성의 장신구)되었던 것이, 현대에는 여성의 장신구라는 측면 외에도 남성 동성연애자(gay)의 상징 또는 개성적인 남성의 표현수단 등으로 기의가 여러 가지 의미를 갖는다고 하겠다.

둘째, 복식 약호는 사회적 약호[2]이다. 사회적 약호이기 때문에 복식이 의미하는 바는 그 옷이 입혀진 상황이나 맥락에 따라 변한다. 예를 들어, 같은 복식이라도 시간과 장소에 따라 의미가 변하는데, 똑같은 검은색 얇은 직물이 장례식 베일

2) 기호(Guiraud, 1975)는 약호가 갖는 기능에 따라서 논리적 약호, 심미적 약호, 사회적 약호로 구분하였다.

로 쓰였을 때와 나이트가운으로 만들어졌을 때에는 매우 다른 의미를 지닌다.

셋째, 복식 약호는 심미적 약호에 가깝다. 심미적 약호는 관습성이 낮고 의미 해석이 모호하므로 약호를 새롭게 시도해 보고 실험해 볼 수 있으며, 이로 인해 심미적 약호의 사용자는 기호의 발명자라고 할 수 있다. 따라서 복식약호를 개인 나름대로 새롭게 실험해 볼 수 있으며, 이러한 새로운 실험적인 패션이 대중에 의해 수용되고 그것이 일정한 패턴 내지는 관습으로서 받아들

9-1 **복식의 심미적 약호** 장 폴 고티에는 마돈나를 위해 속옷인 슬립을 변형시켜 새로운 복식의 심미적 약호를 만들었다.

여지면 또다시 새로운 패션이 유행으로서 창작된다. 일례로, 고정관념을 깨뜨리면서 마돈나가 속옷을 겉옷으로 패션화하여 유행시킨 경우는 복식 약호의 실험적 시도를 잘 드러내며, 이러한 패션이 대중화되었을 때, 마돈나는 또 새로운 패션을 시도하고 있다. 이러한 과정은 계속적으로 반복되며 주기성을 지니는데, 21세기 들어 그 주기가 더욱 빨라지고 다양해지는 특성을 보이고 있으며, 그로 인해 복식의 의미 또한 다양화되고 모호해지고 있다.

2. 현대패션과 문화적 범주의 유형

복식을 통해 나타나는 문화적 범주의 유형에는 성, 신체적 매력, 연령, 사회계층, 민족성 등이 포함된다. 20세기 이전에는 이러한 문화적 범주가 거의 이분법적으로 구분되었고, 그러한 구분에 따라 복식 스타일 또한 구별되었다. 그러나 20세기 들어 점차 문화적 범주들에 대한 양면적 감정이 증가하였고, 20세기 중반기 이

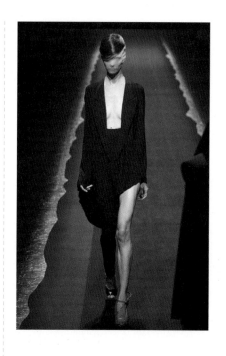

9-2 벨기에 출신 마르텡 마젤라는 복식이 갖는 전통적·문화적 범주인 여성성과 남성성의 초월, 민족성의 개념 초월 그리고 이상적 신체상 등을 초월한 해체주의적 디자인으로 현대 복식의 모호성을 잘 보여 준다.

후로는 이러한 양면적 감정들이 더욱 역동적인 방식으로 조합되어 21세기에는 복식에 다양한 범주의 상징적 모호성이 증가하고 있다.

그 표현은 다음과 같은 특징으로 나타난다. 첫째, 전통적인 범주 경계의 초월(예 : 록 스타들의 외모에서 볼 수 있는 성 범주 경계의 초월과 민족성 범주의 무경계적인 절충 등), 둘째, 선택적 특질(예 : 속하고자 하는 연령 범주, 사회계층 범주, 신체적 매력 범주를 화장이나 의복 등으로 선택해서 표현), 셋째, 빠른 변화(예 : 연령 범주와 문화적 행위 패턴에 의해 규정된 여피나 X−세대 등이 단기적으로 사라짐) 등이다.

여기에서는 복식으로 표현되는 이러한 양면적 감정에 대해, 각 문화적 범주에 따라 그 개념을 알아보고, 어떻게 복식으로 표현되고 변화되고 있는지를 살펴보고자 한다.

1) 성

(1) 개념

성의 의미는 남녀 간의 생물학적 차이(sex-male, female)에 의한 것과 사회적으로 만들어지고 문화적으로 정의되는 남녀 간의 사회적 의미의 차이(gender-masculine, feminine)로 나눌 수 있으나 이 두 개념을 명확히 분리하기가 쉽지 않다. 왜냐하면 사람들은 생물학적 차이에 의한 성을 상대적으로 단순하고 변하지 않는 속성으로 믿지만, 그것은 사회적 학습에 의해 영향을 받기 때문이다. 그 일례로 성전환 수술을 들 수 있다.

성역할이란 특정 성별의 개인이 주어진 상황에서 이행해야 하는 사회적 또는 문화적으로 한정된 일련의 기대이다. 이러한 기대는 고정된 것이 아니라 시기와 문화에 따라 다르며 사회에서 명백히 표명될 수도 있고 모호하게 암시될 수도 있다. 성역할의 차이가 생기는 것은 생물학적 차이에 의한 남녀의 행동차이와 성역할 사회화 과정에 의한 남녀차이에 기인한다. 성역할의 사회화는 개인이 태어나면서부터 부모, 형제, 또래집단, 대중매체 등의 준거집단을 통해 성별에 따른 적절한 역할을 인식하고 학습해가는 과정을 의미한다. 이 과정은 그러한 준거집단에의 동일시와 그들에 의한 차별적 대우에 의해 이루어진다. 그러나 최근 들어 성역할의 차이 감소로 의복에서의 남녀 차이가 점점 적어지고 있다.

(2) 복식과 성 개념의 변화

19세기 이전까지 당시의 유행개념은 상류층에만 국한되어 있었기 때문에 유행을 따르는 데 있어서 남녀 구별이 없었다. 그러던 것이 서구 사회가 눈에 띄게 도시화, 산업화, 민주화됨에 따라 남성과 여성의 복식은 청교도적 노동 윤리와 경제적 출세를 위한 강한 욕구 등의 가치관을 반영한 형태로 점차 바뀌어갔다. 이러한 가치관들은 여성보다는 주로 남성의 영역에 적용되었다. 19세기의 성에 따른 약호와 일반적 이데올로기를 보면 표 9-1과 같다.

이와 같은 성에 따른 약호와 이데올로기를 복식을 통해 살펴보면, 우선 남성복에서는 비즈니스 수트(business suit)의 등장을 들 수 있다. 산업화에 따른 당시 사회적 변화의 가시적인 상징이 된 중산층 남성들이 착용한 비즈니스 수트는 산업화에 따라 빠른 코디네이트와 단순한 앙상블이 필요했으므로, 1850년대 이전의 다채로운 남성복과는 대조적으로 검은색이나 회색 같은 색이 주종을 이루었다.

표 9-1 19세기 성에 따른 약호와 일반적 이데올로기

성 별	남 성	여 성
내 용	강함과 우세함	연약함과 순종적임
	제한적인 약호(restricted code)	정교화된 약호(elaborated code)
	사업과 산업이라는 공적 영역	가정이라는 사적 영역

자료 : Kaiser, S.(1990), The Social Psychology of Clothing

여성복에서는 당시 여성에 대한 이데올로기를 반영한 대표적인 것으로 코르셋을 들 수 있다. 로버츠(Roberts, 1977)의 연구에 의하면 코르셋의 착용은 여성의 가정 내 도덕적 책임과 연계되었다. 즉, 타이트하게 조인 코르셋을 착용한 여성은 자기 자제와 도덕성이 높으며 반면에 코르셋을 입지 않은 여성은 도덕적으로 해이한 여자로 지각되었다. 도덕적인 연계 외에도 코르셋은 미를 가꾸는 역할로 여성을 한정시켰으며, 복식의 장식과 미의 추구 속에서 여성의 정교화된 약호는 고정관념화되었다.

이 시기의 남성들은 성차를 강조함으로써 여성들을 공적 영역에서 제외시켰다. 또한 당시에 남자답다는 것은 패션이나 외모에 대해 관심을 갖지 않는 것으로 정의되었다.

이러한 양분된 성 개념은 20세기 초까지 지속되었으나 20세기 중반 이후 사회가 다양화됨에 따라 성에 대한 이상미의 변화와 고정적 성정체감에 대한 반발로 다양한 성을 인정하려는 흐름 속에서 성에 대한 양면적 감정은 급속히 증가하게 되었다.

(3) 성에 대한 양면가치와 패션

성에 대한 양면적 감정은 양성화(androgyny)로 드러난다. 현대 패션의 가장 두드러진 특징 중의 하나인 양성화는 다양한 발생 배경을 가지고 전개되었다.

첫째, 여성해방운동을 들 수 있다.

복식에서 성의 구분이 없어진 것은 스포츠웨어 영역에서 시작되었으나 1851년 미국에서 여권운동가인 스탠튼(Stanton, Elizabeth)과 블루머(Bloomer, Amelia)는 남자처럼 터키식 배기 바지 위에 장딴지 중간 길이의 드레스로 구성된 '블루머'를 입고 외모를 통해 성차를 극복하려는 시도를 하였다. 그러나 여권운동의 상징물인 이 개혁 유니폼은 당시로서는 시기상조였다. 이후 20세기 들어 1968년 애틀랜타 시에서 열린 미스 아메리카 선발대회에 대한 대항으로 최초의 여성해방시위가 있었는데, 1960년대에는 여권론자들에게 패션이란 것 자체가 비난의 대상이 되었다. 당시의 여성 해방이라는 것은 성적 대상으로서의 여성 신체로부터의 탈피를 의미하였다. 특히 1960년대의 여성 해방론자들은 여성의 압박과 구속을 상징하는 기호인 브래지어를 불태우는 상징적 제스처를 취했고, 그들의 외모도 남자(짧은 머리, 바지, 화장기 없는 얼굴)나 어린이 같은 외모(멜빵 달린 바지, 끈으로 묶는 신발)를 따라했다. 1970년대에 여권운동가들은 패션에 실용성과 무관심 모두를 드러내면서 외모에 어떤 노력도 기울이지 않았음을 보여 주고자 했다. 그러나 1980년대에는 노 브라, 노 메이크업, 면도하지 않은 다리 등으로써 표현하고자 한 스타일이 더이상 자연스럽지 않고 오히려 그렇게 되기 위한 노력이 필요하다는 모순에 빠지게 된다. 이와 같이 여성해방운동 초기에는 여성성을 버리고 남성과 똑같이 되려는 허상을 추구했으나, 1980년대 이후 들어서는 남녀 간의 차이를 인정하고 그 차이를 가치 있는 것으로 정당화하면서 복식에서 상대성의 요소의 장점을 도입한 복식을 착용하였다.

둘째, 남성 역할의 변화이다.

1950년대 고정관념화된 남성다움의 표상으로부터의 상징적 탈피가 '비트(beats)'와 '플레이보이(playboy)' 등을 통해 보인다. 1960년대 여성해방운동보다 선행한 이 움직임은 성 이데올로기 제한에의 반발을 표현한 것이었다. 또한 1960년대와 1970년대에 젊은이에게서 시작되어 성인 남성에게까지 번진 공작 혁

9-3 화려해진 남성 넥타이 광고
1970년대 이후 남성들도 비비드한 색상과 화려한 문양을 폭넓게 수용하기 시작하였다.

9-4 DKNY의 커리어 우먼 의복
1980년 이후 직장을 갖는 여성들이 증가하자 여성복 업체들도 남성복 특성을 여성복에 반영하기 시작하였다.

명(peacock revolution)은 남성복에도 여성에게 주어졌던 유행개념을 도입시켰다. 예를 들면 당시에 유행한 네루재킷(Nehru jacket), 러플 장식과 터틀넥(turtle neck) 셔츠, 선명한 색상과 문양, 긴 머리 등이 그것이다. 이 외에도 1980년대 이후부터 전 세계적으로 메트로섹슈얼(metrosexual) 또는 위버섹슈얼 등으로 외모에 있어 남성성의 고정관념은 점차 사라지고 있다.

셋째, 여성의 사회적 직업 역할의 증가이다.

제1차, 2차 세계대전 이후 여성의 사회적 역할과 영향력은 급격히 증대하였다. 그러나 여성들의 비중이 커졌음에도 불구하고 여성들의 경제적 보수와 권력은 상대적으로 낮았다. 1970년대 말과 1980년대 초, 직장 여성들은 남성과의 동등함을 표현하기 위해 외모에 있어서 '성공을 위한 복식(dress for success)'이라는 전략적인 강조를 했다. 그러나 1980년대 중반 이후 여성들은 이러한 테일러드한 보수적 룩으로부터 벗어나는 경향을 보이고 있다.

넷째, 하위문화의 등장이다.

1940년대부터 눈에 띄게 등장하기 시작한 하위문화는 남성·여성 간의 성 경계의 구분을 모호화하는 데 큰 역할을 하였다. 그들은 주로 하류층 청소년을 중심으로 형성되었으며 복식에서 양성적인 스타일의 연출로 그들의 이념을 표현하였다. 1950년대의 테디보이즈, 모즈, 1960년대 말의 스킨헤드, 1970년대의 펑크 등이 대표적이다. 하위문화 내에서는 여성보다는 남성에게 양성화가 받아들여졌다. 특히 1980년대 초, 블리츠 문화(blitz culture)는 클럽의 증가와 함께 스타일의 증가도 수반하였는데, 남성들의 화장이나 귀고리 장식 등을 통해 여성다움을 보여 주고 있다. 이전까지 여성적인 복장은 동성연애자로 고정관념화되었는데, 이것이 하위문화에 이르러서는 남성의 여성적 외모가 성적인 선호라기보다는 개인의 취향으로 여겨지기에 이르렀다(Evans and Thornton, 1989).

이외에도 1970~1980년대에 증가한 양성화 요소에는 아동-예찬적인 요소도 있어서 코듀로이 바지, 플란넬 셔츠, 스웨터, 스니커즈(sneakers), 작은 니트 스커트와 반바지 등을 유행시켰다. 이로 인해 1970년대 이후 전통적인 성 구분복은 이제 공적인 의복이 되었고, 이러한 간편한 '비형식적인' 스타일이 중산층의 사회 생활과 개인 여가에 적합한 유일한 스타일이 되었다.

양성화 효과는 남성에게 여성적인 요소를 부가할 때 가장 강도가 높다. 사실 양성적인 대중 스타들은 여성적 장식을 한 남성들(예 : 마이클 잭슨)로서 수적으로도 적고 좀 더 제한적인 소구를 하지만 그 효과는 강하다. 그러나 양성화는 남녀 모두에게 남성이 제1차 성이 되고 거기에 여성적인 것을 첨가하는 형태를 띤다. 따라서 일상적인 양성적 의상은 수트, 바지, 셔츠와 재킷류이지 여성적인 드레스, 스커트, 가운류는 아닌 것이다. 물론 일부 연예인이나 디자이너 등에 의해 특정 스커트형이 착용되기는 하지만 바지는 모든 여성에게 온갖 형태로 착용되고 있다. 그러나 여성의 바지 착용이 서서히 이루어졌듯이 21세기 들어 마크 제이콥스 등 남자 디자이너가 치마를 착용하는 것도 속도는 느리겠지만 앞으로 남성의 스커트 착용의 일반화도 추측해 볼 만하다.

패션에서 1980년대 이후 부각된 포스트모더니즘은 이제 성을 많은 조건들 가운데 단지 하나의 조건으로서만 이용하였다. 즉, 성 경계가 상징적인 초월을 통해 복장 도착, 중성적 이미지의 표출 등의 형태로써 혼합되고 있다. 특히 20세기 후반 이후 대립적인 성적 개념이 다중적으로 변화되고 있기 때문에, 복식에 의한 성 개념을 새롭게 정립할 필요가 있다.

9-5 성의 양면가치 장 폴 고티에는 같은 소재와 패턴을 사용하여 성범주의 모호성을 잘 표현하고 있다.

9-6 성의 무 경계성 현대사회에서는 주어진 성이 아니라 자신이 원하는 성을 선택적으로 활용한다.

그 중 주목받고 있는 신개념이 1990년대 이후 등장한 듀얼리즘(dualism)이다. 유니섹스, 양성화를 거시적 안목에서 포괄하는 듀얼리즘은 우리의 내면에 숨겨져 있던 서로 다른 모습, 즉 선과 악, 남자와 여자, 과거와 현재가 하나의 개체 안에 공존하며 그것은 또한 분리될 수 없는 하나의 본질을 이룬다는 것을 나타내는 개념이다. 듀얼리즘 중에서도 가장 표면화되고 있는 무경계성의 예가 성 구분의 무의미함이고 이는 1990년대 이후 메트로섹슈얼과 인터섹슈얼 어댑터(intersexual adopter)들로 표현된다. 즉, 외모에서 남자와 여자라는 구분은 이제 더이상 중요하지 않고 사람들은 이제 주어진 성이 아니라 자신이 원하는 성의 개념을 선택적으로 활용함을 의미한다. 실제로 인간 자체로서 의미를 가지며 통합적 이미지로서의 성의 경계를 무너뜨리는 예는 장 폴 고티에(Jean-Paul Gaultier), 레이 가와쿠보(Rei Kawakubo) 등의 아방가르드 디자이너들의 컬렉션뿐 아니라 마크 제이콥스, 그리고 우리 주변의 보통 소비자들에게서도 볼 수 있다.

따라서 21세기 현대패션은 더욱더 이분법적인 성의 범주에 따라 정해지는 것과는 거리가 먼 무경계성의 표현인 양성적 특성들로 변해갈 것이다.

2) 신체적 매력

(1) 개 념

많은 문화권에서 외모를 보고 사람을 판단하지 말아야 한다고 하지만 여전히 '아름다운 것은 좋은 것이다(A beauty is good)'라는 고정관념에 따라 다른 사람을 판단하고 있다. 보편적으로 신체적 매력이 높은 사람에게 이점이 돌아가며, 신체적인 매력은 보는 이로 하여금 '후광효과(halo effect)'로 작용하게 한다.

신체적 매력은 항상 일관되거나 분명한 방식으로 개념화되지 않는 범주로, 어느 한 요소에 집중되어 평가되기보다는 전체적인 방식으로 평가된다. 신체적 매력은 다른 문화적 범주와는 달리 의복, 화장, 성형수술, 다이어트, 운동 등을 통해 후천적으로 성취될 수 있는 특성을 가지고 있다. 또한 성이나 민족성 같은 문화적 범주들 내에서의 명백한 구분들이 사회적 변화 때문에 소멸됨으로써, 신체적 매력은 좀 더 중요하게 될 수도 있다. 현대사회에 있어 남녀 간의 신체적 매력의 정도는 모두 대중매체 속에 있는 문화적 규범에 의해 영향을 받는다. 그러나 신체적 매력의 판단은 사회에 따라 그리고 역사적 시대에 따라 다양하며, 문화에 따라 매력적인 이상적 신체상을 제공한다. 남성에 비해 여성들은 그들의 삶을 통해 외모에 가치를 두도록 사회화되었다.

(2) 이상적 신체상의 변화

신체적 매력은 성과 연관되므로 성에 따른 이상적 신체상과 문화적 이데올로기를 살펴보면 표 9-2와 같다.

표 9-2에서 볼 수 있듯이 남성은 적당히 큰 근육질 체형을, 여성은 남성이 가장 매력적으로 여기는 형보다도 약간 더 마른 형을 이상적으로 여긴다. 따라서 여성들은 실제상과 이상상 간의 불일치를 인식하며 더 나아가 이러한 강박관념이 거식증(anorexia nervosa)과 탐식증(bulimia) 등의 질병을 유발하기도 한다. 거식증은 마른 체형을 유지하려고 스스로 굶는 것으로, 13세기부터 존재해 왔지만 현대에 들어 두드러지게 나타나고 있다. 탐식증은 많은 양의 식사를 한 후 이상적인 몸무게를 유지하기 위해 스스로 구토를 유도하거나 하제를 사용하는 것으로, 거식증이 몸무게를 빼는 것이 궁극적인 목표라면 탐식증은 몸무게가 늘지 않으면서 먹는 것이 궁극적인 목표이다. 이와 같은 거식증과 탐식증이 증가하는 요인은 우리사회가 수많은 TV, 잡지 등의 대중매체를 통해 매력적인 여성으로서 등장하는 키가 크고 마른 체형의 모델들의 외모에 동조하도록 부추기는 데 있다. 따라서 거식증이나 탐식증 등에 잘 걸리는 피해자는 대부분 성취 욕구가 강한 중

표 9-2 이상적 신체상과 문화적 이데올로기

성 별	남 성	여 성
내 용	체격에 비중	몸무게에 비중
	근육질 체형	마른 체형
	성취와 활동 강조	외모와 매력 강조
	형성관념(능동적)이 지배적	유지관념(수동적)이 지배적

자료 : Kaiser, S.(1990), The Social Psychology of Clothing

9-7 **남성의 이상적 신체상** 전통적으로 근육질 체형의 남성들이 오랫동안 남성의 이상적 신체상이었다.

상류층의 똑똑하고 젊은 여성들로, 이러한 현상은 '마른 것이 바로 이기는 것이다(thin equals win)'라는 개인적 성취감, 사회적인 긍정적 보상에 대한 문화적 신념 등과 연관된다(임숙자 외, 2002).

역사를 통해 볼 때, 20세기를 전후해서 등장한 S-형의 에드워디안 드레스는 화려하고 우아한 여성미를 강조하였다. 1900~1920년 사이에는 짙은 화장을 통해 자연스런 얼굴을 감추고 동시에 얼굴에 주의를 끌었다. 또한 제1차 세계대전 이후 여성의 역할 변화와 미래는 젊은이들의 손에 달려 있다는 사상으로의 변화로 1920년대의 새로운 스타일은 젊은이들에게 좀 더 잘 어울렸고, 그 이전 어느 때보다도 몸과 얼굴을 많이 노출하였다. 이 시기는 신체문화에 대한 강조의 시기로, 이것은 1921년 애틀랜타 시에서 최초로 개최된 미스 아메리카 선발대회의 등장에 의해 더욱 표명되었으며, 이때부터 패션과 미(美)는 대규모 사업으로 발전하였다.

코르셋을 벗어던진 1920년대의 극단적인 '플래퍼 스타일' 이후 패션은 제2차 세계대전을 기점으로 또 한번 극단적으로 변했고 새로운 유형의 성적 매력을 원했다. 한마디로 1920년대의 스타일이 가슴을 작게 강조하는 것이었다면, 1950년대는 육감적인 곡선을 원했고 패드를 넣은 브래지어를 이용하여 그러한 효과를 냈다. 일례로 1950년대의 영화배우들인 마릴린 먼로(Marilyn Monroe), 제인 러셀(Jane Russel), 라나 터너(Lana Turner)를 위해 디자인된 유별나게 돌출된 '스

9-8 **유연한 여성미** 현대사회
는 유연하면서도 관능적인 여성
미가 이상적으로 여겨진다.

9-9 **건강미 넘치는 여성미** 21
세기에는 여성과 남성의 이상적
신체미의 경계도 점차 모호해지
고 있다.

웨터 걸(Sweater-girl)' 브래지어가 상품화되었다. 그러나 1960년대 후반 여성의
육체적 이상미는 매우 마른 체형이었으며, 그렇게 지속되다가 1980년대 건강 열
풍과 함께 매끄러운 몸매에 건강미를 강조하는 새로운 이상미가 등장하였고 더
나아가 모델 클라우디아 쉬퍼나 신디 크로퍼드, 나오미 캠벨 등의 풍만하면서 건
강한 몸매가 이상미가 되었다. 1990년 이후부터 현재까지는 유연하고 관능적이
면서도 케이트 모스처럼 1960년대를 연상하게 하는 가느다란 체형이 가장 이상
적인 체형으로 여겨지고 있다.

그러나 1990년대 이후부터 지금까지는 이상적인 신체상이 존재하기는 하지만
표준화된 이상적 신체상에 대한 강조는 전 시대에 비해 많이 약화되었고, 대중매
체를 통해 보이는 신체적 매력도 획일적인 미(美)보다는 독자적인 개성을 더 강
조한다.

(3) 신체적 매력에 대한 양면가치와 패션

신체적 매력에 대한 양면가치는 남녀에게 각기 다음과 같은 발생 배경이 적용된다.

첫째, 여성의 경우에는 건강미를 들 수 있다. 1970년대 여성해방운동과 전 세
계적인 건강 열풍의 결합으로 다이어트와 운동이 동시에 필요해지는 가운데 마

른 체형의 이상적 미(美) 위에 운동선수 같은 건강미가 부가되었다. 전통적으로 연약함과 마른 체형으로 대표되던 수동적인 이상적 신체상에 남성적인 힘을 상징하는 건강미와 근육미가 결합되어 적극성이 더해졌다.

둘째, 남성의 경우에는 외모의 여성화를 들 수 있다. 일부 남성 팝 가수들이 대표적인데, 이들 가운데에는 많은 수가 기꺼이 여성의 응시대상이 되고자 하였고, 일부는 그들의 성적 정체감을 모호하게 하면서 의식적으로 여성스런 외모를 하였다.

신체적 매력은 앞에서 본 바와 같이 성 범주와 밀접히 관련되어 고정관념화되었다. 즉, 여성의 신체적 매력은 성적 매력을 지닌 대상으로서 인지되고, 남성은 신체적 매력보다는 사회적 성취의 추구자로서만 인지되어 왔다. 따라서 신체적 매력은 남성보다 여성에게 훨씬 중요하였다. 그러나 남성의 신체적 매력도 성적 대상으로 인지되기 시작하였다. 각종 매체를 통해 성적 대상으로 남성 모델이 점차 늘고 있으며 남성들이 선호하는 신체상도 이제는 이전의 Y형 실루엣보다는 여성들처럼 가늘고 긴 체형을 선호하는 데서 그 실례를 찾아볼 수 있다. 이는 남성의 이상적 신체상도 여성처럼 시대에 따라 변하고 있음을 보여 준다.

3) 연 령

(1) 개 념

개인의 연령을 정의하는 방법은 매우 다양하다. 출생 시부터 달력에 의해 계산되는 역령(曆齡, chronological or calendar age), 생물학적 발달수준과 건강수준에 따른 생물학적 연령(biological age), 심리·사회적 성숙과 여러 심리학적 측면에서의 성숙수준(예 : 기억, 학습, 지능, 성격, 정서 등)에 따른 심리적 연령(psychological age), 결혼적령기, 은퇴기 등 사회가 규범으로 정한 사회적 연령(social age), 스스로에 대해 비록 신체적 나이가 50이라도 20대로 느끼는 자각연령(self-awaring age) 등의 다섯 가지이다.

이러한 연령은 성과 신체적 매력의 범주와 밀접히 연관되며, 신체적 매력처럼 연령 또한 외모를 통해 조작될 수 있다. 성역할만큼 엄격하진 않지만 전통적 연령에 따른 의복 기대가 존재해 왔으나 성형수술, 화장품의 보급, 가치관의 변화 등에 의해 그 구분은 점점 없어지고 있다.

(2) 연령의미의 변화

19세기에는 연령에 따른 복식약호가 확실하였다. 서구문화에 있어 여성의 경우 30세 이상의 기혼일 경우에는 젊은 여성들과 복식 스타일에서 현격한 차이가 났다. 이때 여성의 행동영역은 가족의 관리로 한정되었으며, 이들은 외모에 대해 더 이상 관심을 두지 않는 존재로 여겨졌다. 따라서 나이든 여성들은 그녀의 성적 매력을 포기한다는 의미로 머리카락을 들어올려 캡 속에 넣었으며, 칙칙한 색의 옷을 입고, 사회적 즐거움과 영향에서 제외되었다. 그러나 당시의 남성들은 30대, 심지어 40대 초반에 이르러서도 여전히 젊다고 여겨졌다.

그러던 것이 20세기에 들어 여성의 연령에 대한 태도가 급격하게 변화하였는데, 이는 크게 여권운동가들과 화장품 산업에 기인한다. 이로 인하여 여성들은 그들이 원하는 대로 행동하고 옷을 입을 수 있게 되었지만 미의 상업적 선전에 쉽게 넘어가는 역설적인 면에 직면하기도 하였다. 이제 흰머리, 주름살, 늘어진 근육이 때로는 모욕으로까지 여겨지기도 하며, 젊어 보이려는 추구에 대한 문화적 제한이 사라져 여성들은 다이어트, 운동, 머리염색, 코르셋 착용, 주름살을 가리기 위한 크림이나 성형수술 등을 한다면 누구든지 할 수 있게 되었다. 패션산업이 비록 젊은 여성들에게 우선할지라도 이제 패션에 대한 관심은 나이가 들수록 반드시 줄어드는 것은 아닌 것으로 받아들여지고 있다.

빌링(Behling, 1985)에 의하면 사회의 중앙연령값은 역할모델과 유행에 영향을 미친다고 한다. 서구사회의 주된 연령층은 전체 인구의 많은 비중을 차지하는 베이비붐 세대로서 이들의 연령변화는 패션에 큰 영향을 주고 있다. 1960년대에는 제2차 세계대전 이후의 베이비붐 세대들로 인해 사회의 중앙연령값이 20세였다. 이로 인해 1960년대 패션은 계층지향이라기보다는 연령지향적이었는데, 특히 젊은이의 문화적 범주와 패션이 연계된 이래 대중매체를 통해 보여지는 패션과 그 모델은 젊은이 위주였다. 그리하여 1960년대의 미니스커트는 어린 소녀다운 복장이었고, 1966년 당시 16세의 어린 나이로 그 당시를 대표하던 부랑아 이미지의

9-10 중년 이후 남자배우 숀 코넬리의 루이비통 광고 남자 배우들은 여자배우에 비해 연령 이 들어도 사회적 가치가 더 오래 지속된다.

여린 체격을 지닌 모델 트위기(Twiggy, 본명 Lesley Hornby)가 대표적이었다. 1980년대에는 베이비붐 세대의 연령이 30대로 올라갔고, 그들의 나이가 들어감에 따라 나이에 대한 서구문화의 지각에도 변화를 미쳤다.

그러나 많은 변화가 있었음에도 아직 남성들과는 달리 여성들은 특히 연령과 가치가 반비례하는 특성을 보여 주고 있다. 레비(Levy, 1990)가 1932~1984년 사이의 할리우드 영화스타들(4년 이상 연속적인 인기를 누린 스타들)의 인기를 조사한 결과, 여성 스타들에게 있어서 외모와 젊음이 훨씬 중요했다. 연령에 있어서 중앙연령값이 여성은 27세, 남성은 36세였고, 남성의 경우 많은 스타들이 40세 이후에 스타덤에 올랐다(예 : 존 웨인-42세, 찰스 브론슨-52세). 또한 이 시기에 인기를 누린 스타의 수를 보면 여성은 11명이고 남성은 38명으로 수적인 비율에서도 젊음을 강조하는 여성 스타가 남성 스타에 비해 단명함을 잘 보여 주고 있다.

(3) 연령에 대한 양면가치와 패션

챕키스(Chapkis, 1986)에 따르면 아름답다는 것은 생물학적 나이에 상관없이 지속적인 운동 등을 통해 그들의 젊은 외모와 몸매를 계속 유지해나가는 것이라고 한다. 따라서 현대사회에서는 나이를 인정하면서도 자연적인 미(美)를 더 추구하는 경향을 보이고 있다. 그 대표적인 예로 제인 폰다(Jane Fonda)나 라켈 웰치 (Raquel Welch) 등은 중년의 나이를 넘겼음에도 불구하고 그들의 건강미와 원숙한 아름다움은 사회적으로 매력적인 여성으로 인지되고 있다. 또한 최근 들어 화장품이나 의류 광고 시 무조건 젊은 모델보다는 그 제품의 소비층과 비슷한 나이대의 모델을 쓰는 경우가 증가하여 '여성=젊음=미'의 공식은 이제 패션산업에서 더 이상 유일한 조건이 아님을 알 수 있다.

이와 더불어 연령에 따라 미의 추구가 허용되고 억제되었던 전 시대와는 달리 20세기에 들어서는 연령에 대한 의복기대가 크게 약화되었다. 20세기 전반기까

9-11 **다양한 연령의 모델이 등장하는 D & G 광고** 현대패션 브랜드들은 노년층이 증가하면서 이들을 설득할 수 있는 광고모델을 적극적으로 활용하고 있다.

9-12 **연령의 모호성을 나타내는 키덜트 T-셔츠** 어린이와 어른을 모두 표방하는 키덜트룩은 현대 패션에서 연령의 모호성을 나타낸다.

지는 젊은이들 위주로 젊음의 미(美)만이 추구되었던 것이, 20세기 중반 이후부터 연령에 따라 다양한 미적 추구가 가능해졌다. 젊은이를 대상으로는 어린다움을 표현하는 키덜트룩과 특히 미의 추구가 한정되었던 실버(silver) 세대 등은 패션시장의 주요 소비자층으로 부각되면서 빠르게 변화하는 유행에 상응하려는 적극적인 욕구를 보여 주고 있다.

4) 사회계층

(1) 개 념

많은 사회는 사회적 보상이나 가치 등이 불평등하게 분배됨에 서열화된 사람들의 집단인 사회계층을 이루게 되는데(임숙자 외, 2002), 수세기 동안 계층구분을 지켜왔던 유럽의 전통으로 인해 서구의 사회학자들은 패션의 지위 차별화기능에 대해 관심을 기울여 왔다. 짐멜(Simmel, 1904)은 전통적인 유행의 하향전파이론을 내놓았고, 베블린(Veblen, 1899)은 의복을 계층의 가시적인 수단으로 다루면서 사회적 불평등을 설명하고자 했다. 이 중 베블린의 이론은 의복을 통해 과시적 여가, 과시적 소비, 과시적 낭비를 드러낸다는 개념이 비록 21세기의 개념과는 다르고, 계층구조를 너무 단순화한 점이나 의복을 너무 실리적인 편견에서만 본 점 등의 비판적 측면들이 있으나 그럼에도 다소의 주요한 불평등과 사회계층에 기초한 이중 기준을 지적했다는 점에서 주목할 만하다. 부르디 외(Bourdieu, 1984)는 세련된 것과 저속한 것을 구별할 줄 아는 패션 감수성인 '취향(taste)'이 현대사회에서 지배사회계층의 '(물려받은) 문화적 자본'의 많은 부분을 이룬다고 논하고 있다. 그러한 자본의 특권적 소유는 어떻게 지배계층이 세대 간에 걸쳐 그들 스스로를 재생산해 내는가를 설명한다.

(2) 사회계층의 변화와 복식

전통적으로 의복의 질과 스타일은 사회적 지위와 계층을 정립하는 데 가장 중요한 것이었다. 사회계층은 문화와 직접적으로 관련되는 것으로 대중문화가 탄생하기 이전인 서구의 봉건주의 사회체제하에서는 사람들의 여가활동마저도 신분과 계층에 따라 그 양식과 내용이 고정되었는데, 귀족들이 가졌던 문화가 상류문화 또는 엘리트 문화로서의 고급문화였다. 이러한 고급문화는 그 사회의 '공식문화' 또는 '대표문화'로서 사회적으로 드러나 보였다. 그로 인해 그 당시에는 상류층에만 유행개념이 적용되었다.

그러나 서구사회에서 산업화가 시작되면서 이에 따르는 경제적인 변화, 기술혁신 및 교통의 발달에 따른 사회변화 속에서 새로운 중산층이 형성되어 대중문화를 등장시켰다. '취향'에 따른 사회계층의 구분이 일부 존재하기는 하나 이제 대중의 '취향'은 전 사회적으로 막강한 영향력을 행사하게 되었다. 패션에 있어서는, 20세기 전반기까지는 대중의 취향을 획일적으로 파악하여 대량 생산되었으나, 중반기 이후 노동계층의 젊은이들로 이루어진 하위문화의 등장과 영향이 계속되는 속에서 이제 패션은 개인적인 스타일로 전개되고 있다. 즉, 21세기 현대사회에서 유행은 어느 한 계층에서 다른 계층으로의 전파 대신 이제는 동시적으로 그리고 각기 나름대로의 기호에 맞게 개작되어 수용되고 변용된다.

(3) 지위에 대한 양면가치와 패션

지위에 대한 양면가치는 크게 두 가지 형태로 복식을 통해 나타난다.

첫째, 과시적 소비이다. 이는 주로 신흥부자들이 지위상승의 가시적 표현수단으로 채택하는 방식으로서 값비싼 장신구나 복식을 착용하는 경우, 디자이너 라벨을 중요시하는 경우 등을 통해 드러난다. 지위 간의 구별이 많이 모호해지고 그 중요성이 줄었음에도 불구하고, 현대사회에서도 아직 복식을 통해 지위를 추구하고자 하는 극단적인 현상이 남아 있다. 글로벌 패션시장에서 패션명품이 지속적인 인기를 얻고 있는 것이 그 실례이다.

둘째, 과시적 빈곤이다. 지위 상징에 있어서, 화려한 장신구를 통한 부의 표현보다 정숙과 억제가 종종 보다 우월한 지위상징으로 보여지기도 한다. 여기에는 과도한 치장과 의도된 불완전한 치장 등이 포함된다. 전자의 경우, '그런 체' 하지 않고 이미 자연스럽게 '그런' 지위의 사람으로 받아들여지기를 원하는 데서 의도적인 억제를 한다. 1920년대 말 샤넬의 유명한 '리틀 블랙 드레스(little black dress)'는 스스로를 간단하게 치장하는 방식을 통해 사회적 우월성을 넌지시 드러낸 전형적인 예이다. 이는 '사치스런 가난', '호화로운 가난' 룩으로 언급되어졌다. 여기서 검은색의 상징적 전도가 두드러진다.

포티(Forty, 1986)에 의하면, 19세기까지 영국 가정에서는 하녀들이라고 해서

9-13 **과시적 소비를 나타내는 루이비통 핸드백** 루이비통 핸드백의 형태는 다양한 스타일로 변형되어 디자인되지만, 루이비통 모노그램 문양을 일관되게 보여줌으로써 과시적 욕구를 충족시켜 준다.

9-14 **과시적 빈곤을 나타내는 청바지 패션** 비비안 웨스트우드의 찢어진 청바지 패션은 의도된 불완전한 치장을 나타낸다.

특별히 구별되는 드레스를 입지는 않았다. 그러나 1860년경 다양하고도 품질 좋은 프린트 직물의 가격이 하락하게 되면서 하녀들도 그들의 여주인들과 매우 비슷하게 차려 입을 수 있게 되었다. 그러자 여주인들은 하녀들에게 유니폼을 입히고자 하였고 1860년대부터 하녀들은 검정 드레스, 흰 캡, 흰 에이프런을 착용하는 것이 표준이 되었다. 1920년대 말 세계 대공황 시기에 미국에서는 샤넬이 제시한 '가난한 룩(poor look)'이 우아한 것이었고, 뒤이어 여점원들의 단순한 검정 드레스의 착용은 1930년대의 놀랄만한 상징의 전도였다. 다시 말해, 샤넬의 리틀 블랙 드레스는 지위상징의 사유와 전도에 있어서 패션이 용이하게 이용됨을 입증한다.

후자의 경우, 즉 의도된 불완전한 차림은 재킷 소매의 단추를 끼지 않거나, 비스듬하게 타이를 매거나, 포켓에 멋지게 매달려 늘어진 행거치프(hangerchief)나, 전체적 외관과 대조되는 파격적인 색이나 일부러 찢어 입는 복식 등이 그것이다. 더욱이 오늘날에는 모피나 값비싼 재료 등과 같은 부의 상징에 대한 숭배가 사라지고 있다. 그 대표적인 디자이너가 칼 라거펠트(Karl Lagerfeld)로, 그는 펜

9-15 샤넬의 리틀 블랙 드레스
샤넬은 단순하고 장식이 절제된 블랙 드레스를 발표하여, 모든 여성들의 취향을 충족시킬 수 있는 하나의 고전이 될 것이라는 찬사를 받았다.

9-16 리틀 블랙 드레스의 재해석 1996~1997년에 레나 랑에에 의해 재해석된 작은 검정 드레스이다.

디(Fendi) 회사에서, 압축시킨 페르시안 새끼 양털을 이용해 플란넬처럼 보이게 하고, 밍크의 표면을 깎아 내고 가짜 모피와 진짜 모피를 섞고, 담비털로 스웨터를 만드는 등 기본적인 부르주아 개념을 재정립시키고 있다.

현대사회에서는 복식을 통해 문화적 범주에 대한 양면적 감정을 두드러지게 나타낼 수 있는 문화적 능력으로 인해, 계층 간의 양극성이 혼합된 양상으로 드러나고 있다.

5) 민족성

(1) 개 념

민족성(ethnicity)은 피부색, 눈모양, 머릿결, 얼굴형 등과 같은 신체적 속성을 기초로 한 가시적인 문화적 범주로서 사회적으로 구성되는 것에 관련한 문화적 개념이며, 부가적인 단서들로는 치장과 의복 스타일이 있다. 이러한 것에 기인하여 과거에는 민족성에 따른 사회적 층화와 착용하는 복식유형의 차이가 뚜렷했으나 현대에 들어 그 차이는 점차 감소 추세에 있으며 서로가 영향을 주고받으면서 혼합되고 있다.

(2) 민족성 수용의 과정

오늘날의 세계에서는 대중매체와 통신의 발달로 인해 패션이라는 것이 한 사회 체계 내로 한정되지 않는다. 의복이라는 기표는 한 문화 상황에서 다른 문화 상황으로 자유로이 오갈 수 있으며, 이런 중에 기의는 상실 또는 변경되고 여기에 문화 내의 전통 보존의 문제가 생기기도 한다.

이러한 문화 간 영향을 미치는 데에는 문화이식과 동화, 문화적 인증이라는 과정들이 있다. 문화이식(acculturation)은 한 사회가 이질적인 문화와의 접촉을 통해 그 문화의 가치관과 행동 패턴을 받아들이기는 하지만 이질적인 문화에 친밀한 집단으로 인정되지는 않는 과정이다. 동화(assimilation)는 여기서 한 단계 더 나아가 어떤 문화 또는 하위문화 내의 개인이 주요 사회기관과 그리고 개인적인 집단 내로 수용되는 과정이다. 동화에서 더 나아가 문화인증(authentication) 과정을 통해 문화는 낯선 사물이나 관념에서 친숙하고 가치 있는 사물이나 관념으로 바뀌기도 한다(Eicher & Erekosima, 1980). 복식에 있어서의 문화인증 과정은 이국적 요소를 빌어오거나 절충하는 것에서 그치지 않고 그것을 자기 문화 내의 가치 있는 복식으로 바꾸는 과정을 말한다.

(3) 민족성에 대한 양면가치와 패션

민족성에 대한 양면적 감정은 이국적 요소의 대표적인 수용과정을 통해 볼 수 있다.

1910년대와 1920년대, 레옹 박스트(Leon Bakst)의 러시아 발레단 무대의상을 통해 소개된 소매 없는 외투, 터번식의 여성용 모자와 바지들로 이루어진 하렘 모드, 강렬한 색조와 미나렛(minaret) 실루엣 등의 동양풍 모드는 서구 패션계에 새로운 충격으로 받아들여졌다.

1960년대는 아프리카의 원시성이 두드러졌다. 복식에서 뿐만 아니라 미국사회에서는 최초로 흑인 모델(Donyale Luna ; 아프리카계 미국인)이 보그지(誌)와 같은 패션잡지에 모습을 드러내는 등 문화현상에 있어서 큰 변화가 일어나고 있었

9-17 **장 폴 고티에의 에스닉 디자인** 20세기 이후 세계적 디자이너들은 비주류인 아시아 등에서 디자인 영감을 얻고 있다.

다. '검은 것이 아름답다'는 슬로건은 많은 흑인들이 자랑스럽게 '아프로(afro)' 헤어스타일을 할 수 있게 하였고, 1960년대 말에는 그 스타일이 백인 미국인에게조차도 패셔너블한 룩으로 받아들여졌다. 아프리칸 룩에서는 아프리카 부족의 장신구에서 발생한 것이 많고 이러한 것들은 세련된 모드 속에서 조화되었다.

1970년대는 일본인 디자이너들이 서구 패션 중심지로 대거 진출함으로써 일본풍과 서구식의 절충적 결합이 표현되고 있다. 이세이 미야케

(Issey Miyake), 레이 가와쿠보(Rei Kawakubo), 요지 야마모토(Yohji Yamamoto), 다카다 겐조 (Takada Kenzo) 등이 펼친 일본 미학의 세 가지 주요 요소-불규칙성, 불완전성, 부조화-의 영향 등은 새로운 충격으로 받아들여졌다.

1980년대 이후부터 현재까지 세계패션에는 보다 본격적으로 이국주의적인 요소가 도입되었으며, 우리나라를 비롯한 아시아와 남아메리카의 민속적인 모드, 아프리카의 원시적 요소 등이 절충적으로 혼용되고 있다. 특히 21세기 들어 현대 문명이 야기한 생태학적인 위기는 전 세계적으로 지구촌이라는 공동체 의식을 심었고, 포스트모더니즘의 절충주의적 특성은 타 민족성에 대한 경계 대신 상호적으로 복식 요소를 흡수하고 병렬하는 양면성을 낳았다.

9-18 **일본 디자이너 레이 가와 쿠보 디자인** 일본 디자이너들은 서구의 디자인 통념을 깬 부조화와 불완전성의 미학으로 세계패션에 충격을 주었다.

Chapter 10 | 하위문화와 반유행

1. 하위문화와 반유행

현대사회의 특징 중에서 중요한 요소의 하나는 복수의 문화가 공존하는 문화적 다원주의이다. 특히 20세기에 들어서면서 급속한 산업화와 도시화의 영향으로 사회규모가 점차 커지고 복잡해지면서 인구의 이질성과 유동성이 증대되었고, 복잡한 사회구조 속에서 주류문화에 속하지 못하는 구성원들이 증가하게 되었다. 이러한 집단들은 심리적으로 소외감과 좌절을 느끼게 되었고 주류문화의 강력한 영향력에 대하여 자신들의 정체성 확립에 대한 필요성을 절감하고 그들만의 독특한 행동양식을 규정하게 되었다.

헵디지(Hebdige, 1979)의 경우, 하위문화의 생성은 사회적 구조를 분류하는 다양한 문화적 범주를 제공하는 미디어의 영향에 결과하는 것이라고 보고 있다. 그는 텔레비전, 영화, 신문 등의 미디어가 노동계급 내에서 해석되고 조직되면서 하위문화적 스타일을 만드는 원천이 된다고 주장하였다. 따라서 하위문화란 지배적인 문화나 사회로부터 구별되기에 충분한 행동상의 특징적인 패턴을 보이는 인종적 · 지역적 · 경제적 · 사회적 집단의 문화를 말한다. 특히 1940년대 이후 서구사회에서 독특한 스타일을 표방하는 하위문화 집단들이 가시적으로 나타나기 시작하면서, 복수의 하위문화들이 지배문화와 함께 공존하는 현상이 두드러지게 되었다. 20세기의 다양한 하위문화의 존재는 현대사회의 문화적 복합성(plurality)을 반영하는 문화적 표현의 대안적 형태로 파악되고 있다(Brake, 1980). 하위문화 집단의 구성원들은 자신들의 특이한 가치관, 행동, 생활양식을 상징적으로 표현해 주는 외모와 의복을 사용하여 사회 전반을 지배하는 주류유행에 대한 반유행(anti-fashion)을 형성함으로써 하위문화 특유의 집단적 정체성을 표현하는 것이다.

　20세기 전반기까지는 유행의 획일화 현상이 계속되나 1950년대 이후부터는 노동자 계층의 젊은이들을 중심으로 기성세대의 물질주의를 조롱하는 반유행이 조금씩 나타나기 시작하였다. 그리고 1960년대 이후부터는 경제적·인종적·사회적으로 소수이거나 소외된 계층을 중심으로 반유행이 점점 확산되었고 이러한 반유행은 주류유행에 영감원으로 흡수되어 패션의 다양화에 일조하였다. 20세기 후반에서 현재에 이르는 동안의 반유행은 청소년, 하류층, 소수민족 등 이분법적 위계에 따른 하위문화집단들의 스타일이기보다는 주류사회가 안고 있는 폐단에 대한 다양한 집단구성원들의 공감 차원에서 표출되고 있다.

1) 반유행의 개념

제임슨(Jameson)에서부터 장 보드리야르(Jean Baudrillad)에 이르는 포스트모던 이론가들은 실체가 잡히지 않는 진실을 우리 시대의 근본적 위기로 보았다. 하위문화 집단들은 이러한 현대사회에서 자신들의 정체성을 표현하기 위하여 의복, 외모, 언행 등에서 독특한 스타일을 강조하여 결속력을 강화하고 동시에 집단정체성을 학습한다.

　코헨(Cohen, 1965)은 스타일의 상징적 사용이 하위문화 집단의 중요한 측면이라고 하였으며, 에코(Eco)는 '나는 나의 의복을 통해 말하겠다'라는 말로 스타일의 중요성을 강조하였다(Hebdige, 1979 재인용).

　다양한 하위문화집단에서 자신들의 특수한 정체성과 의식을 표현하기 위해 현재의 유행과는 다른, 그들만의 독특한 외모를 상징적으로 표현하는 것을 크게 반유행으로 볼 수 있다. '나는 진정한 나다'라는 실체를 추구하려는 반유행은 당시의 주류유행에 대해 의식적 대립, 거부, 고의적 무시, 패러디 등의 상징적 의도를 가지고 있다(Davis, 1992). 그러므로 반유행은 그 상징적 의도가 무엇이든 간에 주류유행에 대한 저항으로 정의될 수 있을 것이다. 실제로 반유행은 그들이 의도

하지 않았더라도 권위주의적이고 전체주의적인 사회에서는 정치적인 저항으로 여겨지기 때문에 민주주의나 좀 더 자유로운 사회에서만이 가능하다. 따라서 반유행이 갖는 실천적 표현은 취향과 과시의 민주화로 여겨질 수 있다(Polhemus, 1994).

현대사회에서 자신을 남과는 다르게 상징적으로 구별하고 싶어하는 독특한 착장규범인 반유행은 주류유행에 흡수되어 그 상징성을 잃게 되면 좀 더 새롭고 암시적인 착장법을 선택함으로써 다른 집단이 공유하기 어렵게 한다. 그러므로 현대사회에서 반유행은 주류유행에 자극을 주면서 유행을 가속화시키는 역할을 하고 있다.

2) 반유행의 유형

다양한 문화적 근거에서 파생된 반유행의 유형은 여러 가지로 분류할 수 있지만, 여기에서는 정체성에 대한 양면적 감정이 유행의 형태를 결정한다고 보는 데이비스(Davis, 1992), 노동계층의 청소년 하위문화집단의 독특한 외모를 정체성의 표현양식으로 보고 기호학적으로 분석한 헵디지(Hebdige, 1979), 스트리트 패션을 현대유행의 중요한 영감원으로 본 폴헤머스(Polhemus, 1994)와 손(Thorne, 1993)의 분류를 기준으로 구분하였다. 이 분류에는 반소비주의, 반중심주의, 반동조주의 등이 포함되며 이들은 서로 연관되어 나타나기도 한다.

(1) 반소비주의

반소비주의는 유행의 변화에 따라 의복을 끊임없이 바꿔입거나, 쓸모있음에도 폐기하는 것이 낭비이며 허영심이라고 보는 것이다. 새로운 유행이 미적·경제적 낭비를 유발한다는 비난은 유행의 영향력이 절대적이었던 1950~1960년대에 비하면 감소하는 추세이기는 하지만, 유행의 다원성이 허용되는 오늘날에도 여전히 존재하고 있다. 샤넬이 바로 이 반유행적 입장에서 단순성과 기능성을 강조한 의복을 소개하였고, 미국의 클레어 맥카딜(Claire McCardell), 루디 건릭(Rudi Gernreich) 그리고 현재 활동하는 리즈 클레이본(Liz Claiborne) 등이 이에 속한

다. 그 외에도 실용성 추구를 극단적으로 주장하는 일부 디자이너들이 상업적으로 성공하지는 못했지만 1920년대 러시아의 구조주의자들이나 바우하우스 스타일 디자인의 전성기를 연상시키는 단순한 형태, 넉넉한 맞음새, 단일색상의 의복으로 입는 장소나 목적, 계절에 따라 조합하여 착용할 수 있는 조립식 의복을 제시하기도 하였다(Davis, 1992).

또한 2004년 뉴질랜드에서 등장한 개념이자 현상으로서 트래션(Trash+Fashion=Trashion)을 들 수 있다. 버려진 제품이나 재료를 재활용해서 새로운 제품을 만들고 연출하는 것으로 이는 친환경적 요소와 기업의 윤리측면, 경제적 낭비에 반하는 소비자의 반소비적 실천이라고 할 수 있다.

(2) 반중심주의

반중심주의는 서구사회의 지배체제 유지를 위해 지켜져 왔던 이데올로기에 대한 저항을 의미한다. 19세기 이후 끊임없이 거론되어 온 여권운동은, 서구사회에서 수세기 동안 가부장적인 제도가 유행에도 영향을 주어 여성에게 관련된 복식의 실제적 또는 상징적 약호가 여성을 억압하며 열등한 사회역할을 갖게 하는 주요 수단이라고 보고 있다. 여성은 어릴 때부터 남성에 비해 더욱 규범에 순응하도록 강조하여 교육받기 때문에 끊임없이 변화하는 유행을 따라야 한다는 중압감에

시달려 왔다고 주장하는 여권운동가들은, 남성이 여성에 비해 유행에 있어서 상대적인 자유를 누린다는 사실이 남성우월주의, 또는 남성중심주의의 명백한 증거이며, 이것이 서구사회의 지배체제 유지에 중요한 역할을 하였다고 주장하고 있다. 그러나 남성중심주의를 타파하기 위한 여권운동가들의 실행방법은 상반된 견해를 보이고 있다. 우선 한 집단은, 여성에게 유행이나 유행에 관련된 습관, 태도 자체를 무시하라고 강조하며 여성들이 남성에게 매력적으로 보이기 위해 여성의 상품화에 관련된 미용제품이나 의복을 구매하는 것을 비난하기도 한다. 따라서 이들은 여성들에게 때로는 남성과 똑같이 의복을 착용함으로써 성차를 감소시키고 여성의 자질이나 능력을 드러내야 한다고 주장하고 있다. 반면 또 다른 여권운동가들은 여성의 남성복 착용이 오히려 가부장적인 요소를 암암리에 합법화시키는 것으로 생각하였다. 그들은 남성복의 약호를 따르기보다는 남성 위주의 개념이나 성차가 드러나지 않는, 완전히 새롭고 유행에 상관없는 여성복의 약호를 창안하는 것이 가능하다고 제안하고 있다.

(3) 반동조주의

반동조주의는 사회 내 소수집단 또는 하위집단인 소수 종교집단이나 동성연애자, 소수민족, 청소년 하위문화집단 등이 사회 주류집단에의 반동조를 통해 주류사회에서 이단시하는 그들의 속성에 자부심을 표현하는 것이다.

소수 종교집단의 예로는 수백 년 동안 특이한 의복규범을 유지하였던 미국 내의 유태인과 아미시(amish) 집단에서 볼 수 있다. 이들은 수백 년 동안 그들만의 특유의 복식 규범을 고수함으로써 집단의 결속력을 보여 주는 동시에 세속화되지 않으려고 한다. 그러나 이러한 반유행은 주류사회의 유행에 도전하기보다는 자신들의 종교적 정체성을 유지하는 데 더 관심을 기울이고 있는 경향을 보이므로 엄밀하게는 비동조에 가깝다고 볼 수 있을 것이다.

또한, 사회적으로 존재가치를 인정받지 못하였던 동성연애자들도 한쪽 귀고리와 몸에 꼭 끼는 셔츠, 청바지 차림의 외모코드를 통해 주류사회에 대한 반동조를 추구하였다.

하위문화집단의 독특한 정체성을 복식을 통해 나타낼 뿐만 아니라 그 시대의

10-2 **아미시 여성의 복식** 소수
집단의 반동조주의를 보여 주는
의복으로 17~18세기 청교도복
식의 형태를 고수하고 있다.

10-3 **정통 유대주의를 고수하
는 루바비치파의 복식** 장식 없
는 블랙수트와 모자, 구레나룻 등
전통적인 복식형태를 유지함으
로써 소수집단의 반동조주의를
보여 주고 있다.

주류 사회집단과 자신들을 구별하려는 반동조주의로부터 형성된 것은 스트리트
패션이다. 현대사회에서 나타나는 여러 가지 반유행 형태 가운데 스트리트 패션
에서 보여지는 반유행 형태가 가장 상징적인 영향력이 크다(Polhemus, 1994). 그
이유는 첫째, 스트리트 패션이 기존 유행의 상징적 지배에 대해 가장 직접적으로
도전하고 있기 때문이다. 둘째, 스트리트 패션이 노동자계층이나 인종적 소수집
단에서 시작되는 경우가 많기는 하지만 극단적인 형태는 대개 주류문화를 경험
해 본 중산층의 반항적 청소년에 의해 표현되기 때문이다. 마지막으로는 20세기
의 패션업계에서 다양한 하위문화집단에 의한 스트리트 패션의 영향을 중복하여
수용하는 양상이 두드러지기 때문이다.

　　따라서 다음에서는 1940년대 이후 반유행으로서 등장한 다양한 유형의 스트리
트 패션을 설명하고자 한다.

3) 스트리트 패션의 유형

스트리트 패션 연구는 청소년, 특히 노동계급 출신의 청소년 문화에 대한 연구에
집중되어 있다. 현실적으로 빈곤이나 실업을 해결할 수 없는 청소년들이 상징적

표상 행위를 통해 현실의 모순으로부터 회피하거나 벗어나고자 하였고, 이것이 그들의 독특한 하위문화적 정체성을 구성하는 스타일의 추구로 나타났다.

표 10-1에서는 1940년대부터 1990년대 중반까지의 스트리트 패션을 폴헤머스(1994)와 헵디지(1979)의 분류를 기준으로 정리하였다.

(1) 주 티

1940년대에 사회적·경제적으로 혜택을 받지 못했던 흑인과 멕시코계 미국 젊은 이들이 즐겨 입었던 주트 스타일은 상향지향적인 스트리트 패션이었다. 주트 수트(zoot suit)는 어깨가 넓고 허리가 꼭 끼는 무릎길이의 재킷, 발목부분이 좁으면서 통은 넓은 바지, 넓은 테의 모자, 금줄 장식으로 이루어졌으며 보통 밝은 색상의 직물로 제작하였다. 비싸고 장식적인 주티(zooty)는 그 진실성에 상관없이 '나는 성공한 사람'이라는 과시적 메시지의 표현이었다. 당시 흑인들에게 널리 퍼졌던, 화학약품으로 곧게 편 직모의 머리형(conked hairstyle)이 백인의 외모 규범에 대한 동경이었다면 주트 수트는 백인에 대한 흑인의 굴종을 거부하는 상징이었다. 이러한 주트 수트는 당시의 유명한 재즈 음악가들에 의해 널리 퍼져 그 영향력이 증대되었다.

그러나 직물 소모량이 많았던 주트 수트는 1942년 제2차 세계대전의 영향으로 정부의 규제를 받게 되었다. 수년간 주티는 암시장에서의 구매라는 방법을 통해 물자절약을 목적으로 제정된 전쟁법에 대항하였고, 이를 규제하는 백인 경찰, 군인들과 주티 사이에 흑백대립이 일어났다. 마침내 1943년 6월 로스앤젤레스에서

표 10-1 1940~1990년대 중반까지의 스트리트 스타일 유형

1940년	1950년	1960년	1970년	1980년	1990년	2000년
		히피		레이버즈		선택과 절충
주티	테디보이즈	모즈	스킨헤드	에시드 재즈		↓
	비트	로커즈	라스타파리안		테크노	스타일의 슈퍼마켓화
		사이키델릭	글램		사이버펑크	
			펑크			

주티들의 폭동이 일어났고, 이 영향은 곧 미국 전역으로 파급되었다. 그리하여 의복을 잘 차려입고자 하는 열망과 젊음의 표현으로서 시작되었던 것이 갑자기 급진적인 정체성의 표현으로 바뀌게 되며 이 당시 주트 수트를 입는다는 것은 관습에 도전하고 이상을 표현하는 상징이 되었다. 동시에 주트 수트는 18세기 후반 프랑스혁명의 영향으로 단순한 형태와 어두운 색조의 비즈니스 정장으로 한정되었던 남성복에 다시 장식과 실험성이라는 즐거움을 부여해 주는 계기가 되기도 하였다.

10-4 **주트 수트를 입고 무대에 선 재즈 뮤지션** 1940년대 당시 유명한 재즈 음악가들은 자신의 정체성 표현의 한 가지 방법으로 주트 수트를 입고 무대에 서기 시작했다.

10-5 **랄프 로렌의 주티의 재해석(1992)** 미국 디자이너 랄프 로렌은 줄무늬와 금시계줄 등 주티의 특성을 현대적으로 재해석하였다.

(2) 비트와 비트족

비트(beats)는 원래 1940년대 후반 보헤미안적 생활양식과 동양의 신비주의에 몰입하면서 부르주아 사회의 얽매임을 거부하였던 당시의 젊은 지식계급을 말한다. 이들은 실험적이고 신비적인 시와 소설, 약물과 알코올을 즐겼고 코스모폴리탄(cosmopolitan ; 세계주의자)임을 자처하였다(Hebdige, 1979 ; Thorne, 1993).

1957년 당시의 베스트셀러 작가인 케루액(Kerouac)의 소설《길 위에서(on the road)》중 스타일에 무관심한 비트 세대라는 단어가 등장하는데, 이 책을 읽었던 많은 청소년들이 스스로를 비트라 부르면서 그 스타일을 추종하기 시작하였다. 오늘날 물질적 허영을 비웃으면서 작업복 셔츠나 스웨트 셔츠(sweat shirts), 다림질이 필요없는 청바지를 입는 의복 규범의 기원은, 비트에 의해 시작된 의복에 대한 무관심에서 비롯된 것이라고 할 수 있다. 그러나 복식에 관심을 두지 않았던 원래의 지식계층 비트의 스타일 개념과는 무관하게 검은색 의복에 염소 수염을 기르고 베레모와 샌들을 즐겨 착용한 부류가 대중매체에 의해 비트족(beatnik)이라고 불리게 되면서 왜곡된 비트 스타일에 더 많은 관심이 집중되었다. 이러한

10-6 복식에 무관심했던 비트의 복식 당시의 지식계층이었던 이들은 물질적 허영을 비웃으며, 의복에 대한 무관심을 나타내었다.

10-7 현대패션에서의 비트 스타일 미국디자이너 랄프 로렌은 비트 스타일로 베레모와 검은색의 의상으로 비트를 현대적으로 표현하고 있다.

왜곡은 정기적으로 프랑스에서 공연을 했던 미국의 재즈음악가들이 베레모와 검은색 의복을 즐겨 입었던 프랑스의 실존주의자들과 교류하게 되면서 그들의 복식에서 영향을 받았던 것을 당시 열광적인 재즈광이었던 청소년들이 그대로 모방하는 과정에서 나타난 것으로 보인다. 모던 재즈음악을 즐겼던 비트족들은 그들이 숭배하던 음악가들의 유럽지향적 복식 스타일뿐만 아니라 유럽의 실존주의와 전위예술에도 심취하였다(Hebdige, 1979). 비트에서 비트족까지의 변화에 대한 설명이 결코 간단한 것은 아니지만, 이런 과정에서 대중매체는 의도하였든 하지 않았든 새로운 통찰력을 가진 비트 원래의 의미를 왜곡시켜 비트족으로 희화화하였다. 이러한 희화는 대개의 스트리트 패션이 주류유행에 흡수될 때 흔히 일어나는 현상이다.

(3) 테디 보이즈

제2차 세계대전의 오랜 기간 동안, 영국에서는 국익을 위해서 모두가 인내해야 한다고 가르쳐 왔다. 종전이 되자 어려움을 나누었던 영국의 노동자 계층은 이제 계급이 없고 평등한 사회에서 살게 되기를 바랐고, 그 결과는 노동당의 승리로 나타났다. 또한 영국은 제2차 세계대전 이후, 미국의 문화적 주도권을 견제하기 위한 자존심 회복이 필요하였다. 이러한 사회적 변화의 가장 민감하고 미묘한 표현은 외모의 변화에서 나타났는데, 영국 상류층의 전통적이고 보수적인 남성패션을 대표하던 세빌로(Savile Row) 거리에서 영국이 가장 번영하였던 에드워드 7세 때의 화려한 에드워디안 스타일(Edwardian Style)을 내놓기 시작한 것이다. 에드워디안 스타일의 특징은 벨벳 트리밍을 댄 칼라와 커프스에 실루엣이 길고 몸에

꼭 끼는 싱글 여밈 재킷과 통이 좁은 바지, 그
리고 화려한 브로케이드 조끼이다.

　1952년 초 영국 런던 빈민가의 젊은이들은
상류층이 입던 에드워디안 스타일의 의복을
모방하기 시작했고 거기에 미국에서 나타난
주티 스타일과 카우보이의 매버릭(marberick)
타이를 맨 절충주의적 스타일을 입기 시작했
다. 그것은 매우 이상한 조합이었으나 노동자
계층 출신의 젊은이들에게는 나름대로의 품
위와 우아함을 주었고, 미적으로는 비교적 잘
어울렸다.

　영국에서는 테디 보이즈(teddy boys)에 의
해 처음으로 10대의 중요성이 부각되기 시작

10-8 테디 보이즈 스타일　테
디 보이즈 스타일은 노동자 계층
의 청소년이 상류층 복식의 품위
와 우아함을 추구한 것이었다.

10-9 현대적으로 재해석한 테
디 보이즈　비비안 웨스트우드
는 에드워디안 스타일의 재킷에
화려한 브로케이드 조끼, 그리고
통 좁은 바지를 통해 테디 보이
즈들이 추구했던 에드워디안시
대의 상류층의 품위와 우아함을
잘 표현하고 있다.

하였다. 10대라는 정체성 형성의 새로운 원동력은 당시 이들을 표적으로 한 광
고와 마케팅으로부터 나왔으며, 그것은 결국 청소년의 구매력과 구매량의 증가
를 가져왔다. 청소년들의 힘은 한 번 분출되기 시작하자 그들만의 영역을 벗어
나 서구 문화의 모든 영역에 영향을 미치며 그 영향력을 더해갔다. 테디 보이즈
는 그들 자신을 아직 성인이 되지 않았고 직장이나 부양할 가족이 없는 자유로
운 소년으로 여겼기 때문에 더욱더 반항적인 특성을 보였다. 극장의 의자를 찢
고 잭 나이프를 꽂고 다니며 폭동에 연대함으로써 테디 보이즈는 청소년 비행의
온상으로 여겨졌다. 1950~1960년대에는 누구든지 말썽을 피우거나 문제가 되
면 테디 보이즈로 분류될 정도였다. 테디 보이즈는 영국의 청소년문화와 스트리
트 스타일에 여러 세대 동안 세계의 이목을 집중시키는 계기가 되었다. 1980년
대 이후에는 여성복에서도 에드워디안 스타일의 화려한 재킷이 주류유행에서
현대적으로 표현되고 있다.

(4) 모 즈
1950년대 후반부터 세대차라는 의미가 부모와 자녀 세대를 구분하는 차원에서,

더 나아가 같은 청소년 집단 사이에서도 세대를 구분할 정도로 의미가 세분되어 갔다. 새로운 세대는 언제나 스타일이나 이데올로기적 면에서 이전의 청소년 세대와는 다르게 스스로를 정의하려는 시도를 하였다.

1950년대 말에서 1960년대 초, 10대의 진정한 기수로 등장한 모즈(mods)는 자신들을 근대주의자(modernist)라고 자처하면서 계층에 근거를 둔 테디 보이즈의 의도적인 복고지향과 눈에 거슬리는 반항적 행동을 거부하였다. 모즈는 1940년대 미국의 주티가 보여 준 핫 재즈(hot jazz)의 현란한 복식에 대한 반동으로, 1950~1960년대 초까지 유럽의 디자인 미학에 영향을 주게 되는 쿨 재즈(cool jazz ; 지적으로 세련된 근대적인 형태의 재즈) 스타일을 지향했다. 열렬한 근대주의자였던 이들은 절제된 외모에 세세한 디테일까지 신경을 쓰는 '하류층의 대표적인 댄디' 들이었다. 모즈 스타일의 특징은 동그랗고 짧은 머리형과 깔끔한 라운드 칼라의 셔츠, 짧고 몸에 잘 맞는 로만 재킷(roman jacket ; 두 개의 뒤트임에 세 개의 단추가 달린 재킷)과 통이 아주 좁은 바지와 앞이 뾰족한 구두이다. 초기에 모즈는 남성에 국한된 하위문화에서만 시작되었지만, 여성들에게도 급속하게 번져서 유니섹스 스타일을 형성하는 데 많은 영향을 주었다. 여자들은 짧은 치마에 스타킹, 뾰족한 하이힐과 짧은 블레이저 재킷에 귀여운 머리스타일, 시체처럼

10-10 모즈룩 그룹 좀비스의 구성원들이 비틀스처럼 모즈의 영향으로 몸에 꼭 맞고 장식이 없는 미니멀리즘적 특징의 재킷을 입고 있다.

10-11 현대판 모즈룩 절제된 외모에 단정한 스타일을 추구했던 모즈룩이 현대적으로 표현되었다.

창백하게 화장한 얼굴에 짙은 마스카라를 했다. 이들은 외모에서 경제적인 부의 과시보다는 심미적인 완벽함을 추구하였다. 이러한 모즈 스타일은 대중매체에서 집중적으로 소개되고, 많은 음악가들에 의해 착용되었다.

그러나 초기부터 지향했던 '보다 적은 것이 보다 좋은 것(The less is the more)' 이라는 청교도적인 모즈의 미적 감각은 점차 그 의미가 퇴색하기 시작하였다. 특히 모즈의 마약과 각성제 남용은 진정한 모더니스트의 중심 요소인 이성적이며 효율적인 행동과는 점점 더 멀어지게 되었다. 따라서 1964년경부터 청소년 하위문화의 주도적 위치가 로커즈에게 이양되었다. 그러나 이후에도 모즈는 1970년대 후반까지 계속 나타났고, 현재에도 그 이름이 가끔 거론되기도 하지만 그 중의 대부분은 모즈의 진정한 정신을 계승하기보다는 모즈의 특징을 풍자하거나 모방하는 것이 더욱 많다.

(5) 로커즈

1962년 런던의 일부 지역에 있는 커피 바에 잘 모여들었던 10대의 오토바이광들이 로커즈(rockers)의 효시라고 볼 수 있다. 로커즈는 그들의 '집단적(tribal)' 정체성을 강조하기 위해 그림을 그리거나 금속 징으로 장식한 가죽 재킷에 면도날

10-12 **로커즈 복장** 수많은 징으로 장식된 가죽재킷과 청바지를 착용함으로써 반항적 분위기를 보여 주고 있다.

10-13 **21세기 로커즈 변형패션** 전통적 로커즈의 거친 이미지보다는 피티드된 가죽웨어를 착용함으로써 현대적인 감각이 가미된 세련됨을 추구하고 있다.

처럼 뾰족한 구두 등을 특징적으로 착용하였다. 이러한 로커즈의 거친 이미지는 당시의 모즈가 지향하는 것과는 많은 차이가 있어 필연적으로 두 집단 사이의 충돌을 가져왔고 이 충돌은 사회문제로까지 비화되었다. 따라서 로커즈들이야말로 스타일 전쟁(style wars)의 효시라고 할 수 있다.

본질적으로 단정한 사무복의 세련됨을 지향하였던 모즈의 복장은 성공을 위한 계획적 복장에 연관되는 것이었다면 로커즈는 이방인(outsiders)으로서의 자신들의 신분을 반항적으로 선언하는 것이었다. 이러한 충돌은, 당시에는 지저분한 가죽 점퍼와 청바지 대(對) 깔끔한 캐주얼웨어와 다림질이 잘 된 슈트의 대결이라는 형태로 가장 잘 표현되었고, 현재는 육체노동자(blue collar) 대 정신노동자(white collar)의 대립으로 표현되는 계급에 관련된 것이었다. 또한 로커즈의 거친 이미지와 모즈의 보다 부드러운 이미지 사이의 대조는 남성다움에 대한 정의의 변화를 보여 주고 있다. 로커즈의 하위문화는 로큰롤(rock' n' roll) 음악에 관련된 생활양식과 함께 급속도로 확장되었으나 로커즈가 주류 소비문화에 유입되면서 거친 로커즈의 전통적 이미지는 점점 더 희석되고 정제되었다.

(6) 사이키델릭

1960년대 중반 활기찬 런던이 서구 대중문화의 중심지가 되면서 사람들의 눈을 끌고 특이한 것을 파는 부티크들이 카너비(Carnaby) 거리에 생기기 시작하였다.

10-14 **사이키델릭의 화려한 색상** 1960년대 런던에는 선명한 색채를 강조한 사이키델릭 화장이 의상과 함께 유행하였다.

10-15 **현대감각의 사이키델릭** 1950년대의 분위기를 불러일으키는 현란한 색채와 문양이 특징이다.

현란한 색상, 옵아트(op art)와 팝아트(pop art)의 영향으로 명암의 대비와 물결치는 듯한 무늬, 그리고 군악대 의상에서 사용되는 브레이드와 금속단추와 같은 화려한 장식이 혼합된 스타일이 사이키델릭(psychedelics)이라고 불렸다. 원래 사이키델릭은 영혼을 의미하는 그리스어 사이키(psyche)와 시각적이라는 의미의 델로스(delos)에서 유래된 것으로 일반적으로 선명한 색채와 복잡한 패턴을 지닌 무정형을 의미한다(Hillier, 1983).

사이키델릭 문양은 포스터 아트에 많이 응용되었고 자동차나 버스의 문양으로도 쓰여졌다. 기계와 인공적인 것에 집착하는 화려한 사이키델릭 모드는 철저히 미래지향적이었고, 이런 의미에서 그들은 진보주의자라고 할 수 있다. 이는 후에 레이버즈(Ravers)와 1980년대의 테크노(technos), 사이버펑크(cyberpunks)가 태동하게 되는 계기가 되었다.

(7) 히 피

1960년대 중반 중산층의 베이비붐 세대가 기성사회의 규범이나 관습에 반발하여 나타난 히피(hippies)는 다양한 대응문화(counterculture)의 통합적 형태이다. 1965년경 지나치게 물질주의적인 서구 문명사회의 모든 것에서 벗어나려고 했던 대표적 하위집단들인 비트, 포키즈(Folkies), 서퍼즈(Sufers) 등과 사이키델릭이 통합되기 시작했는데, 그 원인은 베트남전쟁 때문이었다. 베트남전은 전쟁으로 인한 파괴적 폭력을 극명하게 보여 주었을 뿐만 아니라 중산층 백인에게까지 징병제도가 확대되는 계기가 되었기 때문에 사회 전반에 퍼진 다양한 하위집단들은 이에 대항하여 일치된 행동을 하기 시작하였다. 대응문화의 통합된 형태로 나타난 히피집단은 다양한 하위집단의 집합체와 같은 것이었다. 즉, 비트는 소비사회에서의 탈피를, 포키즈는 산업화 이전의 전원생활의 꿈을, 서퍼즈는 쾌락주의와 자연과 교류하는 삶을 제시해 주었고, 사이키델릭은 현실에서의 도피수단으로서 마약 사용의 계기를 제공해 주었다. 이러한 결합은 1965~1967년까지 미국 서부해안 지역을 중심으로 일어났으며, 대중매체에 의해 히피로 불렸다. 히피의 주된 관심사는 현대문명의 이기와 물질 만능에 대한 저항과 반전운동이었다. 히피는 획일적 주류 패션에 대항하여 청바지를 많이 착용하였고 남녀 모두 긴 머리

10-16 현대문명의 물질만능주의에 저항한 현대 히피룩 레이어드룩을 기본으로 자연 회귀적 성향을 나타내고 있다.

10-17 현대적으로 재해석된 히피 스타일 긴 머리, 민속풍의 액세서리와 문양, 자연친화적인 천연소재는 히피 스타일을 현대적으로 보여 주고 있다.

에 머리띠를 매고, 맨발로 다니며 자연 회귀를 보여 주었다. 또한 사랑과 평화의 상징으로 꽃무늬와 피스마크(peace mark)를 즐겼고, 손뜨개나 패치워크를 많이 이용하였다. 민속풍에 대한 관심이 높았던 히피는 세계 여러 지역의 민속의상에서 많은 요소를 차용하였으며 레이어드룩을 보여 주고 있다. 그러나 베트남 종전 이후에는 외형적인 결속력을 보였던 히피의 특성이 해체되었는데, 1980년대에 들어서면서 트래블러즈(travellers)로 다시 재현되기도 한다.

(8) 스킨헤드

1960년대 중반부터 나타난 스킨헤드(skinheads)는 모즈의 변형에서 시작되었다. 그러나 히피가 낙관적이고 평화적인 특성을 가진 데 비해, 스킨헤드는 전통적인 노동자 계급 출신으로 비관적이고 난폭한 성향을 보였다. 1968년까지 계속적으로 증가한 스킨헤드는 특히 축구장 관중에서 쉽게 볼 수 있었다. 그들은 바버 부츠(bovver boots ; 바닥에는 징을 박고 앞 끝에는 쇠장식을 댄 구두), 짧거나 탈색한 청바지, 칼라 없는 유니온 셔츠(union shirt) 차림에, 머리는 짧게 자르거나 아예 밀어버렸다. 스킨헤드 여성도 남성과 비슷한 복장을 하고, 옆이나 뒷부분은 길게 기르고 나머지 부분은 짧게 자르는 머리형을 하였다. 이러한 스타일은 장식을 벗어던진 스타일로 노동자 계급의 정체성을 적극적으로 표현한 것이었다.

1960년대 말부터는 스킨헤드의 이미지에 변화가 나타나, 트림 토닉 수트(trim tonic suits)에 로퍼즈(loafers)를 신고, 머리를 약간 기르기 시작하였다. 그들 중 일부는 검은색 우산, 검은색 크롬비 오버코트(crombie overcoats), 볼러 해트(bowler hats ; 테가 부드럽게 휘어진 둥근 형의 모자) 차림의 스무스(smooths)로 변화하게 되는데, 그 외모가 거의 일반인과 유사할 정도였기 때문에 마치 스킨헤드가 사라진 것처럼 보였다. 그러나 1978년경 청키 부츠(chunky boots)와 멜빵 등 스킨헤드 복장의 전통적인 아이템과 특이하게 밀어버리는 머리형 또는 형형색색의 펑크 모히칸(punk mochicans) 등과 같은 펑크 스타일이 혼합되어, 새로운 스킨헤드 유형인 오이(Oi)가 나타났다. 스킨헤드는 인종주의(racism)에 많은 관심을 보였다. 그런데 원래의 스킨헤드가 인종차별에 반대한 것에 비해 극우파와 연계된 오이집단은 인종차별적인 폭력을 행사하기도 하였다. 주로 대중매체의 영향 때문에 전체 스킨헤드를 인종차별주의자나 파시스트와 동일시하는 추세가 확산되었는데, 이러한 모든 것이 스킨헤드 고유의 정체성과 기원에 대한 직접

10-18 **스킨헤드** 짧은 머리와 노동자풍의 유니섹스 스타일은 스킨헤드 스타일 특성을 잘 보여 준다.

10-19 **일본의 스킨헤드**

적인 모순에 해당하는 것이다.

스킨헤드는 1980년대에 들어서면서 레이버즈가 주도한 마약복용이나 쾌락주의 등에 밀려 그 영향력이 약화되었고, 남성 동성연애자나 진보적인 디자이너, 음악가들에 의해 희석된 스타일로 변형되어 갔다.

(9) 글 램

글램(glam)은 영국에서 시도되었던 실험적 장르의 음악인 글램 록(glam rock)에서 나온 명칭이다. 록가수인 티 렉스(T. Rex), 마크 볼란(Marc Bollan), 데이빗 보위(David Bowie) 등의 양성적인 옷차림과 현란한 화장을 대중매체에서 '글래머러스(glamorous)'라고 표현하였던 것이 이 음악과 스타일의 대명사가 되었다. 이들의 음악 세계는 저마다 독특했지만, 퇴폐적이면서 냉정하고 인위적인 도시 감각이 짙게 배어 있다는 공통점을 지니고 있었다.

글램 스타일의 근원은 1960년대의 '활기찬 런던(swinging London)'으로서, 특정한 정치적인 이슈의 표현이 아닌 개인적 정체감의 표현을 위해 스타일적인 실험을 시도하였으며 특히 성역할을 실험하는 경향을 띠고 있다. 1960년대 말의 유

10-20 **글램룩** 양성적 옷차림과 도발적인 여성적 메이크업 등은 남성다움의 한계에 도전하는 하위문화집단이다.

10-21 **현대화된 글램룩** 원래 글램은 남성이 여성화된 것을 주로 표방했으나 디자이너 지아니 베르사체는 글램의 화려한 외양을 여성에게 접목시켜 현대화하였다.

니섹스 복장은 히피에서 볼 수 있듯이, 대개 양성(兩性) 모두가 화려한 치장을 삼가하는 경향을 보여 주고 있다. 그러나 글램은 양성애(bisexuality)에 대한 공개적인 지지와 도발적인 화장, 괴상한 색상의 머리 염색과 화려하고 번쩍이는 공상과학 영화 의상 같은 복식, 굽이 두꺼운 1960년대풍 구두 등의 외모를 통해 전통적인 '남성다움'의 한계에 도전하였다. 이들은 한마디로 새로운 '양성성(androgyny)'을 통한 실험성을 보여 주었다. 글램 록 가수들의 스타일은 공연장의 열광적인 팬들뿐만 아니라 도심의 젊은이들에 의해 모방되기에 이르렀다. 또한 이들의 스타일적 특징은 펑크, 뉴 로맨틱(new romantics), 고트(goths) 등의 집단으로 계승되었다.

(10) 라스타파리안(Rastafarians)

1960~1970년대 미국과 영국의 서인도 출신 청소년들 사이에 널리 확산된 라스타파리안 운동의 지지자들은 본명이 라스타파리(Rastafari)였던 이디오피아 황제를 추종하며 이디오피아와 같은 아프리카의 고대 도시문명에서 현재와 과거를 연결시켜 주는 영감을 추구하였다. 동시에 그들은 현대사회의 산업화와 기술 혁신으로 인해 오랫동안 잊혀졌던 자연과의 조화를 재발견하는 데 중점을 두는 생활방식을 채택하였다.

라스타파리안은 이디오피아 국기를 상징하는 색상들–빨간색, 황금색, 초록색–로 만들어진 옷과 배지, 모자를 착용하고 레게 음악을 통해 집단적 정체감을 표현하였다. 라스타파리안 여성들 역시 아프리카적 문양의 긴 스커트와 샌들, 전통적인 아프리카식 머리장식으로 치장한 드레드록(dreadlocks ; 전체를 가닥가닥 땋아준 머리형)으로 자신들의 본질을 강조하였다. 자연과의 조화 속에 생활하려는 라스타파리안의 열망은 천연소재로 만들어진 의류와 인공재료를 사용하지 않은 드레드록에서도 나타났다. 이러한 현상은 주티(zooties) 이후 흑인들이 화학약품을 사용하여 머리를 백인과 유사하게 변화시켰음을 생각해 볼 때 흑인들의 정체성 형성에 있어 상당히 의식적인 행동이었다. 또한 자메이카 출신 레게 음악가들의 세계적인 성공은 라스타파리안 신념을 시각적으로 표현하는 색채의 의복이나 긴 드레드록의 유행을 확산시키는 데 기여하였다.

10-22 라스타파리안 스타일
아프리카 고대 도시 문명의 부활
을 꿈꾸던 라스타파리안들은 이
디오피아 국기의 상징인 빨간색,
황금색, 초록색이 들어간 옷을 입
었다.

**10-23 라스타파리안의 독특한
색상을 조합한 아동복**

　　그러나 라스타 스타일(Rasta style)이 인기를 얻게 되자, 자신의 신념을 외모로
표현한 '진정한 라스타파리안(Rastafarians)'과 피상적인 외형만을 따르는 '가짜
라스타(false Rastas)' 사이에 이질성이 나타나기 시작하였다. 그리고 1980년대에
는 유명한 가수인 컬처 클럽(Culture Club)의 보이 조지(Boy George)를 포함한
런던의 수많은 유행지향적 백인 청소년층들은 모든 인종과 신념을 포용한다는
시도로서 라스타파리안 스타일에 인공적인 변형을 가하기 시작하였다. 그러나
그 결과는 원래 종교적인 신념의 시각적 표현으로 사용되었던 라스타파리안 정
신을 훼손하였으며 이는 단지 '나는 유행지향적이다(I'm trendy)'라는 주장만을
갖게 되었다.

(11) 펑크

1970년대 후반, 백인 청소년들의 저항적 하위문화인 펑크(punks)가 나타나기 시
작하였다. 히피가 가진 낙천적이고 유토피아적인 꿈의 그늘 속에서 성장한 펑크
는 풍요에 대한 약속과 실업이 만연한 현실의 절망적 상황 사이에서 갈등하게 되
었다. 펑크족 청소년들은 검정 가죽재킷, 찢어진 청바지, 요란한 머리 모양과 색
깔뿐만 아니라 속박과 구속을 상징하는 체인과 안전핀을 신체에 꽂는 등 충격적
이고 의도적으로 추한 표현을 통해, 미래가 없음(no future)을 상징하는 펑크 스
타일을 추구하였다. 이러한 표현은 일자리나 미래에 대한 희망을 주지 못하는 기

성세대에 대한 저항의 심리가 내재된 것이었다. 또한 계층과 인종 차별에 대한 무언의 저항, 기성세대가 독점한 사회에서의 좌절, 미래에 대한 희망의 포기는 펑크를 허무주의와 무정부주의로 이끌어갔다. 이들은 자신들의 정체성을 표현하는 음악으로 펑크록을 들었고, 펑크족이란 명칭도 여기에서 기인한 것이다.

펑크는 이전의 다른 스트리트 스타일 집단과는 다른 변화과정을 보이고 있다는 점에서 주목할 필요가 있다. 펑크는 로커즈에서 스킨헤드 그리고 사이키델릭에 이르기까지 다양한 근원에서 스타일의 영감을 풍부하게 차용해 왔지만, 그것을 완전히 독자적인 조합으로 만들어 냈다. 부분적으로 이러한 고유성은 브리콜라주(bricolage) 접근방식에 기초하여 스타일을 수없이 변형해 낸 펑크의 저항의식에 따라 나타난 것이다. 따라서 펑크집단 내에서도 복식의 스타일이 동일한 형태를 찾기 어려울 정도로 다양하게 변형되어 조합되고 있다. 펑크에 의해 시작된 서로 관련없는 스타일의 조합은 이후의 스트리트 스타일이 동일한 하위집단 내에서도 다양하게 분할되고, 그 변화 속도를 빠르게 하는 계기가 되었다.

펑크록 음악가들은 난폭하고 과격한 행동과 함께 충격적인 복장을 무대뿐만 아니라 일상생활에서도 보여 주었다. 이러한 과격한 펑크 스타일을 주류유행으로

10-24 **펑크룩** 요란한 머리 모양과 색깔, 속박을 상징하는 체인 등은 펑크의 대표적 특성이다.

10-25 **비비안 웨스트우드의 펑크룩** 비비안 웨스트우드가 현대화한 펑크룩은 원래 펑크의 저항정신 대신 그들의 상징인 요란한 머리 스타일과 장신구들을 독특한 조합으로 재해석하고 있다.

끌어올린 데에는 〈아이디(i-D)〉라는 잡지와 아방가르드 디자이너로 알려진 잔드라 로즈(Zandra Rhode), 비비안 웨스트우드(Vivienne Westwood)가 큰 역할을 담당하였다. 잔드라 로즈는 1977년 펑크 쉬크 컬렉션을 열어 펑크를 새롭고 진정한 하위문화로 주목받게 하였다. 그리고 펑크록을 대표했던 그룹이었던 섹스 피스톨즈(Sex Pistols)를 모델로 세운 비비안 웨스트우드의 혁신적이고도 도발적인 디자인은 펑크 스타일의 수용 영역을 확산하는 데 큰 역할을 하였다.

(12) 레이버즈

1985년 여름, 에스파냐 해안지방의 클럽들을 중심으로 히피적인 취향을 가진 여피(yuppie)에 의한 쾌락주의 경향이 나타났다. 이러한 경향은 곧 런던의 중산층 청소년 계층으로 파급되었고, 클럽에서 새벽까지 춤추며 즐기는 이 집단을 떠들썩한 파티를 의미하는 레이버즈(ravers)라고 부르기 시작하였다. 이들은 춤추기 편하게 크고 헐렁한 의복을 즐겨 입었는데, 스마일리 마크(smiley mark)나 사이키델릭 문양이 많이 이용되었다. 반면 노동자계층이 주류를 이루었던 북부 지역 레이버즈는 통이 넓은 청바지와 모자 달린 셔츠를 입는 방랑자풍을 선택함으로써 런던의 중산층 지향적인 스타일에 대항하여 강한 이미지의 지역적 독자성을 보여 주었다. 그러나 시간이 지남에 따라 이러한 스타일 분화는 점차 다시 통합되는 양상을 보인다. 우선 축구장에 영국 각지에서 레이버즈가 모여들면서 열렬한 축구광이었던 북부 지역 레이버즈를 중심으로 스타일 연계가 이루어졌다. 그리고 포스트모던식의 혼합된 스타일을 추구하였던 에시드 하우스 뮤직의 영향력이 강해지면서 레이버즈 내에서 보이던 여러 가지 스타일들 사이의 차이가 줄어들기 시작하였다. 또한 경찰이 불법적인 일회성 창고 파티들을 진압하자 이들은 파티할 권리(The Right To Party)를 개인의 기본적 자유로 요구하면서 더욱 동질적으로 결합하였다. 그러나 1990년대 초에는 레이버즈가 여름의 야외축제를 즐기는 트래블러즈와 함께 최첨단 전자장비로 무장하고 반항적인 쾌락을 추구하던 테크노와 사이버펑크 집단으로 이어지면서 점차 그 특성이 사라졌다. 즉, 레이버즈의 젊은 구성원들은 테크노처럼 좀 더 명확한 부류를 형성한 반면 나이가 많은 대부분의 구성원들은 이제는 더 이상 특정한 하위문화집단으로 분류되지 않는,

10-26 **레이버즈의 복식** 헐렁한 스마일리 티셔츠를 입은 레이버즈가 파티에서 춤을 추고 있다.

10-27 **현대적 해석의 레이버즈** 모스키노는 레이버즈의 트레이드마크였던 스마일리 티셔츠의 소재를 스커트와 목걸이로 유머러스하게 표현하고 있다.

유동적이고 유행지향적인 집단이 되었다. 흔히 레이버즈를 1980년대 중반 이후 외형상의 동질적인 결속력을 보여 주는 마지막 집단으로 생각하기도 한다 (Polhemus, 1994). 그러나 이러한 동질적 결속력은 클럽을 매개로 한 음악이나 춤과 같은 쾌락적 감각에 중점이 두어진 것이었으며 스타일상의 결속력은 점차 사라지고 있었다.

(13) 에시드 재즈

1980년대 들어서면서 레이버즈와 에시드 하우스 뮤직(acid house music)의 지배속에서 혼합과 절충을 지향하는 새로운 양상이 특징적인 음악과 춤 스타일을 표방하는 클럽문화(club culture)를 중심으로 나타나기 시작하였다. 이들은 1940~1950년대의 재즈 스타일인 비밥(bebop)과 1970년대의 펑키 재즈(funky jazz), 그 외 실험적인 재즈 스타일들에서 맘보(mambo)와 살사(salsa ; 쿠바에서 기원한 맘보와 유사한 춤), 더브(dub ; 펑크나 재즈에서 사용되는 사운드의 일종)와 랩(rap)에 이르는 모든 것을 섞어 절충적인 음악인 에시드 재즈(acid jazz)를 혼합해 냈다. 그리고 이러한 음악적 절충을 따르기 위하여 에시드 재즈에서 전개되었던 의복 스타일은 이전의 하위집단을 총망라하다시피한, 엄청나게 다양하고

심지어는 모순적인 요소들에서까지 영감을 얻어왔다. 에시드 재즈는 결코 주티나 스킨헤드와 같은 복식상의 동질성을 추구하지 않았고, 음악적 · 시각적 취향 모두에서 독자적인 개성을 강조하였다. 특히 에시드 재즈는 이전의 하위집단 스타일에 대한 관심과 존중을 보여 주고 있다. 이와 같은 현상은 스트리트 스타일이 이전 세대와는 정반대되는 양상을 추구하는 경향을 가진다는 점에서 생각해 본다면 매우 독특한 것이다. 에시드 재즈는 서로 관련이 없는 상이한 스타일을 과거로부터 무차별적으로 선택해 내는 포스트모던 방식을 가지고 있다 (Polhemus, 1994). 이러한 의미에서 에시드 재즈는 지나간 스트리트 스타일의 편린들을 괴상할 수도 있지만 항상 신선하고 자극적인 조합으로 혼합하거나 대비시켜 주는 스트리트 스타일의 미래상을 잘 보여 주고 있다고도 할 수 있다.

(14) 테크노와 사이버펑크

레이버즈가 대중매체의 각광을 받게 되자, 그 이후의 스트리트 스타일은 각 클럽을 중심으로 다양하고 상이한 하위 양식들(sub-genres)로 대체되면서 나름대로의 특징을 가지는 클럽문화를 형성해 나갔다.

클럽문화 스타일들은 그들의 특징적인 정체성 표현을 새롭게 창안하기보다는 광범위한 조합을 통한 지엽적 특이성을 보여 주는 일시적 유행(fad)으로 바뀌어져 갔다. 그러나 이 가운데 광범위하고 무차별적인 혼합 대신 전자기술적인 관심속에 독자적인 스타일을 추구하는 테크노(technos)가 나타나기 시작하였다. 귀가 터질 것 같고, 기계적인 음악처럼 그들의 의복도 유행을 따르는 것을 거부하였다. 방사능 물질에 오염되는 것을 막을 수 있는 슈트와 방독면, 방탄 재킷과 도시적인 게릴라풍으로 위장(urban commando camouflage)한 테크노의 스타일은 공상과학 영화에서 튀어나온 것처럼 보였다. 특수기동대와 같은 강력하지만 불길한 예감을 주는 이미지는 그들의 독특하고 난해한 음악과 완벽하게 조화를 이루면서 1990년대 초반 베를린에서 동경에 이르는 거대한 하위문화를 형성하게 되었다. 이러한 테크노는 다른 하위문화 집단과는 달리 영국이나 미국의 대도시에서 시작된 것이 아니라 대중매체의 영향이 거의 없는 작은 지방도시에서 파생되었다. 전자음악적 실험에 있어서의 긴 역사를 가진 베를린, 프랑크푸르트 또는 북유럽의 지방도시들이 테크노를 위한 확고한 본거지가 되었다. 이러한 현상은 이제 하위문화가 선진국의 대도시라는 지역적 한계를 벗어나 전 세계적인 현상이 되어가고 있음을 시사하는 것이다.

기계문명에서 희열을 느끼고 이상적 미래사회를 꿈꾸는 테크노는 과거의 향수를 그리워하는 1990년대 초반의 정서와 잘 맞지는 않았으나 컴퓨터를 통해 시간을 넘나드는 가상현실에 친숙한 사이버펑크(cyberpunks)와는 전반적으로 유사한 점이 아주 많다. 그러나 이 두 집단은 사상적인 면에 있어서는 큰 차이를 보이고 있는데, 테크노는 기술적 진보를 이용하여 자신의 즐거움을 추구한다는 목적에만 관심을 집중시키는 것에 비해 사이버펑크는 기술적 진보가 사회의 모든 측면을 변화시키는 데 영향력을 행사하도록 이용되어야 한다는 견해를 가진 급진주의에 기울어져 있다.

사이버펑크는 가상현실 섹스(virtual reality sex)에서부터 입체적인 느낌을 주는 홀로그래픽(holographic) 소재에 이르는 모든 것을 포용할 뿐만 아니라 접근이 용이한 컴퓨터 통신망과 자유로운 정보 채널을 이용하여 권위적인 위계질서에 도전하기도 한다. 사이버펑크의 언어와 상상력이 비록 펑크 고유의 정신과는

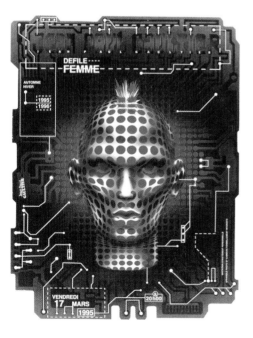

10-28 **사이버 펑크룩** 장 폴 고티에는 정보화사회의 특성인 전자기관과 회로를 이용하여 사이버 펑크 패션을 선도하였다.

10-29 **스타일의 슈퍼마켓화** 스페인 태생의 행위 예술가 레이저는 자신이 경험한 다양한 문화적 체험을 자신만의 방식으로 조합하여 독자적인 외모를 채택하고 있다.

상이한 것임에도 불구하고 그들의 비전은 미래를 사회적 와해와 지역적 분권화라는 관점에서 보았던 펑크와 일치하고 있다. 사이버펑크가 제의한 것은 차단된 각 집단들을 후기 산업사회의 기술에 의해 함께 연결시켜 대체적이고 비위계적인 구조를 창조하려는 것으로 요약해 볼 수 있다. 사이버펑크는 일반적으로 자신들의 하위문화적 정체성을 보여 주는 특징적인 외모 스타일을 가지고 있지는 않지만, 1990년대 초반 특히 런던에서 사이버펑크 스타일의 의복을 볼 수 있다. 펑크에 의해 선도되었던 것과 동일한 브리콜라주 방법을 이용하여 그들은 첨단 기술과 홀로그래픽 소재, 자동차 바퀴의 휠캡, 가스마스크, 고무 튜브와 같은 산업 폐기물을 조합한 스타일을 보여 주고 있다.

2. 하위문화와 반유행의 미래

1980년대 들어 미래가 항상 진보한다는 가정에 의문을 갖게 된 포스트모더니즘이 널리 퍼지면서 유행이 항상 새롭고 단일하며 하향전파된다는 고전적인 원리가 많은 부분에서 잘 들어맞지 않게 되었다. 이러한 사실은 하위문화집단에 의한 반유행에서 가장 특징적으로 보여지고 있다.

2000년대를 전후한 현재, 특정의 하위문화 스타일을 유형화하기란 쉽지 않다. 반동조에 기반한 반유행을 창출해 내는 기존의 하위문화들은 저항의 메시지와 대상이 명확한 데 반해 현재 스트리트상에서 발견되는 새로운 스타일은 다만 취향에 의한 선택적 차원에서 이루어지고 있기 때문이다. 이러한 변화를 가정할 때 하위문화 스타일은 다음과 같이 몇 가지로 요약할 수 있다.

첫째, 매스미디어, 더 나아가 케이블 TV, 인터넷 등의 뉴미디어가 급속하게 발달한 20세기 후반의 젊은이들은 이전 세대에 대해 끊임없이 소개해 주는 다양한 미디어의 영향을 많이 받고 성장하기 때문에 여러 가지 하위문화집단에 친숙하다. 따라서 각 하위문화집단의 다양한 스타일 요소를 풍부하게 사용할 것으로 생각되며 폴헤머스는 이를 스타일의 슈퍼마켓화(the supermarket of style)라고 표현하기도 하였다. 이는 과거 특정 하위문화의 스트리트 스타일에 강조점을 두기보다는 주티에서부터 사이버펑크에 이르는 모든 스타일들을 마치 슈퍼마켓의 진열대에서 쇼핑을 하듯 이것저것을 마음대로 선택하여 하나의 스타일을 창조하는 것을 말한다. 이러한 경향 때문에 하위문화의 구조적 기반이 점차 약해져 그들의 이념을 특정 스타일로 표현하는 반유행을 점점 보기 어렵게 되고 있기는 하지만, 그렇다고 하위문화가 완전히 사라진다고 보기는 어려울 것이다. 앞으로의 하위문화 스타일은 동일집단 내에서도 더욱 세분화되어가고 규모도 작아지겠지만, 더욱 다양한 형태로 변화하면서 계속적으로 존재할 것이다.

둘째, 하위문화 스타일이 후기 산업사회적 자본주의의 영향을 받아 점차 그 본질과 분리되어가는 점을 들 수 있다. 이와 같은 하위문화 스타일의 상품화에 대해서는 평가가 상반되고 있다. 긍정적으로 평가하는 사람들은, 모방이 그 대상에 대한 가장 호의적인 행위이며 하위문화의 상품화가 유행의 새로운 영감원이 되어 하위문화를 이해하고 공유하게 되는 계기가 될 수 있다고 본다. 반면 각 하위문화집단의 정체성이나 진실은 도외시한 채, 외관만을 흉내내어 상품화되어가는 것을 우려하는 견해도 있다. 이런 시각에서는 많은 디자이너들이 신선한 아이디어로서 스트리트 스타일을 차용하는 것이, 어쩌면 특정 스트리트 스타일을 창조한 하위문화의 구성원들이 의미하고자 했던 진정한 가치를 희석시키며 의도하지 않은 결과를 가져올 수도 있다고 본다.

셋째, 유행의 확산방향을 일방적인 어느 한 방향으로 고정시켜 생각하려는 기존의 관념을 무의미하게 한 하위문화의 영향력은 더욱 강해질 것이다. 아직도 일정부분은 주류유행이 소수의 선도적 디자이너들의 경향을 따르고 있다는 사실은 의심할 여지가 없다. 그러나 하위문화의 유행이 주류문화로 전해지는 상향전파 현상이 실제로 더욱 많이 나타나고 있기 때문에 앞으로의 유행은 더욱더 위계질서와 상관없이 구성되고, 서로 이질적인 것이 교류되는 방향으로 나아갈 것이다. 이러한 경향은 유행이 계층이나 인종, 교육수준과 같은 특정 문화적 범주에 의해 제한되지 않음을 보여 줄 뿐만 아니라, 나아가 다양한 하위문화의 유입이 기존 문화의 폭을 더욱 크게 넓혀 줄 것이라는 점을 시사하고 있는 것이다.

참고문헌

국내문헌

강만길 외 11인 편(1994). **한국사**. 한길사.

강명구(1994). **소비대중문화와 포스트모더니즘**. 민음사.

강현두(1994). **대중문화론**. 나남출판.

강혜원(1990). **의상사회심리학**. 교문사.

경운박물관(2003). **근세복식과 우리문화 : 경운박물관 개관기념**. 경운회.

고려도경(高麗圖經).

고려사여복지(高麗史輿服志).

고종실록(高宗實錄).

高洪興 저, 도중만 · 박영종 역(2002). **중국의 전족 이야기**. 신아사.

곰브리치 저, 최민 역(1995). **서양미술사**. 열화당.

금기숙(1994). **한국복식미술**. 열화당.

김기웅(1982). **삼국시대의 장신구, 한국의 복식**. 한국문화재보호협회.

김기웅(1994). **고분유물, 빛깔 있는 책들**. 대원사.

김동욱(1982). **신라통일기의 복식, 한국의 복식**. 한국문화재보호협회.

김동욱(1982). **한국복식의 기본구조, 한국의 복식**. 한국문화재보호협회.

김민자(1987). 2차 대전 후 영국 청소년 하위문화 스타일. **한국의류학회지**, 11(2), pp. 69-89.

김민자(1989). 예술로서의 의상디자인. **대한가정학회지**, 27(2).

김염제(1987). **소비자행동론**. 나남.

김영기(1991). **한국인의 조형의식**. 창지사.

김영숙 · 손경자(1984). **한국복식도감**. 예경산업사.

김영옥(1987). 페르시아 직물문양과 비잔틴 직물문양의 조형성 비교. **한국의류학회지**, 11(3).

김용문(1990). 일본(日本)의 수발(修髮)에 관한 연구. **생활문화연구**, 4. 성신여대 생활문화연구소.

김욱동(1995). **모더니즘과 포스트모더니즘**. 현암사.

김원룡(1978). **한국미의 탐구**. 열화당.

김원룡(1980). **한국고미술의 이해**. 서울대학교 출판부.

김원룡 · 안휘준(1993). **신판 한국미술사**. 서울대학교 출판부.

김정희(2006). **패션에 쉼표를 찍다**. 랜덤하우스.

김창남(1995). **대중문화와 문화실천**. 한울사.

김혜연. 프랑스 혁명기 복식연구. **복식지**, 6.

뉴시스. 2009. 2. 25.

동아일보. 2007. 2. 27. ; 2007. 8. 25. ; 2007. 9. 7. ; 2008. 9. 29.

박명희(1991). **1980년대 패션에 나타난 포스트모더니즘에 관한 연구**. 박사학위논문. 숙명여자대학교.

박춘순. 18세기 프랑스 복식과 Rococo 복식 motif. **복식지, 4**.

백영자·유효순(1995). 서양복식문화사. 경춘사.

베아테 슈미트, 잉그리 드로쉘(2001). **패션의 클래식**, p. 20.

BBS뉴스. 2008. 9. 24.

세계일보. 2009. 03. 12.

손미영·이은영·이윤정(2009). **패션마케팅**. 보진재.

수지 개블릭 저, 천수원 역(2000). **르네 마그리트**, p. 174.

신상옥(1983). **서양복식사**. 수학사.

안휘준·이병한(1987). **몽유도원도**. 예경산업사.

양숙휘·박윤정(1995). 프랑스 인상주의 예술양식이 버슬의 조형성에 미친 영향. **생활과학연구지, 10**. 숙명여자대학교 생활과학연구소.

에빈 V. 저, 임숙자 역(1988). **신체장식**. 경춘사.

유송옥·이은영·황선진(1996). **복식문화**. 교문사.

유송옥(1971). **서양 복식사**. 경문사.

유송옥(1972). **고대 이집트 복식에 관한 연구**. 성균관대학교 논문집 제7집.

유송옥(1975). **복식의장학**. 수학사.

유송옥(1977). 영국 르네상스 시대 튜도왕조에 대한 복식 문화사적 고찰. **대한가정학회지, 15**(3).

유송옥(1980). **고구려 복식에 관한 연구**. 홍익대학교 대학원.

유송옥(1980). 고구려복식 연구. **성균관대학교 논문집, 28**.

유송옥(1980). 고대 동서양 상의 비교 연구. **복식, 3**. 한국의복학회.

유송옥(1982). **고구려의 복식구조, 한국의 복식**. 한국문화재보호협회.

유송옥(1982). **백제의 복식구조, 한국의 복식**. 한국문화재보호협회.

유송옥(1984). 조선시대 출토복식을 통해본 남자포 연구. **대동문화연구, 18**. 성균관대학교 대동문화연구소.

유송옥(1987). **개화기 서양복식유입의 충격과 수용, 전통문화와 서양문화Ⅱ**. 성균관대학교 출판부.

유송옥(1991). **조선왕조궁중의궤복식**. 수학사.

유송옥(1993). **벽화에 나타난 고구려 복식, 집안 고구려 고분벽화**. 조선일보 출판국.

유송옥(1994). **장서각 소장 가례도감의궤**(공저). 한국정신문화연구원.

유송옥(1994). **현대인을 앞선 고구려 패션감각, 아! 고구려 우리의 옛 땅 그 현장이야기.** 조선일보 문화1부 편.

유송옥(1995). 중국 집안 고구려 고분벽화에 나타난 복식과 주변지역 복식 비교연구. **인문과학**. 성균관대학교 인문과학연구소.

유송옥 · 이은영 · 황선진(1997). **복식문화**. 교문사.

유희경(1975). **한국복식문화사연구**. 이화여자대학교출판부.

윤양노(1993). 위구르 왕국의 복식에 관한 연구. **복식, 21**. 한국복식학회.

윤진(1991). **성인 · 노인 심리학**. 중앙적성출판사.

이경희(2001). **20세기의 모드**. 교학연구사.

이규태(1991). **한국인의 생활구조-(1) 한국인의 옷 이야기**. 기린원.

E. O. 라이샤워 저(著), 정병학 역(譯)(1976). **일본사(日本史)**. 탐구당.

이은영(1991). **패션 마케팅**. 교문사.

이은영(1993). **복식의장학**. 교문사.

이은영(2003). **복식디자인론**. 교문사.

이정호(1995). **포스트모던 문화읽기**. 서울대학교 출판부.

이홍직 편(1990). **한국사 대사전 상권**. 교육도서.

이효진 · 정흥숙(1992). 현대 의상 직물문양에 조명된 신인상주의 색채표현에 관한 연구. **한국의류학회지, 16**.

임숙자 · 황선진 · 이종남 · 이승희 · 양윤(2002). **현대 의상사회심리학**. 수학사.

잔슨 저, 이일 편역(1991). **서양미술사**. 미진사.

장문호(1987). **복식미학**. 서울대학교 출판부.

정옥자(1993). **조선 후기 역사의 이해**. 일지사.

정흥숙(1982). 고대 이집트 복식에 나타난 상징성. **복식지, 6**.

정흥숙(1989). **복식문화사**. 교문사.

정흥숙(2005). **서양복식문화사**. 교문사.

조규화(1993). **복식미학**. 수학사.

조너선 D. 스펜스 저, 김희교 역(2006). **20세기 포토 다큐 세계사 1 : 중국의 세기**. 북폴리오.

조선일보. 1973. 3. 11. ; 2004. 12. 26.

증보문헌비고(增補文獻備考) 제79권.

추희경 · 임원자(1982). 서구 복식의 근대적 변천에 관한 연구. **복식지, 6**.

코스모폴리탄. 2007. 12.

프랑스 루브르 박물관 소장 회화작품 - Monsieur Seriziat (Louis David, 1795).

한겨레신문. 2005. 3. 31.

한국트렌드연구소 · PFIN(2009). HOT 트렌드 2009. **리더스북**, p. 287.

한말근대법령자료집(韓末近代法令資料集) I, II.

황춘섭(1990). **민속의상(民俗衣裳)**. 수학사.

국외문헌

江馬務. 日本服飾史要. 被服連載拙橋.

故宮人物書選萃(1976). 國立故宮博物院.

關口富左, 田邊眞弓. 江戶時代에 있어서의 小袖紋樣이 의미하는 것. 제1회 한일 복식문
　　　화 심포지엄, 服飾 4호.

關根眞降(1974). 奈良朝服飾의 硏究. 東京. 吉川弘文館.

樓蘭王國と悠久の美女(1992). 朝日新聞社文化企畫局 東京企畫局 弟一部, 朝日新聞社.

梅原末治(1926). 蒙古ノイソ · ウテ 發見の遺物. 동양문고논총(東羊文庫 論叢), 弟三十
　　　七冊.

朴聖實 · 李秀雄譯 華梅著(1992). 中國服飾史. 耕春社.

北村 哲郎(1973). 日本服飾史. 東京, 衣生活硏究會.

杉本正年. 東洋服裝史論攷.

王國維(1964). 胡服考. 堂集林, 河洛圖書出版社.

王宇淸(1956). 中國服飾史綱. 中華大典編印會印行.

王宇淸(1975). 歷代婦女袍服攷實. 臺北, 中國祺袍硏究會.

王宇淸(1984). 中華服飾圖錄. 臺北, 世界地理.

王宇淸. 冕服服章之 硏究. 中華叢書編.

原田淑人(1920). 唐代の服飾, 동양문고논총(東羊文庫 論叢), 弟五十一冊.

原田淑人(1920). 漢六朝の 服飾. 東洋文庫.

原田淑人. 西域發見の 繪畫仁見えたる 服飾の 硏究. 東洋文庫刊行.

日本服飾の歷史 - 江戶 (中). (1980). 小學館. 東京.

井筒雅風(平成元年). 日本服飾史. 光琳社. 東京.

中國歷代服飾(1991). 學林出版社. 上海.

中華五千年文物集(1986).刊 編緝委員會. 臺北.

中華五千年文物集. 刊 服飾編士.

沈從文編 著(1989). 中國古代服飾硏究. 香巷, 商務印書館.

華梅(1988). 中國服裝史. 天津人民美術業出版社.

Accessories Collezioni; Women's Fashion Shows 2008-2009 F/W.

Aileen Ribeiro & Valerie Cumming(1989). *The Visual History of Costume*. A Batsford Book.

Amydela Haye, Valerie Mendes(1999). *Twentieth-Century Fashion*. Thames & Hudson, p. 127

Assael, H.(1987). *Consumer Behavior and Marketing Actions*(3rd ed.). PWS-Kent Publishing Company.

Avedon, Richard and Hollander, Anne(2005). *Woman in the Mirror: 1945-2004*. Harry N. Abrams, Inc.

Back, Kurt W.(1985). "Modernism and Fashion: A Social Psychological Interpretation" in The Psychology of Fashion. Solomon. M. R. Lexington Books, pp. 3-14.

Batterberry, M. & Batterberry, A.(1982). *Fashion: The Mirror of History*. New York: Greenwich House.

Beckett, W. (1999). *Sister Wendy's 1000 Masterpieces*. Dorling Kindersley Publishing.

Behling, D.(1985). Fashion change and demographics: A model. *Clothing and Textiles Research Journal, 4*(1), pp. 18-24.

Bell, Q.(1976). *On Human Finery* (2nd ed.). New York: Schocken Books.

Bem, S.(1974). "The Measurement of Psychological Androgyny." *Journal of Consulting and Clinical Psychology, 42*, pp. 155-162.

Best Collections. 2002 S/S Paris Milan Seoul Collections.

Bixler, S.(1984). *The Professional Image:* A Perigee Book.

Black, J. A. & Garland, M.(revised by Kennett, F.)(1985). *A History of Fashion*. London : Orbis Publishing.

Bond, D.(1988). *The Guinness Guide to 20th Century Fashion*. David Bond and Guinness Publishing Limited.

Boucher & Francois. B.(1987). *20000 YEARS OF FASHION*. New York : H. N. Abrams.

Boucher, F.(1987). *A History of Costume in the West*. London: Thames & Hudson.

Bourdieu, P.(1984). *Distinction, Trans by Richard Nice*. Cambridge, Mass: Harvard University Press.

Brake, Mike(1980). *The Sociology of Youth Culture and Youth Subculture*. London,

Routledge & Kegan Paul Ltd.

Buxbaum, G.(ed.)(2005). *Icons of Fashion.* Munich, Berlin. London, New York: Prestel.

Callaway, N.(ed.)(1988). *Issey Miyake; Photographs by Irving Penn.* New York: A New York Graphic Society Book.

Caroline Rennolds Milbank(1985). *Couture: the great fashion designers.* London: Thames and Hudson, p. 237.

Chapkis, W.(1986). *Beauty Secrets: Women and the politics of appearance.* Boston: South End Press.

Charles C Thomas(1992). *Fashion, Culture, and Identity.* The University of Chicago Press.

Charlie Scheips(2007). *American Fashion,* Assouline, p. 110.

Christopher Breward, Jenny Lister, and David Gilbert(2006). *Swinging sixties: fashion in London and beyond 1955-1970.* Victoria and Albert Museum, p. 89.

Claire Wilcox and Vivienne Westwood(2005). *Vivienne Westwood.* Victoria and Albert Museum, p. 106, 118.

Cohen, A.(1965). The Sociology of the Deviant Act: Anomie theory and beyond. *America Sociological Review, 30,* pp. 5-13.

Colin McDowell(2001). *Jean-Paul Gautier.* Studio, p. 28, 49, 67.

Comme des Garçons 2009 F/W.

Contini & Mila(1963). *FASHION.* New York : Crescent Books.

Craik, J.(1994). *The Face of Fashion.* London and New York: Routledge.

D' Archimbaud, N.(1998). *Louvre: Portrait of a Museum.* New York: Stewart, Tabori & Chang.

Davis, F.(1988). *Clothing, fashion and the dialectic of identity.* In D. R. Maines and C. J. Couch, eds. Communication and Social Structure. Springfield

Davis, F.(1992). *Fashion, Culture, and Identity.* The University of Chicago Press.

Deslandres, Yvonne(1986). *Histoire de la mode.* Somogy.

Donna Collezioni. 2009-2010 A/W. Milano New York.

Donna Collezioni. 2009 S/S. Paris London Athens Kiev.

Donna Collezioni. Wowen' s Fashion Shows 2008-2009 F/W.

Douglas Gorsline(1980). *WHAT PEOPLE WORE.* New York: Bonanza Books.

Editors of VANITY FAIR Magazine(2009). Vanity Fair, Conde' Nast Publications.

Eicher, J. B., and Erekosima, T. V.(1980). *Distinguishing non-Western from Western Dress: The concept of cultural authentication*. In ACPTC Proceedings, National Meeting, pp. 83−84. Reston, VA: Association of College Professors of Textiles and Clothing.

Elle Collection. 2008. 2.

Elle Magazine 2008. 4, p. 349.

Evans, C. and Thorton, M.(1989). *Women & Fashion−A new look*. U. K.: Quartet Books Limited.

Ewing, E. & Mackrell, A.(2002). *History of 20th Century Fashion*. Costume & Fashion Press.

Ewing, Elizabeth(1992). *History of 20th Century Fashion*. Barnes & Noble.

Farid Chenoune(Author), Deke Dusinberre(Translator), Richard Martin(preface). (1996). *A HISTORY OF MEN'S FASHION*. Flammarion

Fashion Channel. 2008. 1. ; 2009. 4. ; 2008. 6.

Fashion News: International Fashion Collection 2003 S/S Paris London Collection. 2003. 1.

Finlayson, Iain(1990). *Denim*. Parke Sutton.

Fisher, C. S.(1975). Towards a Subcultureal Theory of Urbanism. *American Journal of Sociology, 8*(6), pp. 1319−1339.

Forsythe, S., Butler, S., & Kim, M. S.(1991). Fashion Adoption: Theory and Pragmatics. *Clothing and Textiles Research Journal, 9*(4).

Forty, Adrian(1986). *Objects of Desire: Design and Society, 1750−1980*. London: Thames and Hudson.

Francois Baudot(2002). *Fashion and Surrealism*. Assouline, p. 204.

Francois Baudot(2006). *Fashion: The Twentieth Century*. Universe; Revised edition, p. 127.

G. Bruce Boyer(2006). *Rebel Style: Cinematic Herosofthe 1950s(Memoirs)*. Assouline, p. 64-65.

Gap Collection, p. 228.

Gerda Buxbaum(2005). *Icons of Fashion: The 20th Century(Prestel's Icons)*, Prestel Publishing; 2nd edition, p. 40, 91, 114.

Giroud, F. & Van D. S.(1987). *Dior; Christian Dior 1905−1957*. New York : Rizzoli International Publications, Inc.

Gitlin, T. (1989). Postmodernism defined, at last! Utne Reader, July/Aug, pp. 52−61.

Goffman, E. (1959). *The Presentation of Self in Everyday life*. Garden City: Doubleday.

Guiraud, Pierre(1975). *Semiology*. London: Routledge & Kegan Paul Ltd.

Gurel, L. M. & Beeson, M. S.(1979). *Dimensions of Dress and Adornment: A Book of Readings*. Kendall/Hunt Publishing Company.

Hebdige, D. (1979). *Subculture; The Meaning of Style*. London & N. Y., Methuem.

Hillier, B. (1983). *The Style of the Century. 1900−1980*. The Herbert Press.

Horn, M. J., & Gurel, L. M. (1981). *The Second Skin*(3rd ed.). Boston: Houghton Mifflin.

Hotline. 2002 S/S Pret-A-Porter New York London Collection.

Huet, M. (text By Savery, C.)(1995). *Africa Dances*. London: Thames & Hudson.

Hurlock, E. B. (1929). *The Psychology of Dress*. New York: Ronald Press.

J. Anderson Black & Madge Garland(1980). *A HISTORY OF FASHION*. Published by Orbis.

Jameson, Fredric(1991). "The Cultural Logic of Late Capitalism." Postmodernism: or, The Cultural Logic of Late Capitalism. Durham: Duke University Press.

Jameson. Frederic(1983). "Postmodernism and Consumer Society." in Hal Foster, ed., The Anti-Aesthetic: Postmodern Culture. Port Townsend. Washington: Bay.

Jasmin Malik Chua(2009). Anti-Fashion Designer Philippe Starck Creates Sustainable Fashion Collection, Fashion & Beauty

Jeff Kaliss(2008). I Want to Take You Higher: The Life and Times of Sly and the Family Stone, Backbeat Books, p. 208.

Jenks, Chris. (1993). *Culture*. London: Routledge.

Jimsey, H. T. (1973). *Art and Fashion in Clothing Selection*. Iowa State University Press.

Jones, T. & Mair, A. (2003). *Fashion Now: I-D Selects the World's 150 Most Important Designers*. Köln: Taschen.

Jurgen Vollmer(2002). *Rockers, Art Stock*, p. 100.

Kaiser, S. B. (1993). *The Social Psychology of Clothing*(2nd ed.). New York: Macmillan Publishing Company.

Kaiser, S. B., Nagasawa, R. H., & Hutton, S. S.(1995). Construction of An SI Theory of Fashion: Part 1. Ambivalence and Change. *Clothing and Textiles Research*

Journal, 13(3) pp. 172−183.

Kaiser, S.(1990). The Social Psychology of Clothing-Symbolic Appearances in Context.- 2nd ed. New York: Macmillan Publishing Company.

Kaiser, Susan(1990). *The Social Psychology of Clothing*(2nd ed.). Macmillan Publishing Company.

Kennett, F.(1995). *Ethnic Dress : A Comprehensive Guide to the Folk Costume of the World*. New York: Facts on File.

Kirk, M.(text By Strathern, A.)(1993). *Man as Art: New Guinea*. San Francisco: Chronicle Books.

Koohler & Karl(1963). *A HISTORY OF COSTUME*. New York: Dover Publications.

Leaenhaupt.(1990). Cross Currents. Rizzoli.

Lee-Potter, C.(1984). *Sportswear in Vogue; Since 1910*. New York: Abbeville Press. Publishers.

Levi-Strauss, C.(1966). *The Savage Mind*. Chicago: The University of Chicago Press.

Levy, E.(1990). Social Attributes of American Movie Stars. *Media Culture and Society. 12*(2). In O'Sullivan, T., Dutton, B., and Rayner, P.(1994). *Studying The Media*. London: Edward Arnold.

Liberman, A., & Develin, P.(1984). Vogue; Book of Fashion Photography with 235 Illustrations, 25 in Colour. Thames and Hudson.

Linda Watson(2001). Vogue fashion: 100 years of style by decade and designer, Carlton Books, p. 145, 288.

Mandel, Ernst.(1978). *Late Capitalism*. London: Verso.

Martin Margiela. Paris Collection 2009 S/S.

Martin, R.(1990). *Fashion and Surrealism*. New York: Rizzoli.

Marwick, A.(1988). *Beauty in History*. U.K.: Thames and Hudson.

Michael Pick(2007). Be Dazzled! Norman Hartnell, Sixty Years of Glamour and Fashion, Pointed Leaf Press, p. 132.

Molloy, J. T.(1977). *The Woman's Dress for Success Book*. A Warner Communications Company.

Morris, B. J.(1985). The Phenomenon of Anorexia Nervosa: A feminist perspective. Feminist Issues 5, pp. 89−99.

National Geographics. 1956. 3. ; 1971. 9.

Nystrom, P. H.(1928). *Economics of Fashion*. New York: The Ronald Press Company.

Oseary, Guy(2008). *Madonna Confessions*. Power House, p. 33.

Paul Smith, 2004 S/S.

Payne & Blanche(1965). *History of Costume*. New York: Happer & Row.

Peggy Fincher Winters(1996). *WHAT WORK IN FASHION ADVERTISING*. Retail Reporting Bureau, p. 43.

Penelope J. E. Davies, Walter B. Denny, Frima Fox Hofrichter, and Joseph F. Jacobs(2006). *Janson's History of Art: Western Tradition*(Vol. 2), Prentice Hall; 7th edition, p. 1053.

Penny Sparke, Felice Hodges, Emma Dent Coad, and Anne Stone(1997). The New Design Source Book [ILLUSTRATED], Knickerbocker, p. 46, 104.

Phillips, C.(1996). *Jewelry: From Antiquity to the Present*. London: Thames & Hudson.

Pierre Cardin; Past, Present, Future(1990). London, Berlin: Dirk Nishen Publishing.

Polhemus, Ted(1994). *Streetstyle: From Sidewalk to Catwalk*. Thames & Hudson

Polhemus, Ted(1996). *Stylesurfing: what to wear in the 3rd millennium*. Thames & Hudson, p. 138

R. Jurner Wilcox(1958). *THE MODE IN COSTUME*. Charles Scribner's.

Rennolds, H. C.(1989). *New York Fashion*. Harry N. Abrams.

Reynold, W. H.(1968). Cars and Clothing: Understanding Fashion Trends. *Journal of Marketing, 32*(3), pp. 44−49.

Reynolds, F. D., & Darden, W. R.(1972). Why the Midi Failed. *Journal of Advertising Research, 12*, August.

Richard Avedon and Anne Hollander(2005). *Woman in the Mirror: 1945−2004*. Harry N. Abrams, Inc., p. 207.

Richard; koda and Harold Martin(1996). Haute Couture: The Metropolitan Museum of Art, Metropolitan Museum of Art, p. 28, 45, 50.

Riverol, A. R.(1983). Myth America and Other Misses: A second at the American beauty contests. Et Cetera, 40, pp. 207−217.

Roach, M. E. & Eicher, J. B.(1973). *The Visible Self: Perspectives on Dress*. New Jersey: Prentice-Hall, Inc.

Roberts, H. E.(1977). The Exquisite Slave: The role of clothes in the making of the Victorian woman. Signs, 2, pp. 554−569.

Robinson, D. E.(1959). The Role of Fashion Cycles. *Horizon*, pp. 62−66, 113−117.

Roger Padilha, Mauricio Padilha(2009). Stephen Sprouse: the Stephen Sprouse book, Rizzoli.

Russell, Douglas A(1983). Costume History and Style. Englewood Cliffs: Prentice-Hall, Inc.

Sara Pendergast and Tom Pendergast; Sarah Hermsen, editor(2005). Fashion, costume, and culture: clothing, headwear, body decorations, and footwear through the ages(Vol. 4), Detroit: UXL, p. 685, 748, 814.

Seoul Metropolitan Government(2002). The Beauty of Seoul. Seoul: Samsung Moonwha Printing Co.

Seventeen. 2004. 7.

Simmel, G.(1904). "Fashion." Rpt. in American Journal of Sociology 62(May 1957: 541-58).

Sischy, Ingrid(2006). Donna Karan. New York, Assouline.

Solomon, M. R.(1985). The Psychology of Fashion (Ed.). Lexington: D. C. Heath and Company.

Solomon, M. R., and Douglas, S. P.(1985). The Female Clotheshorse: From aesthetics to tactics. In M. R. Solomon ed., The Psychology of Fashion, pp. 387-401. Lexington: Heath/Lexington Books.

Sontag, M. S., & Schlater, J. D.(1982). Proximity of Clothing to Self: Evolution of a Concept. Clothing and Textiles Research Journal, 1, 1-8.

Sproles, G. B.(1979). Fashion: Consumer Behavior toward Dress. Minneapolis: Burgess Publishing Company.

Sproles, G. B.(1981). Analyzing Fashion Life Cycles-Principles and Perspectives. Journal of Marketing, 45, pp. 116-124.

Sproles, G. B.(1981). Perspectives of Fashion(Ed.). Minneapolis: Burgess Publishing Company.

Stephane Gerschel(2007). Louis Vuitton: Icons, Assouline.

Stone, G. P(1962). "Appearance and the Self," in Arnold M. Rose, ed., Human Behavior and Social Processes. Boston: Houghton Mifflin.

Storm, Penny(1987). Function of Dress; Tool of Culture and the Indiv-idual. Prentice Hall.

Terry Jones and Avril Mair(2003). Fashion now: i-D selects the world's 150 most important designers, Taschen. p. 113.

Terry Jones and Susie Rushton(2008). Fashion now 2: i-D selects 160 of its favourite fashion designers from around the world, Taschen, p. 60, 61, 383, 511.

Thames & Hudson, p. 138.

Thorne, Tony(1993). Fads, Fashions & Cults. Bloomsbury Publishing Limited.

Veblen, T.(1899). *The Theory of Leisure Class*. New York: Macmillan Company.

VERSACE GIANNI(1992). VERSACE SIGNATURES, ABBEVILLE PRESS, p. 95.

Watson, Linda.(2001). Vogue fashion: 100 years of style by decade and designer, London; New York: Ryland Peters & Small, p. 27.

Wolfgang Bruhn-Max Tilke(1965). *A PICTORIAL HISTORY OF COSTUME*. Fredrick A. Pragner.

York, Peter(1983). *Style Wars*. London, Sidgwick & Jackson.

웹사이트

http://kr.koreanair.com(대한항공).

http://www.samsungdesign.net(삼성디자인넷).

http://www.beanpole.com(빈폴).

http://www.cft.or.kr ((재)한국컬러앤드패션트렌드센터)

http://www.chanel.co.kr(샤넬).

http://www.encyber.com(두산백과사전).

http://www.flyasiana.com(아시아나항공).

http://www.galaxy.co.kr(갤럭시).

http://www.goosukgi.org(연천 전곡리 구석기 축제).

http://www.hera.co.kr(아모레 HERA).

http://www.motorola.com/kr/consumer(모토로라).

http://www.naver.com(네이버 포토갤러리).

http://www.nfl.com(내셔널 하키리그).

http://www.samsungdesign.net (삼성디자인넷)

http://www.topgirlbyggpx.co.kr(탑걸).

http://www.towngent.co.kr(타운젠트).

http://www.victoriassecret.com(빅토리아 시크릿).

http://www.wikipedia.org(위키백과).

http://www.zegna.com(에르메네질도 제냐).

http://www.atpos.co.kr(앳포스).

Chapter 1 복식의 기원과 기능

1-2 Kennett, F.(1995). Ethnic Dress. Facts on File. p. 13. ; Kennett, F.(1995). Ethnic Dress. Facts on File, p. 51.

1-3 Kennett, F.(1995). Ethnic Dress. Facts on File, p. 81.

1-4 이은영(2003). 복식디자인론, p. 4.

1-5 http://www.goosukgi.org(연천 전곡리구석기축제). ; Boucher, F.(1987). A History of Costume in the West, p. 126.

1-6 National Geographics. 1956. 3.

1-7 경운박물관(2003). 근세복식과 우리문화. 경운회, p. 105.

1-8 National Geographics. 1971. 9. ; 이은영(2003). 복식디자인론, p. 6.

1-10 Kennett, F.(1995). Ethnic Dress. Facts on File. pp. 86-87. ; Batterberry, M. & Batterberry, A.(1982). Fashion The Mirror of History. Greenwich House, p. 121.

1-11 Versace 2008 F/W. http://www.cft.or.kr((재)한국컬러앤드패션트랜드센터). ; 동아일보. 2007. 2. 27.

1-12 BBS뉴스, 2008. 9. 24. ; Kennett, F.(1995). Ethnic Dress. Facts on File, p. 87.

1-13 Kennett, F.(1995). Ethnic Dress. Facts on File, p. 94. ; 유송옥 · 이은영 · 황선진(1996). 복식문화. 교문사, p. 14. ; Kennett, F.(1995). Ethnic Dress. Facts on File, p. 108.

1-14 조선일보. 1973. 3. 11.

1-15 D' Archimbaud, N.(1998). Louvre. Stewart, Tabori & Chang, p. 54.

1-16 Kennett, F.(1995). Ethnic Dress. Facts on File. p. 178. ; Boucher, F.(1987). A History of Costume in the West, p. 228.

1-17 Kennett, F.(1995). Ethnic Dress. Facts on File. p. 97. ; 신윤복 '이부탐춘' ; 정흥숙(2005). 서양복식문화사. 교문사, p. 267.

1-18 Kennett, F.(1995). Ethnic Dress. Facts on File, pp. 96-97.

1-19 Kennett, F.(1995). Ethnic Dress. Facts on File, p. 105.

1-20 Kirk, M.(text by Strathern, A.)(1993). Man as Art: New Guinea. Chronicle Books, p. 44. ; Kennett, F.(1995). Ethnic Dress. Facts on File, p. 41. ; Kennett, F.(1995). Ethnic Dress. Facts on File, p. 30.

1-21 Jones, T. & Mair, A.(ed.) (2003). Fashion Now; I-D Selects the World' s 150 Most Important Designers. Taschen, p. 111. ; 아모레 HERA, 2008 summer. http://www.hera. co.kr(아모레 HERA).

1-22 Kennett, F.(1995). Ethnic Dress. Facts on File, p. 143. ; Jones, T. & Mair, A.(2003). Fashion Now. Taschen, p. 58.

1-23 Kennett, F.(1995). Ethnic Dress. Facts on File, p. 128. ; Evin, V. 저, 임숙자 역(1988). 신

체장식. 경춘사, p. 30. ; Evin, V. 저, 임숙자 역(1988). 신체장식. 경춘사, p. 15. ; 정홍숙
(2005). 서양복식문화사. 교문사, p. 347.

1-24 高洪興 저, 도중만 · 박영종 역(2002). 중국의 전족 이야기. 신아사. ; 조너선 D. 스펜스 저,
김희교 역(2006). 20세기 포토 다큐 세계사 1-중국의 세기. 북폴리오.

1-25 Alexander McQueen S/S 2009 http://www.cft.or.kr((재)한국컬러앤드패션트랜드센터). ;
Celine S/S 2009 http://www.cft.or.kr((재)한국컬러앤드패션트랜드센터).

1-26 Kennett, F.(1995). Ethnic Dress. Facts on File, p. 143. ; Kennett, F.(1995). Ethnic Dress.
Facts on File, p. 75. ; Kennett, F.(1995). Ethnic Dress. Facts on File, p. 161.

1-28 뉴시스. 2009. 2. 25. ; http://www.nhl.com(내셔널 하키 리그).

1-29 http://kr.koreanair.com(대한항공). ; http://www.flyasiana.com(아시아나항공).

1-30 성가병원. ; Towngent F/W 2008. http://www.towngent.co.kr(타운젠트).

1-32 코스모폴리탄. 2007. 12. ; Victoria's Secret Pink 2009. http://www.victoriassecret.
com(빅토리아스 시크릿).

Chapter 2 한국복식의 조형미

2-1 조선일보(1993). 집안 고구려 고분벽화, p. 182.

2-2 김원용(1974). 한국미술전집 4-벽화. 동화출판공사, p. 68.

2-3 김원용(1974). 한국미술전집 4-벽화. 동화출판공사, p. 67.

2-4 김원용(1974). 한국미술전집 4-벽화. 동화출판공사, p. 29.

2-5 유송옥(1998). 한국복식사. 수학사, p. 60.

2-6 한병삼(1986). 국보 1-고분금속. 예경산업사, p. 106.

2-7 한병삼(1986). 국보 1-고분금속. 예경산업사, p. 11.

2-8 한병삼(1986). 국보 1-고분금속. 예경산업사, p. 17.

2-9 한병삼(1986). 국보 1-고분금속. 예경산업사, p. 103.

2-10 한병삼(1986). 국보 1-고분금속. 예경산업사, p. 20.

2-11 최순우(1973). 한국미술전집 고려도자, 청자상감진사채포도동자문 주자. 서울국립중앙박
물관 소장, p. 117.

2-12 유송옥(1991). 조선왕조궁중의궤복식, p. 55.

2-13 유송옥(1998). 한국복식사. 문수사 소장. 수학사, p. 124.

2-14 중앙일보(1981). 한국의 미 고려불화, p. 26.

2-15 중앙일보(1981). 한국의 미 고려불화, p. 1.

2-16 중앙일보(1981). 한국의 미 고려불화, p. 5.

2-17 김원용(1974). 한국미술전집 4-벽화. 동화출판공사, p. 123.

2-18 중앙일보(1981). 한국의 미 고려불화, p. 42.

2-19 중앙일보(1981). 한국의 미 고려불화, p. 30.

2-20 중앙일보(1981). 한국의 미 고려불화, p. 5.

2-21 유송옥(1991). 조선왕조 궁중의궤복식. 수학사, p. 17.

2-22 유송옥(1991). 조선왕조 궁중의궤복식. 수학사, p. 22.

2-23 안휘준 · 이병한(1987). 몽유도원도. 국립중앙박물관 감수. 예경산업사, p. 21.

2-24 유송옥(1991). 조선왕조 궁중의궤복식. 수학사, p. 24.

2-25 유송옥(1998). 한국복식사. 수학사, p. 158.

2-26 유송옥(1998). 한국복식사. 수학사, p. 182.

2-27 유송옥(1998). 한국복식사. 수학사, p. 221.

2-28 유송옥(1998). 한국복식사. 수학사, p. 226.

2-29 유송옥(1991). 조선왕조 궁중의궤복식. 수학사, p. 91.

2-30 유송옥(1998). 한국복식사. 수학사, p. 226.

2-31 유송옥(1991). 조선왕조 궁중의궤복식. 수학사, p. 49.

2-32 유송옥(1991). 조선왕조 궁중의궤복식. 수학사, p. 61.

2-33 국립민속박물관(2005). 한민족 역사문화도감-의생활, p. 208.

2-34 한병화(1986). 국보지 궁실건축 I. 예경산업사, p. 23.

2-35 유송옥(1998). 한국복식사, p. 259

2-36 중앙일보(1985). 한국의 미 19-풍속화, p. 144.

2-37 중앙일보(1985). 한국의 미 19-풍속화, p. 110.

2-38 한병화(1986). 국보 20-회화 II. 예경산업사, p. 166.

2-39 한병화(1986). 국보 20-회화 II. 예경산업사, p. 171.

2-40 한병화(1986). 국보 20-회화 II. 예경산업사, p. 156.

2-21 한병화(1986). 국보 20-회화 II. 예경산업사, p. 156.

2-42 한병화(1986). 국보 20-회화 II. 예경산업사, p. 161.

2-43 중앙일보(1985). 한국의 미 19-풍속화, p. 153.

2-44 한병화(1986). 국보 20-회화 II. 예경산업사, p. 159.

2-45 중앙일보(1985). 한국의 미 19-풍속화, p. 143.

2-46 이규헌(1987). 사진으로 보는 독립운동 下-임정과 광복. 서문당, p. 11.

2-47 유송옥(1998). 한국복식사. 수학사, p. 366.

Chapter 3 동양복식의 조형미

3-1 고춘명(1984). 중국역대복식. 학림출판사, p. 44.

3-2 고춘명(1984). 중국역대복식. 학림출판사, p. 83.

3-3 호남성박물관(1973). 장사마왕퇴 1호 한묘. 문물출판사, p. 202.

3-4 고춘명(1984). 중국역대복식. 학림출판사, p. 85.

3-5 고춘명(1984). 중국역대복식. 학림출판사, p. 94.

3-6 국립고궁박물원(1976). 고궁인물서 선취, p. 20.

3-7 고춘명(1984). 중국역대복식. 학림출판사, p. 136.

3-8 고춘명(1984). 중국역대복식. 학림출판사, p. 127.

3-9 이묘령(1985). 중국역대복식대관. 백령출판사, p. 93.

3-10 고춘명(1984). 중국역대복식. 학림출판사, p. 171.

3-11 고춘명(1984). 중국역대복식. 학림출판사, p. 174.

3-12 이묘령(1985). 중국역대복식대관. 백령출판사, p. 119.

3-13 고춘명(1984). 중국역대복식. 학림출판사, p. 233.

3-14 이묘령(1985). 중국역대복식대관. 백령출판사, p. 158.

3-15 고춘명(1984). 중국역대복식. 학림출판사, p. 234.

3-17 고춘명(1984). 중국역대복식. 학림출판사, p. 269.

3-18 이묘령(1985). 중국역대복식대관. 백령출판사, p. 191.

3-19 이묘령(1985). 중국역대복식대관. 백령출판사, p. 191.

3-20 고춘명(1984). 중국역대복식. 학림출판사, p. 284.

3-21 고춘명(1984). 중국역대복식. 학림출판사, p. 272.

3-22 고춘명(1984). 중국역대복식. 학림출판사, p. 285.

3-23 고춘명(1984). 중국역대복식. 학림출판사, p. 316.

3-27 한병화(1986). 국보 1-고분금속 1. 예경출판사, p. 65.

3-30 중앙일보(1984). 한국의 미 7-고려불화, p. 17.

Chapter 4   서양복식의 조형미

4-1 Francois & Boucher(1987). 20,000 Years of Fashion. Harry N. Abrams, p. 96.

4-2 Francois & Boucher(1987). 20,000 Years of Fashion. Harry N. Abrams, p. 96.

4-3 Mila & Contini(1963). Fashion. Crescent Boots, p. 30.

4-4 Mila & Contini(1963). Fashion. Crescent Boots, p. 52.

4-5 H. W. Janson 저, 김윤수 외 역(1978). History of Art. 삼성출판사, p. 175.

4-6 Francois & Boucher(1987). 20,000 Years of Fashion. Harry N. Abrams, p. 151.

4-7 H. W. Janson 저, 김윤수 외 역(1978). History of Art. 삼성출판사, p. 291.

4-9 Francois & Boucher(1987). 20,000 Years of Fashion. Harry N. Abrams, p. 208.

4-10 Francois & Boucher(1987). 20,000 Years of Fashion. Harry N. Abrams, p. 204.

4-11 H. W. Janson 저, 김윤수 외 역(1978). History of Art. 삼성출판사, p. 279.

4-12 Francois & Boucher(1987). 20,000 Years of Fashion. Harry N. Abrams, p. 236.

4-13 Francois & Boucher(1987). 20,000 Years of Fashion. Harry N. Abrams, p. 237.

4-14 Francois & Boucher(1987). 20,000 Years of Fashion. Harry N. Abrams, p. 218.

4-15 Francois & Boucher(1987). 20,000 Years of Fashion. Harry N. Abrams, p. 261.

4-16 Francois & Boucher(1987). 20,000 Years of Fashion. Harry N. Abrams, p. 260.

4-18 Francois & Boucher(1987). 20,000 Years of Fashion. Harry N. Abrams, p. 297.

4-19 Mila & Contini(1963). Fashion. Crescent Boots, p. 200.

4-20 Francois & Boucher(1987). 20,000 Years of Fashion. Harry N. Abrams, p. 332.

4-22 Francois & Boucher(1987). 20,000 Years of Fashion. Harry N. Abrams, p. 336.

4-23 Francois & Boucher(1987). 20,000 Years of Fashion. Harry N. Abrams, p. 337.

4-24 Mila & Contini(1963). Fashion. Crescent Boots, p. 218.

4-26 Francois & Boucher(1987). 20,000 Years of Fashion. Harry N. Abrams, p. 371.

4-27 Mila & Contini(1963). Fashion. Crescent Boots, p. 244.

4-28 Francois & Boucher(1987). 20,000 Years of Fashion. Harry N. Abrams, p. 386.

Chapter 5 복식과 사회환경

5-6 http://www.samsungdesign.net (Fashion Source Book) ; http://www.samsungdesign.net (Vivienne Westwood F/W 2009)

5-8 Phillips, C.(1996). Jewelry: From Antiquity to the Present. London: Thames & Hudson, p. 91. ; Boucher, F.(1987). A History of Costume in the West. London: Thames & Hudson, p. 203.

5-9 Bond, D.(1988). The Guinness Guide to 20th Century Fashion. David Bond and Guinness Publishing Limited, p. 50. ; 이은영(2003). 복식디자인론. 교문사, p. 33.

5-10 Beckett, W.(1999). Sister Wendy's 1000 Masterpieces. Dorling Kindersley Publishing. p. 179. ; Kennett, F.(1995). Ethnic Dress. Facts on File. pp. 108-109.

5-11 정흥숙(2005). 서양복식문화사. 교문사, p. 367 ; The Guinness Guide to 20th Century Fashion. David Bond and Guinness Publishing Limited, p. 179.

5-12 Buxbaum, G.(ed.)(2005). Icons of Fashion. Munich, Berlin, London, New York: Prestel, p. 92 ; Jones, T. & Mair, A.(ed.)(2003). Fashion Now: I-D Selects the World's 150 Most Important Designers. K?ln: Taschen, p. 176.

5-13 Liberman, A., & Develin, P.(1984). Vogue: Book of Fashion Photography with 235 Illustrations, 25 in Colour. Thames and Hudson, p. 182.

5-14 CK one 광고

5-15 조선일보. 2004. 12. 26

5-16 Lee-Potter, C.(1984). Sportswear in Vogue; Since 1910. New York: Abbeville Press.

Publishers. p. 96.

5-17 Jones, T. & Mair, A.(ed.)(2003). Fashion Now: I-D Selects the World's 150 Most Important Designers. K?ln: Taschen. p. 75. ; Jones, T. & Mair, A.(ed.)(2003). Fashion Now: I-D Selects the World's 150 Most Important Designers. K?ln: Taschen, p. 484.

5-18 http://www.cft.or.kr.

5-19 동아일보. 2007. 8. 25.

5-20 Donna Collezioni; Wowen's Fashion Shows FW 2008-2009. ; Accessories Collezioni; Women's Fashion Shows 2008-2009 F/W, p. 193. ; http://blog.naver.com/ttukkeong? Redirect=Log&logNo=60018120881, http://blog.naver.com/podongi1?Redirect= Log&logNo=50008999385.

5-21 Buxbaum, G. (ed.)(2005). Icons of Fashion. Munich, Berlin, London, New York: Prestel. p. 107. ; Buxbaum, G.(ed.)(2005). Icons of Fashion. Munich, Berlin, London, New York: Prestel. p. 106.

5-22 Liberman, A., & Develin, P.(1984). Vogue: Book of Fashion Photography with 235 Illustrations, 25 in Colour. Thames and Hudson, p. 169. ; Batterberry, M.& Batterberry, A.(1982). Fashion; The Mirror of History. New York: Greenwich House, p. 370.

5-23 Pierre Cardin; Past, Present, Future(1990). London, Berlin.: Dirk Nishen Publishing, p. 36.

5-24 Buxbaum, G.(ed.)(2005). Icons of Fashion. Munich, Berlin, London, New York: Prestel. p. 109. ; Adidas 광고

5-26 http://www.samsungdesign.net (재클린 케네디 오나시스) ; http://www.samsung design. net(Vogue U. S. 2009. 3)

5-27 Batterberry, M. & Batterberry, A.(1982). Fashion; The Mirror of History. New York: Greenwich House, p. 371.

5-28 Buxbaum, G.(ed.)(2005). Icons of Fashion. Munich, Berlin, London, New York: Prestel. p. 144. ; Buxbaum, G.(ed.)(2005). Icons of Fashion. Munich, Berlin, London, New York: Prestel, p. 148.

5-29 G8(선진 8개국) 정상회담 2008. 7. 7.

5-30 이은영(2003). 복식 디자인론. 교문사, p. 43.

5-31 유송옥 · 이은영 · 황선진(1997). 복식문화. 교문사, p. 161.

5-32 한겨레신문. 2005. 3. 31.

5-33 프랑스 루브르 박물관 소장 회화작품 Monsieur Seriziat(Louis David, 1795).

5-34 http://www.samsungdesign.net(Versace S/S 2009) ; Fashion Channel. 2009. 4(갤럭시 광고).

5-36 Callaway, N.(ed.)(1988). Issey Miyake; Photographs by Irving Penn. New York: A New York Graphic Society Book. ; Callaway, N.(ed.)(1988). Issey Miyake; Photographs by Irving Penn. New York: A New York Graphic Society Book.

5-37 이은영(2003). 복식디자인론. 교문사, p. 35. ; 유송옥·이은영·황선진(1997). 복식문화. 교문사, p. 166.

5-38 Fashion Channel. 2008. 1, p. 113.

5-39 Accessories Collezioni; Women's Fashion Shows 2008-2009 F/W, p. 45.

5-40 Buxbaum, G.(ed.)(2005). Icons of Fashion. Munich, Berlin, London, New York : Prestel. p. 115.

5-41 www.zegna.com(Zegna I-jacket).

5-42 www.atpos.co.kr(POS).

5-43 동아일보. 2007. 9. 7.

Chapter 6 복식의 유행현상

6-2 이경희(2001). 20세기의 모드. 교학연구사. ; Buxbaum, G.(ed.)(2005). Icons of Fashion. Munich, Berlin, London, New York: Prestel. p. 87. ; Buxbaum, G. (ed.)(2005). Icons of Fashion. Munich, Berlin, London, New York: Prestel, p. 164.

6-6 http://www.samsungdesign.net.

6-7 http://www.cft.or.kr.

6-9 Ewing, E. & Mackrell, A.(2002). History of 20th Century Fashion. Costume & Fashion Press. ; Giroud, F. & Van D. S.(1987). Dior; Christian Dior 1905-1957. New York: Rizzoli International Publications, Inc, p. 91. ; Batterberry, M. & Batterberry, A.(1982). Fashion; The Mirror of History. New York: Greenwich House, p. 348.

6-10 Bond, D.(1988). The Guinness Guide to 20th Century Fashion. David Bond and Guinness Publishing Limited, p. 230.; Bond, D.(1988). The Guinness Guide to 20th Century Fashion. David Bond and Guinness Publishing Limited, p. 230.; http://www.cft.or.kr

6-11 Bond, D.(1988). The Guinness Guide to 20th Century Fashion. David Bond and Guinness Publishing Limited, p. 195.; Bond, D.(1988). The Guinness Guide to 20th Century Fashion. David Bond and Guinness Publishing Limited, p. 195.

6-13 Bond, D.(1988). The Guinness Guide to 20th Century Fashion. David Bond and Guinness Publishing Limited, p. 213. ; Black, J. A. & Garland, M.(revised by Kennett, F.)(1985). A History of Fashion. London: Orbis Publishing, p. 271. ; http://www.samsung design.net(D&G, 2009 F/W).

6-16 http://www.cft.or.kr.

6-17 http://www.samsungdesign.net.

6-19 손미영·이은영·이윤정(2009). 패션마케팅, 보진재.

6-20 http://www.beanpole.com. ; 2008 F/W Bon 광고 ; 2005 F/W Daks 광고 ;
     http://www.beanpole.com. ; http://www.beanpole.com. ; Galaxy 광고

6-22 Seventeen. 2004. 7.

6-23 http://www.samsungdesign.net.

Chapter 7 복식과 개인

7-1 성가병원. ; Buxbaum, G.(ed.)(2005). Icons of Fashion. Prestel. p. 78. ; Buxbaum,
     G.(ed.)(2005). Icons of Fashion. Prestel. p. 165.

7-3 세계일보. 2009. 3. 12.

7-4 Donna Collezioni. 2009 S/S. pp. 231-233. ; Donna Collezioni. 2009-2010 A/W, p. 65.

7-5 Jones, T. & Mair, A.(ed.)(2003). Fashion Now. Taschen. p. 313. ; Donna Collezioni. 2009
     S/S, p. 37.

7-6 Buxbaum, G.(ed.)(2005). Icons of Fashion. Prestel. p. 148. ; Jones, T. & Mair,
     A.(ed.)(2003). Fashion Now. Taschen, p. 325.

7-7 Fashion Channel. 2008. 6, p. 193. ; Seoul Metropolitan Government(2002). The Beauty of
     Seoul, p. 124.

7-8 http://www.cft.or.kr((재)한국컬러앤드패션트랜드센터). ; http://www.samsungdesign.
     net(삼성디자인넷).

7-10 Donna Collezioni. 2009-2010 A/W, p. 168. ; Donna Collezioni. 2009-2010 A/W, p. 195.

7-11 Donna Collezioni. 2009 S/S. ; Donna Collezioni. 2009-2010 A/W, p. 253.

7-12 Donna Collezioni. 2009-2010 A/W, p. 143. ; Donna Collezioni. 2009-2010 A/W, p.
     387. ; Best Collections. 2002 S/S, p. 148. ; Hotline. 2002 S/S, p. 195.

7-13 Donna Collezioni. 2009 S/S, p. 267. ; Donna Collezioni. 2009 S/S, p. 328. ; Donna
     Collezioni. 2009 S/S, p. 328. ; Donna Collezioni. 2009-2010 A/W, p. 341.

7-14 Donna Collezioni. 2009 S/S, p. 352. ; Donna Collezioni. 2009 S/S, p. 352. ; Donna
     Collezioni. 2009-2010 A/W, p. 340. ; Donna Collezioni. 2009-2010 A/W, p. 274.

7-15 Hotline. 2002 S/S, p. 65. ; Fashion News. 2003. 1, p. 36.

7-18 샤넬 2007 S/S 광고. http://www.chanel.co.kr(샤넬).

7-19 Donna Collezioni. 2009 S/S, p. 146.

7-21 Bean Pole Ladies 2005 F/W 광고. http://www.beanpole.com(빈폴). ; TOPGIRL 2009 S/S
     광고. http://www.topgirlbyggpx.co.kr(탑걸).

7-22 Fashion Channel. 2008. 1. p. 170.

Chapter 8 20세기 문화와 패션

8-2 Richard Avedon and Anne Hollander.(2005). Woman in the Mirror: 1945-2004., Harry N. Abrams, Inc., p. 207.

8-3 On the edge, p. 285.

8-4 Penny Sparke, Felice Hodges, Emma Dent Coad, and Anne Stone.(1997). The New Design Source Book [ILLUSTRATED], Knickerbocker, p. 46.

8-5 Penny Sparke, Felice Hodges, Emma Dent Coad, and Anne Stone.(1997). The New Design Source Book [ILLUSTRATED], Knickerbocker, p. 46.

8-6 Sara Pendergast and Tom Pendergast ; Sarah Hermsen, editor.(2005). Fashion, costume, and culture: clothing, headwear, body decorations, and footwear through the ages(Vol. 4), Detroit : UXL, p. 685.

8-7 Watson, Linda.(2001). Vogue fashion : 100 years of style by decade and designer, London; New York: Ryland Peters & Small, p. 27.

8-8 Farid Chenoune.(Author), Deke Dusinberre(Translator), Richard Martin(preface).(1996). A HISTORY OF MEN'S FASHION, Flammarion, p. 104.

8-9 Sara Pendergast and Tom Pendergast; Sarah Hermsen, editor(2005). Fashion, costume, and culture: clothing, headwear, body decorations, and footwear through the ages, Vol.4, Detroit: UXL, p. 748.

8-10 수지개블릭(2000). 르네 마그리트(천수원 역), p. 174.

8-11 Francois Baudot(2002). Fashion and Surrealism. Assouline, p. 204.

8-12 Richard; koda and Harold Martin(1996). Haute Couture: The Metropolitan Museum of Art. Metropolitan Museum of Art, p. 50.

8-13 Richard; koda and Harold Martin(1996). Haute Couture: The Metropolitan Museum of Art. Metropolitan Museum of Art, p. 28.

8-14 Michael Pick(2007). Be Dazzled! Norman Hartnell. Sixty Years of Glamour and Fashion. Pointed Leaf Press, p. 132.

8-15 Charlie Scheips(2007). American Fashion. Assouline, p. 110.

8-16 Caroline Rennolds Milbank.(1985). Couture : the great fashion designers, London: Thames and Hudson, p. 237.

8-17 Gerda Buxbaum(2005). Icons Of Fashion: The 20th Century(Prestel's Icons). Prestel Publishing; 2nd edition, p. 91.

8-18 Penelope J. E. Davies, Walter B. Denny, Frima Fox Hofrichter, and Joseph F. Jacobs.(2006). Janson's History of Art: Western Tradition(Vol. 2). Prentice Hall; 7th edition, p. 1053.

8-19 Christopher Breward, Jenny Lister, and David Gilbert(2006). Swinging sixties: fashion in London and beyond 1955-1970. Victoria and Albert Museum, p. 89.

8-20 Linda Watson(2001). Vogue fashion: 100 years of style by decade and designer. Carlton Books, p. 145.

8-22 ELLE 2008. 4.

8-23 Elle Magazine April 2008-Natalie Portman, Elle Magazine, p. 349.

8-24 Richard; koda, Harold Martin(1996). Haute Couture: The Metropolitan Museum of Art, p. 45.

8-25 한국트렌드연구소·PFIN(2009). HOT 트렌드 2009. 리더스북, p. 287.

8-26 Paul Smith. 2004 S/S.

8-27 Comme des Garçons. 2009 F/W.

Chapter 9 20세기 패션과 문화적 범주

9-1 Oseary, Guy(2008). Madonna Confessions. Power House, p. 33.

9-2 Martin Margiela. Paris Collection. 2009 S/S.

9-3 Peggy Fincher Winters(1996). WHAT WORK IN FASHION ADVERTISING. Retail Reporting Bureau, p. 43.

9-4 Sischy, Ingrid(2006). Donna Karan: New York, Assouline.

9-5 Colin McDowell(2001). Jean-Paul Gautier. Studio, p. 28.

9-6 TerryJones and Susie Rushton(2008). FASHION NOW 2. Taschen, pp. 60-61.

9-10 LOUIS VUITTON 광고(2008).

9-11 DOLCE & GABBANA 광고.

9-12 Sport & Street, p. 168.

9-13 Stephane Gerschel(2007). Louis Vuitton: Icons, Assouline.

9-14 Claire Wilcox and Vivienne Westwood(2005). Vivienne Westwood, Victoria and Albert Museum, p. 118.

9-15 Gerda Buxbaum(2005). Icons Of Fashion: The 20th Century(Prestel's Icons). Prestel Publishing; 2nd edition, p. 40.

9-16 베아테 슈미트, 잉그리 드로쉘(2001). 패션의 클래식, p. 20.

9-17 Colin McDowell(2001). Jean-Paul Gautier. Studio, p. 67.

Chapter 10 하위문화와 반유행

10-1 Jasmin Malik Chua(2009). Anti-Fashion Designer Philippe Starck Creates Sustainable Fashion Collection, Fashion & Beauty.

10-2 http://www.journeyfilms.com

10-4 Sara Pendergast and Tom Pendergast; Sarah Hermsen, editor(2005). Fashion, costume, and culture: clothing, headwear, body decorations, and footwear through the ages(Vol. 4), Detroit: UXL, p. 814.

10-5 Linda Watson(2001). Vogue Fashion: 100 years of style by decade and designer. Carlton Books, p. 288.

10-6 Polhemus, Ted(1994). Streetstyle: From Sidewalk to Catwalk. Thames & Hudson, p. 30.

10-7 Polhemus, Ted(1994). Streetstyle: From Sidewalk to Catwalk. Thames & Hudson, p. 32.

10-8 Polhemus, Ted(1994). Streetstyle: From Sidewalk to Catwalk. Thames & Hudson, p. 33.

10-9 ClaireWilcox and VivienneWestwood(2005). Vivienne Westwood. Victoria and Albert Museum, p. 106.

10-10 Polhemus, Ted(1994). Streetstyle: From Sidewalk to Catwalk. Thames & Hudson, p. 34.

10-11 Terry Jones and Susie Rushton(2008). Fashion now 2: i-D selects 160 of its favourite fashion designers from around the world. Taschen, p. 383.

10-12 Jurgen Vollmer(2002). Rockers, Art Stock, p. 100.

10-13 Terry Jones and Avril Mair(2003). Fashion now: i-D selects the world's 150 most important designers. Taschen, p. 113.

10-15 Roger Padilha, Mauricio Padilha(2009). Stephen Sprouse: the Stephen Sprouse book. Rizzoli.

10-16 Jeff Kaliss(2008). I Want to Take You Higher: The Life and Times of Sly and the Family Stone. Backbeat Books, p. 208.

10-17 GAP JAPAN Co., Ltd. GAP. JAPAN(2009). Collections(p. 1), p. 228.

10-18 Amydela Haye, Valerie Mendes(1999). Twentieth-Century Fashion. Thames & Hudson, p. 127.

10-19 Francois Baudot(2006). Fashion: The Twentieth Century. Universe; Revised edition, p. 127. ; Polhemus, Ted(1994). Streetstyle: From Sidewalk to Catwalk. Thames & Hudson, p. 71.

10-20 Polhemus, Ted(1994). Streetstyle: From Sidewalk to Catwalk. Thames & Hudson, p. 75.

10-21 VERSACE GIANNI(1992). VERSACE SIGNATURES. ABBEVILLE PRESS, p. 95.

10-22 Polhemus, Ted(1994). Streetstyle: From Sidewalk to Catwalk, Thames & Hudson, p. 129.

10-23 Gerda Buxbaum(2005). Icons Of Fashion: The 20th Century(Prestel's Icons). Prestel Publishing; 2nd edition, p. 114.

10-24 G. Bruce Boyer(2006). RebelStyle:CinematicHerosofthe1950s(Memoirs), Assouline, p. 64-65.

10-25 Terry Jones, Susie Rushton(2008). Fashion now 2: i-D selects 160 of its favourite fashion designers from around the world, Taschen, p. 511.

10-26 Polhemus, Ted(1994). Streetstyle: From Sidewalk to Catwalk, Thames & Hudson.

10-27 Elle Collection, 2008. 2.

10-28 Colin McDowell(2001). Jean-Paul Gautier, Studio, p. 49.

10-29 Polhemus, Ted(1996). Stylesurfing: what to wear in the 3rd millennium, Thames & Hudson, p. 138.

저자 소개

유송옥
서울대학교 사범대학 가정교육학과 학사
영국 Saint Martin's School of Art 의상학과 수료
홍익대학교 대학원 미학 · 미술사학과 문학 석 · 박사
서울대학교 가정대학 의류학과 강사
성균관대학교 생활과학대학 의상학과 교수
현재 (사)한국궁중복식연구원 원장
　　　성균관대학교 예술학부 의상학과 명예교수
저서 복식의장학, 조선왕조 궁중의궤복식, 한국복식사, 장서각 소장
　　　가례도감의궤(공저), 문화재 대관(공저), 서울 600년사(공저),
　　　한국민족문화대백과사전(공저) 외 다수

이은영
서울대학교 사범대학 가정교육학과 학사
미국 Texas Tech University 대학원(M.A., Ph.D)
전, 서울대학교 생활과학대학 의류학과 교수

황선진
성균관대학교 가정대학 의상학과 학사
성균관대학교 대학원 의상학과 석사
미국 Michigan State University 대학원(M.A., Ph.D)
현재 성균관대학교 예술학부 의상학과 교수
저서 현대의상사회심리학, 패션 마케팅, 패션과 이미지메이킹

김미영
서울대학교 가정대학 의류학과 학사
서울대학교 대학원 의류학과 석사
서울대학교 대학원 의류학과 박사
현재 경원대학교 생활과학대학 의상학과 교수
저서 한국의 생활문화; 현재 그리고 미래

패션과 문화

2009년 9월 10일 초판 발행
2018년 2월 5일 5쇄 발행

지은이 유송옥 · 이은영 · 황선진 · 김미영
펴낸이 류제동
펴낸곳 **교문사**

편집부장 모은영
책임편집 강선혜
본문디자인 이연순
표지디자인 반미현
제작 김선형
영업 이진석 · 정용섭 · 진경민

출력 현대미디어
인쇄 삼신문화사
제본 한진제본

주소 (10881)경기도 파주시 문발로 116
전화 031-955-6111(代)
FAX 031-955-0955
등록 1960. 10. 28. 제406-2006-000035호

홈페이지 www.gyomoon.com
E-mail genie@gyomoon.com
ISBN 978-89-363-1011-0 (93590)

값 22,000원
*잘못된 책은 바꿔 드립니다.